【農学基礎セミナー】

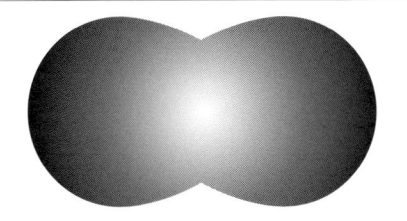

新版
作物栽培の基礎

堀江　武………●編著

鳥越洋一、山本由徳、岩間和人、
国分牧衛、窪田文武………●著

農文協

まえがき

　私達人間は，作物と呼ばれる一群の植物に依存して生存し，生活している。作物は，私達の先祖が農耕を開始して以来，約1万年かけて人間の利用目的に合うように順化・改良を積み重ねてきたものであり，作物の中にはもはや人間の手助け（栽培）なしには，自然界での生存が困難になったものもある。それゆえ，作物とは人間と共生関係にある一群の植物とみることができる。

　作物の種類は現在2,500種ほどに及ぶが，それらは食用作物，工芸作物，飼料作物，園芸作物，緑肥作物に大別される。本書はそのうちの食用作物と工芸作物で，特にわが国でのなじみの深い種を対象にしている。

　地球人口は増加の一途をたどる一方で，水や肥沃な土壌など作物生産に不可欠な資源は減少しつつあり，食料の安定供給は21世紀の人類共通の課題となってきている。加えて，食べものは毎日摂取するものであり，人間の健康と最も密接にかかわっている。また，作物生産には広大な土地が利用され，そこで育つ作物は大気の浄化や四季の田園景観の形成などを通じて，私達の環境とも密接にかかわっている。さらに，作物は食の素材として食文化とも深くつながっている。それゆえ，作物とその生産・利用技術についての理解と知識を深めることは，私達とその子孫の健康で豊かな生活にもつながるものと思う。

　本書は高校の教科書として書かれたものであるが，作物とその栽培技術についての写真や図表を数多く挿入し，かつ平易な表現を用いることで，農業関係者はもとより，家庭農園での作物栽培者や消費者にも親しみやすい内容とするように努めた。本書によって，私達が日毎に接している作物の由来，その種類と品種，特性，および栽培と利用方法について，基本となることの理解が深まり，作物への親しみが深まることを願っている。さらに，本書が契機となって，自ら作物栽培の工夫がなされ，新しいユニークな栽培方法へと発展するならば，著者一同この上ない喜びに思う。

2004年3月

著者を代表して　堀江　武

目　次

［第1章］
作物の生産・利用と食料

1　人間生活と作物……………… 2
　1　作物と作物生産の役割……… 2
　2　作物の特徴と種類…………… 5
2　世界の食料需給と作物生産…8
　1　世界の食料需給……………… 8
　2　わが国の作物生産の動向…… 10
　3　わが国の作物生産の課題…… 14

3　作物の品種と収量・品質… 37
　1　いろいろな品種とその特性… 37
　2　これからの育種の目標と
　　　可能性…………………… 39
　3　遺伝資源の保全と利用……… 42
4　地域環境・土地利用と
　　作物生産…………………… 43
　1　地域の環境と作物生産……… 43
　2　耕地の合理的利用…………… 46
5　作物生産と情報の利用…… 50
　1　作物生産と情報利用の広がり 50
　2　生育診断と情報利用………… 50

［第2章］
作物特性と作物生産

1　作物の成長と体のしくみ… 18
　1　作物の一生と生活史………… 18
　2　栄養成長の進み方…………… 19
　3　生殖成長の進み方…………… 21
　4　作物の生理的な営み………… 23
　5　生育のよしあしの判断……… 26
　6　作物の利用部位と栽培の
　　　ポイント………………… 29
2　作物の収量と栽培環境…… 31
　1　作物の収量とは……………… 31
　2　作物群としての光合成と収量 32
　3　作物群の光合成を高める条件 33
　4　作物生産と資源の有効利用… 35

［第3章］
イネ

1　稲作と米の利用…………… 54
2　イネの一生と成長………… 58
3　生育・収量と栽培環境…… 73
4　作期と品種の選び方……… 82
5　栽培の実際………………… 87
6　生育の調査と診断………… 116
7　稲作経営，米流通の特徴
　　と改善…………………… 131

[第4章]
麦 類

1　麦類の特徴と利用………140
2　麦類の一生と成長………142
3　栽培の実際………………147
4　流通と経営の特徴………156

[第5章]
豆 類

豆類の種類と特徴……………160
　①ダイズ……………………162
　②ラッカセイ………………172
　③インゲンマメ……………176
　④アズキ……………………178

[第6章]
いも類

　①ジャガイモ………………182
　②サツマイモ………………192
　③コンニャク………………199

[第7章]
各種作物

Ⅰ　雑穀
　①トウモロコシ……………204
　②ソバ………………………210
　③アワ………………………213
　④キビ………………………214
　⑤ヒエ………………………215
　⑥ハトムギ…………………216
　　　参考　アマランサス………217
Ⅱ　油料作物
　①ナタネ……………………218
　②ヒマワリ…………………221
　③ゴマ………………………223
Ⅲ　し好作物
　①チャ………………………224
　②タバコ……………………232
　③ホップ……………………236
Ⅳ　糖料作物
　①テンサイ…………………238
　②サトウキビ………………242
Ⅴ　繊維作物
　①イグサ……………………244
　　　参考　ケナフ……………246

索引………………247

第1章
作物の生産・利用と食料

ジャガイモの収穫（下），ダイズの加工（豆腐づくり，上）

第1章

1 人間生活と作物

1 作物と作物生産の役割

(1) 身のまわりの作物と作物利用

　私たちが日常生活で食べたり，利用したりしているものを見まわしてみよう。そこには，作物そのもの，あるいはその加工品がじつに多いことに気づかされる。

　たとえば，毎日食べている米やパン，もちやめん類はもちろんのこと，砂糖・みそ・しょうゆなどの調味料，茶・コーヒーなどの飲物，酒類，食用油などがある。さらには肉・ミルク・卵などの畜産物も，もとをたどれば家畜のえさとして与えられる飼料作物に由来する。また，副産物である稲わらや麦わらは家畜のえさや堆肥のほか，各種のわら加工品にも利用されている（図1）。

　さらに，木綿や麻の衣服，畳表や和紙，化粧品や機械の潤滑油などに使われる油，あるいは多くの染料や医薬品，アルコール，ゴム製品なども，各種の工芸作物（→ p.6 表3）を原料にして生産されている。

図1　作物の多様な利用（上左：もちづくり，上右：麦芽〈ビール〉づくり，下左：みそづくり，下右：そうめんづくり）

(2) 広がる作物生産の役割

　作物生産の第一の役割は，私たちが生きていくのに不可欠な食料および生活用品などの供給にある。そして，その中心になる食用作物の生産は，食物の加工・流通・販売へと続く，一連の食料供給システム（フードシステム）の出発点として，地域の経済と密接に結びついている。

　それぞれの地域の特徴をもった農産物は，その加工・流通・販売などの2次産業や3次産業を生み出し，多様な地域経済を発展させている。さらに，国や世界の経済の安定成長には，食料の安定供給が欠かせないことを忘れてはならない。

　しかし，作物生産の役割はそれにとどまらず，作物生産のために管理された田畑は，水資源のかん養や土壌侵食の防止などの機能をもっていたり，緑の田園風景を形成したりするなど，国土資源や環境を保全し，快適な生活環境の形成にも役立っている。

　また，作物を栽培・生産する営みは，それぞれの地域に多様な文化を生み出し，ゆたかな人間性を育てる教育的機能や人間性を回復させる機能ももっている（図2）。ほかにも，表1に示すような多様な機能を通じて，私たちの暮らしをゆたかにしている。

　工業化・高齢化社会の進展につれて，農業と農村のもつ多面的な機能は，いっそう重要となるであろう。

表1　農業・農村の多面的な役割
（祖田修『農業と環境』平成5年による）

経済的役割	1. 国際経済の安定的発展 2. 国民食料の安全保障 3. 国内経済の安定成長 4. 地域経済の安定性・多様性
生態・環境的役割	1. 国土の保全 2. 生活環境の保全 3. 資源・エネルギーのリサイクル利用
社会・文化的役割	1. 社会の多様性・安定性 2. 社会的交流 3. 福祉的機能 4. 教育的機能 5. 人間性回復機能

図2　多様な役割をもつ作物生産とその景観（上：稲作がつくる景観，下左：収穫期のジャガイモ畑，下右：ナタネ畑）

1　人間生活と作物

(3) 作物栽培の起源と農耕文化

　人類は，その誕生以来，野生の獣や鳥，魚などの狩猟や，木の実，いもなどの採集にたよった生活を長いあいだ続けてきた。やがて人口が増加し，また気候の変化などもあって，より確実に食料を得る必要性から，有用植物の栽培を始めた。それは，いまから約1万年前のことで，図3に示す8つの地域（8大中心地）で開始されたと推定されている❶。

　農耕を開始した人類は，試行錯誤しながら，よい種子を選び，栽培方法を工夫した。こうして，より多くの食料を安定して生産できる技術が発展するにつれ，集落や都市が発達し，いろいろな農具や調理器具，工芸品などの製作もさかんになった。このように，農業を中心にして発展した文化を**農耕文化**という。

　農耕文化は，人間の移動がさかんになるにつれて，しだいに世界に広まり，各地域に多様な農耕文化が形成されていった。地域の特徴のある農産物は，特有な加工・調理技術と結びついて，多様な食文化を生み出した。また，各地域の特色ある祭りや伝統行事は，作物の豊作の祈願や感謝の儀礼に由来するものが多い。そして，それぞれの農耕文化は，新しい技術や文化を取り入れて変容を重ねながら，今日の社会に引きつがれている。

❶ 8大中心地のうち，ナイル川やチグリス・ユーフラテス川など，大河川のはん濫原に発達した農耕文化は，肥よくな土地の高い作物生産力に支えられて，やがて大きな文明を開花させた。このエジプト，メソポタミア，インダスおよび黄河の4大文明の地域は，いずれも作物の起源地と重なっている。

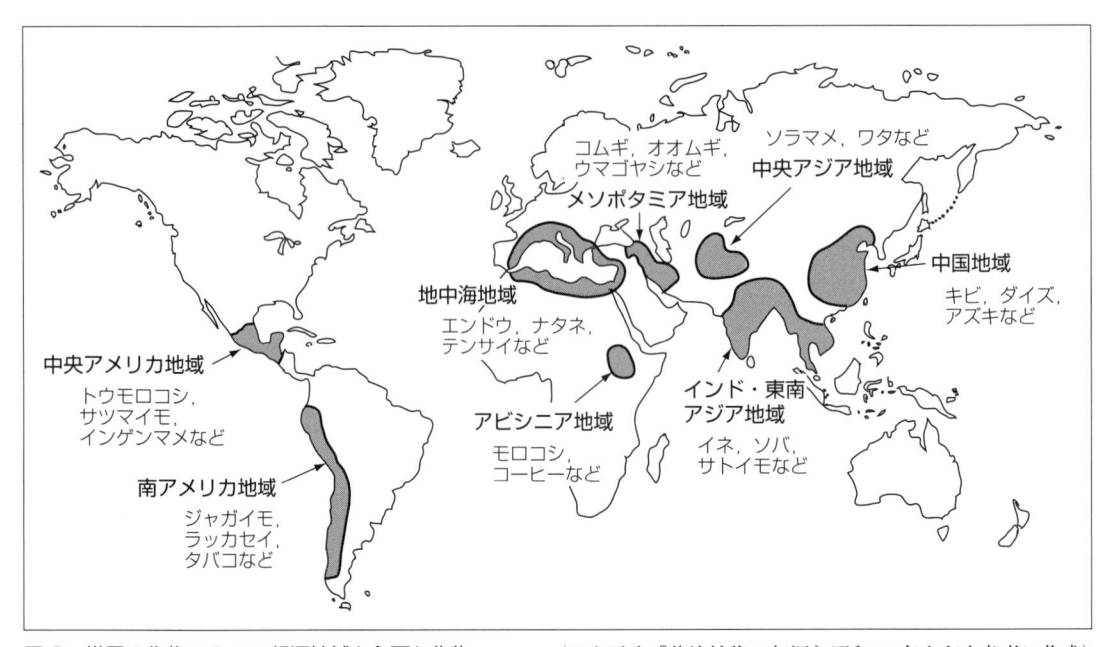

図3　世界の作物の8つの起源地域と主要な作物　　（田中正武『栽培植物の起源』昭和50年などを参考に作成）

2 作物の特徴と種類

(1) 作物の特徴と改良

現在、全世界の作物の数は2,500種ほどであり、そのうち日本で利用されているものは約500種とされる。これらの作物は、農耕開始以来の長い年月をかけて、野生植物を生産と利用の目的にあうように改良し、順化させてきたものである❶（図5）。

改良の進んだ作物は、表2にまとめたように野生植物とは大きく異なっている。たとえば、砂糖の生産に用いられるテンサイは、その利用がヨーロッパで始まったころ（ナポレオン〈1769～1821〉の時代）には、糖含量が3～7%にすぎなかったが、今日では16～20%にまで高められている。

❶自然交配や突然変異で生じた個体のなかから、より収量の高いもの、栽培しやすいもの、調理が容易なものなどを選んできた。さらに、性質のちがう個体どうしのかけあわせ（交配）などによる計画的な育種（品種改良）が進められてきた。

表2 作物とその近縁野生種の一般的な性質のちがい

性質	作物	野生種
種子の脱粒性[1]	弱い	強い
厚い種皮やとげ	少ない	多い
種子やいもの大きさ	大きい	小さい
発芽・開花・成熟期の斉一性	高い	低い
収穫指数[2]	大きい	小さい
生殖様式[3]	自殖性が多い	他殖性が多い
肥料要求量	高い	低い
有用成分の含量	高い	低い

注(1) 成熟すると種子が自然に落ちる性質。
(2) 植物体の全重に対する利用部分の重さの比率。野生種は通常20%以下で、改良の進んだトウモロコシやイネの多収品種は60%にも達している。
(3) 自家受粉によって生殖がおこなわれる植物を自殖性植物といい、他家受粉によるものを他殖性植物という。

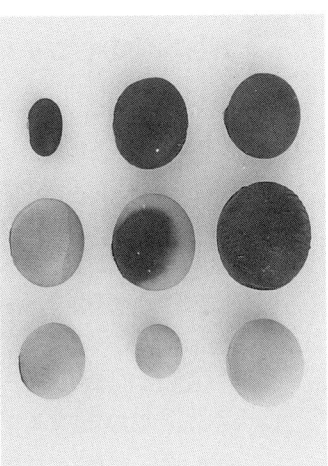

図5 イネの野生種（左）とダイズの野生種（中）および栽培種（右：左上は野生種）

狩猟・採集時代の数千倍に及ぶ人口をもつにいたった今日の人類は，もはや作物なしでは生きられない。一方，長い年月をかけて人間の手によって改良されてきた作物の多くは，いまや人間の保護なしには種の存続が困難になっている。つまり，作物とは，人類とともに進化してきた一群の植物ということができよう。

(2) 作物の分類と種類

作物生産の場面では，実用性を重視して，栽培の仕方や利用法のちがいよって作物を分類することが多い。これを農学的分類あるいは実用分類という。

表3 農作物の利用目的にもとづく分類

食用作物（普通作物）	イネ科	イネ，麦類，トウモロコシ，アワ，ヒエ，キビなど
	マメ科	ダイズ，アズキ，インゲンマメ，ラッカセイなど
	いも類	ジャガイモ，サツマイモ，サトイモ，コンニャクなど
工芸作物	繊維料	ワタ（図6），アマ，イグサ，アサ，ケナフなど
	油料	ナタネ，ゴマ，ヒマワリ，ラベンダーなど
	糖料	サトウキビ，テンサイなど
	デンプン料	ジャガイモ，トウモロコシ，サツマイモなど
	し好料	チャ，ホップ，タバコなど
	ゴム料	パラゴムなど
	香辛料	ショウガ，ワサビなど
	染料	アイ，ベニバナ，ムラサキなど
	薬料	ヤクヨウニンジン，ジョチュウギクなど
飼料作物	牧草類	オーチャードグラス，チモシー，シロクローバーなど
	青刈飼料作物類	トウモロコシ，ソルゴーなど
	根菜類	飼料用ビートなど
緑肥作物		レンゲ，ウマゴヤシなど

図6 開花期のワタ

👉参考 野生植物のもつすぐれた性質

野生の植物は，日々変化する気温や土壌の水分状態，同じ土地に生育している他種の植物との競争，あるいは絶えずおそってくる病原菌，害虫，鳥など，厳しい自然環境のなかで生活している。そのため，子孫を残したり外敵から身を守ったりするためのすぐれた性質をそなえている。

たとえば，同一種の集団のなかの個体が異なった時期に発芽する性質（不斉一発芽性）は，自然災害に遭遇する危険度を分散させることで，種の絶滅を防ぐはたらきをしている。また，種子に厚い種皮やとげをそなえることで，害虫や鳥の攻撃から身を守ることができる。

ところが，作物は，開花期や成熟期がそろわないと管理に手間がかかり，また厚い種皮やとげは利用の妨げとなるので，これらの特性は取り除かれてきた。そのため，作物は自然災害に遭遇すると全滅してしまったり，人間の手助け（病害虫防除など）なしには，外敵から身を守ることができなくなったりしている。

農学的分類では、まず、栽培の仕方などから農作物と園芸作物❶に大別される。農作物は、さらに利用目的に応じて、**食用作物**、加工原料となる**工芸作物**、家畜の飼料となる**飼料作物**、および他の作物の肥料となる**緑肥作物**に分類される（表3）。ほかにも、以下のような分類の仕方がある。

繁殖様式にもとづく分類 種子によって増える**種子繁殖作物**❷と、イモなどの栄養器官によって増える**栄養繁殖作物**とに大別される。

日長反応による分類 花芽の形成に必要な日長条件によって、イネ、ダイズなどの短日作物、麦類、ナタネなどの長日作物、日長に影響されない中性作物に分けられる（→ p.21）。

生育する時期や期間による分類 たねまき後1年以内に収穫される作物を**1年生作物**❸、多くの牧草などのように多年にわたって生育する作物を**多年生作物**（永年性作物）という。

植物学的には、作物を含むすべての植物は、形態上の類似性などによって分類される。植物学的分類（自然分類ともいう）では、最も大きなグループ分けが門で、さらに綱、目、科、属、種という順序で、よりこまかく分類される。植物学的分類は、ある作物がどの作物や植物に近いかなどを知るのに役立つ❹。

❶農作物は、イネや麦類などのように大面積の土地を用いて、比較的粗放な管理のもとに生産される。園芸作物は、小面積の土地を利用して集約的な管理のもとに生産される。

❷自家受粉か他家受粉かにより、自殖性作物と他殖性作物にも分類される。

❸おもに生育する期間によって、夏作物と冬作物にも分類される。

❹花の形態などから科で作物を分類すると、イネ科（イネ、麦類、トウモロコシなど）、マメ科（ダイズ、インゲンマメ、アズキ、ラッカセイなど）、ナス科（ジャガイモ、タバコなど）、ヒルガオ科（サツマイモ）などに分けられる（図7）。

図7 各種作物の花の形態（上左：イネ、上右：ダイズ、下左：オオムギ、下中：ジャガイモ、下右：サツマイモ）

1 人間生活と作物

第1章

2 世界の食料需給と作物生産

1 世界の食料需給

生産と消費の動向

世界の食料は、穀物、野菜、果物、乳肉などと多種類に及ぶが、最も基本となる食料は、多くの民族が生存に必須のエネルギーとタンパク質の大部分を摂取する、禾穀類（イネ科作物の果実）、いも類、豆類である。これらの作物および糖料作物の世界における年間の生産量を図1に示した。そのなかでは、コムギ、イネ、トウモロコシの生産量が圧倒的に大きく、この3つは世界の**3大穀物**とよばれる。

世界人口は、現在、約8,000万人/年のスピード❶で急増を続けており、食料生産のいっそうの拡大が必要になってきている。この10年間の世界の人口の増加と、穀物の生産と消費の動向（図2）から、次のことが読み取れる。

①人口および穀物の生産量と消費量は、先進国では、ほぼ横ばい状態で安定しているのに対し、開発途上国では、そのいずれもが増加している。

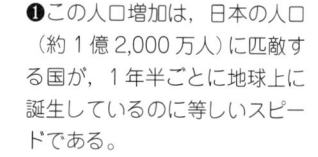

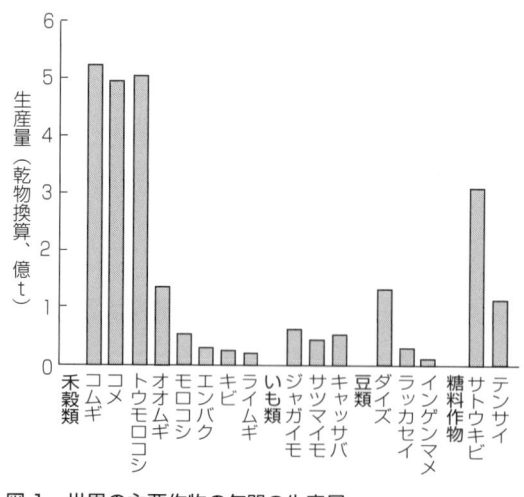

❶この人口増加は、日本の人口（約1億2,000万人）に匹敵する国が、1年半ごとに地球上に誕生しているのに等しいスピードである。

図1 世界の主要作物の年間の生産量
（FAO 'Production Year Book' 1997 による）
注 各作物の水分含量が、コメで15%、サツマイモで70%などと大きく異なるため、図では水分0%の乾物に換算して示した。

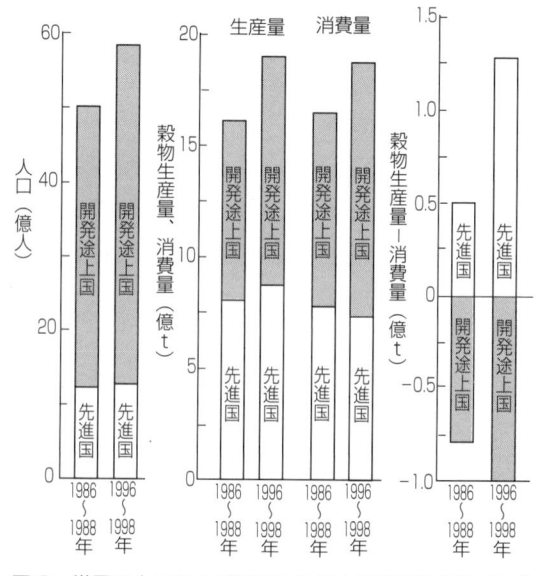

図2 世界の人口および穀物の生産と消費量の推移（農林水産省「農林水産物の貿易レポート」2001年による）

②人口1人当たりの穀物消費量は，先進国が開発途上国よりも2倍以上大きい❶。

③先進国では穀物生産量が消費量を上まわっているのに対し，開発途上国では生産量が消費量に追いつかず，しかもその差が年々大きくなっている。

穀物貿易の動向

世界の食料需給をみると，地域間の穀物の過不足を補うため，穀物の国際貿易が活発におこなわれている（図3）。穀物の主要な輸出国はアメリカ合衆国，カナダ，オーストラリアおよび西ヨーロッパ諸国などの先進国である。一方，輸入国はアフリカ，アジアおよび南米の開発途上国の大部分と日本である。とくに日本は世界で穀物輸入量の最も多い国である。

しかし，世界の穀物の全生産量のうち，貿易に回る量は約10%であり，大部分は自国で消費されている。そのため，国内の食料生産が低く，食料輸入の困難な経済力の乏しい国では，食料は不足している。

また，現在，世界人口の約8分の1が栄養不足の状態にある❷。それぞれの地域の環境に適応した，持続的な作物生産技術を確立していくことが，人類共通の重要な課題となっている（図4）。

❶先進国で穀物消費が多いのは，大部分の穀物が家畜の飼料として利用され，乳肉や卵として消費されるためである。これに対して開発途上国では，大部分の穀物が，人間の食料として直接消費される。

❷これらの国や地域の多くでは，食料確保のため，山林を焼き払って穀物を栽培する焼き畑や，草原への家畜の過剰な放牧などが増え，森林破壊や砂漠化などの環境問題が生じている。

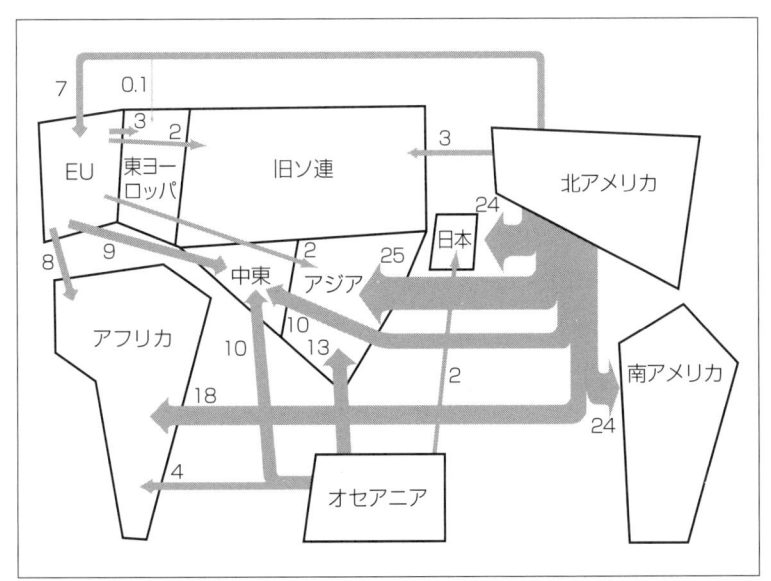

図3 世界の穀物貿易のおもな流れ（2000年ころの例，単位：億ドル）
（農林水産省「農林水産物の貿易レポート」2002年による）

図4 アフリカ（コートジボアール）での作物生産
注 アフリカでは急速に稲作が広がりつつある。

2 わが国の作物生産の動向

生産の動向　わが国は有史以来，たびたびの飢饉にみまわれるなど，長いあいだ食料不足に悩まされ続けてきた。そのため，国民に十分な食料を供給することが農業の最も重要な任務であり，昭和40年ころまでは，エネルギーやタンパク質の供給のためのイネ，麦類，いも類，豆類などの**土地利用型作物**の栽培が農業の中心であった（図5）。

作物生産技術の進歩によって，これらの作物の単位土地面積当たりの生産量（収量）は着実に増加した（図6上）。とくに，水稲収量の増加はいちじるしく，ついに，昭和40年代はじめには，米の生産量が需要量を上回るという，わが国の歴史上，画期的な成果が達成された。その後は，米の生産過剰は恒常的となり，昭和46年から米の生産調整（減反政策）が開始された❶。

❶政府によって米の需要に応じて水稲の作付面積が調整されてきたが，減反政策は平成30年産から廃止された。

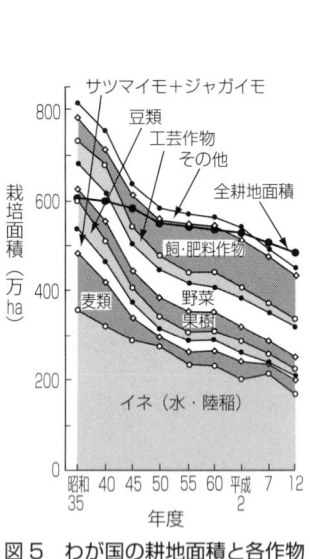

図5　わが国の耕地面積と各作物の栽培面積の推移（農林水産省統計情報部「耕地及び作付面積統計」各年次による）

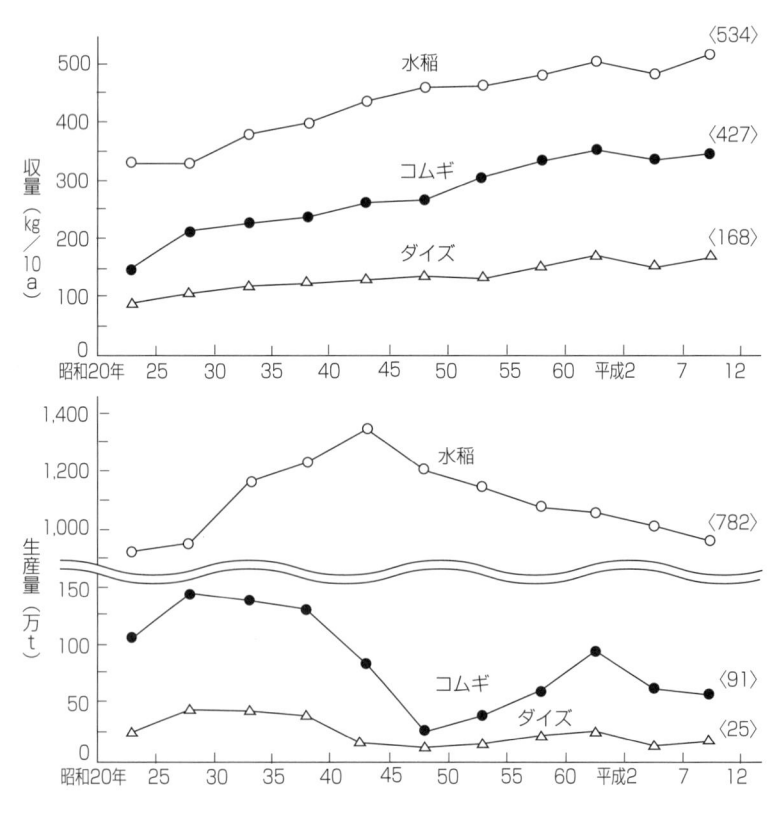

図6　主要作物の収量および生産量の推移
（農林水産省統計情報部「作物統計」各年次による）
注　収量，生産量ともに5年間の平均値で表示。〈　〉内は平成29年の数値。

また，昭和30〜40年代の高度経済成長によって，日本が経済的にゆたかになるにつれ，肉や乳製品などの需要が増えるとともに，外国からの穀物輸入が増加した。これらの影響を受けて，麦類，豆類などの栽培面積が減少し，かわって飼料作物の栽培が増加した（図5）。その結果，収量が増加したにもかかわらず，麦類や豆類の生産量は大きく減少した（図6下）。

　さらに，昭和40年ころまでは，わが国の水田と畑を合計した全耕地面積は600万haであったが，その後，住宅地や工場，道路などへの転用が進み，平成29年には水田241.8万ha，畑202.6万haの合計444.4万haにまで減少した。くわえて，水田における耕地の利用率は，かつては二毛作❶がさかんにおこなわれ130%もあったが，現在は92%にまで低下した。

❶イネの後作に麦類，ナタネ，ジャガイモなどを作付けるなど，同じ耕地で1年に2回作物を栽培すること。

食料自給率の動向

　作物生産をとりまく以上のような状況の変化は，わが国の食料の自給率を大きく低下させた。現在，国内で大部分を自給できる食料は米，いも類など

参考　わが国の作物栽培の起源と技術の特徴

　わが国では，いまから3,000年ほど前の縄文時代の終わりごろから，アワ，ソバ，麦類およびイネなどの作物が次々と大陸から伝わり，それらの栽培が始まった。その当時の作物の栽培は，焼き払った野山に種子をまいて育てる焼き畑栽培などで，まだ小規模なものであった。

　わが国の農業に起こった画期的な変化は，紀元前300年ころに，大陸から進んだ水田稲作が伝わったことである。かんがい水田の造成技術や進んだ農機具をともなってやってきた水田稲作は，短期間のうちに西日本の大部分に広がり，さらに東北地域の一部にも及んだ。

　このように急速に水田稲作が日本に広まったのは，日本の風土に適合していた，生産性が格段に高かった，縄文時代の終わりには作物栽培が始まっており新しい稲作技術を受けいれる素地があった，ことなどによる。

　この稲作の伝来以来，わが国の農業は水田稲作を中心に発展し，日本の環境に適応した品種が育成され，きめこまやかな水管理や施肥技術などが工夫され，日本独特の稲作技術を発展させた。とくに，熱帯の作物であるイネの栽培が北海道まで広がった背後には，稲作技術の改良やイネ育種に対する並々ならぬ努力があった。

　麦類，ダイズ，ソバなどの畑作は，主として，水の便がわるかったり，寒冷であったりして，水田稲作に不適な地域を中心に発展してきた。16世紀以降，ヨーロッパを経由して，ジャガイモ，トウモロコシ，サツマイモ，タバコなど，新大陸起源の作物が日本にもたらされ，それらの栽培も広がった。

　畑作においても，水田稲作でつちかわれたわが国独特の精緻（せいち）な管理技術の発展が認められる。こうした技術は，日本農業の貴重な財産であり，それを継承・発展させていく意味からも，多様な作物栽培がおこなわれていくことが望ましい。

に限られ, 他の穀物の自給率は10%前後になっている。その結果, 穀物全体の自給率は30%を割るまでに低下している（図8）。さらに, 国内で消費される食料エネルギーのうち, 国内産農産物で供給されるものの割合（食料エネルギーの自給率）は40%前後にまで低下した（図9）。

食料自給率がこのように低い国は, 先進国のなかでは日本のみであり, そのことが, わが国の将来の食料の安全保障の大きな不安要因となっている。

わが国の食料自給率がこのように低下したのは, 海外からの安い農産物の輸入の増加によるものである。そのため, 食料の国内生産コストを下げるために, ほ場の大規模化, 農業機械や省力栽培技術の開発などがおこなわれ, 労働時間はおおはばに短縮され（図10）, そのことが生産コストを低減させた。

しかし, 食料の生産コストは, このような生産技術のみならず, 1農家当たりの経営面積や土地の値段に大きく支配され, 経営面積が小さく地価の高いわが国❶では, 規模拡大がむつかしいことなどのため, どうしても農産物価格が高くなる。これらのことを背景に, わが国の作物生産は品質をより重視する方向に向かっている。

消費の動向

エネルギーからみた国民1人当たりの食料の消費量は昭和50年ころまでは大きく増えたが, その後, 増加が緩やかになり, 現在は約2,400kcalで安定している（図11）。この量は, 健全な生活に必要なエネルギー量

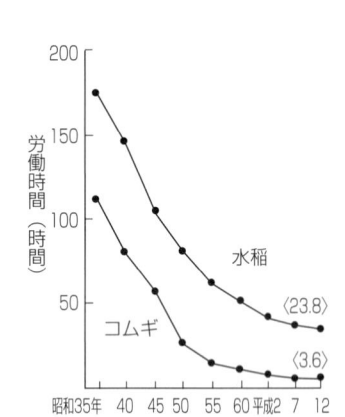

❶たとえば, 日本の1農家の経営面積はアメリカ合衆国の100分の1以下であり, 一方, 地価は日本が100倍以上高い。

図10 水稲とコムギの10a当たりの労働時間の推移（農林水産省統計情報部「米および麦類の生産費」各年次による。〈 〉内は平成28年の数値）

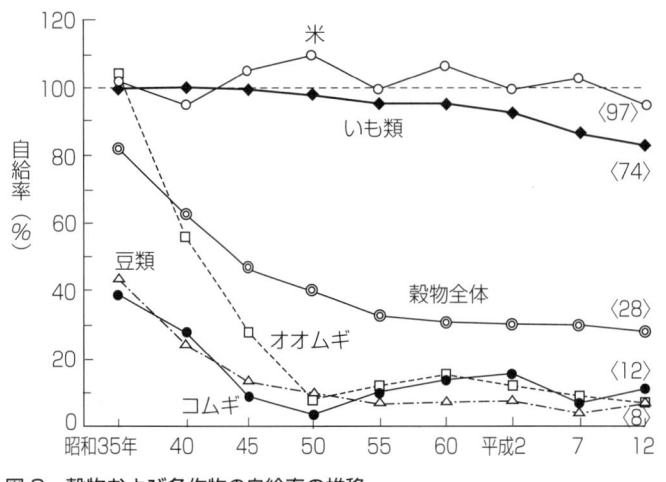

図8 穀物および各作物の自給率の推移
（農林水産省「食料需給表」各年次による。〈 〉内は平成28年の数値）

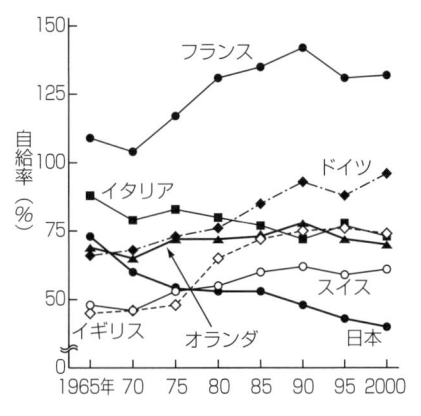

図9 主要先進国の供給熱量総合食料自給率の推移
（農林水産省「食料・農業・農村の動向に関する年次報告」平成14年度による）

をほぼ満たしており，食料の消費量は飽和水準にあるといえる。

食料消費の内訳をみると，昭和30年には全摂取エネルギーの半分近くが米でしめられていたが，その後，米の消費量が減り，かわって畜産物や油脂類の消費量が増加した❶（図11）。その結果，脂質の過剰摂取による，いろいろな生活習慣病が懸念されるまでになった。穀物の摂取比率を高め，バランスのよい食事内容への改善が求められている。

食料消費をその形態からみると，これまでの穀物，生鮮食料品を家庭内で調理して食べる形態が減り，かわって外食や加工食品の利用が増えてきている。

一方，農産物の安全性や品質に対する消費者の関心が高まっており，食品としての健康性や品質にすぐれる農産物を求める傾向が強くなっている。

❶他の作物や魚介類のしめる比率は，ほぼ一定で推移してきている。

加工・流通の動向

わが国の食料供給システム（農業・食料関連産業）の経済活動は広範な分野におよび，その国内生産額は100兆円を超えている。しかし，その大部分は流通・加工および外食産業が占めており，国内農産物の生産額は約10兆円と相対的に低い位置にとどまっている（図12）。

田畑で生産される農産物は，食料供給システムを経由することで5倍以上の付加価値がつけられ，また多くの雇用を生み出して

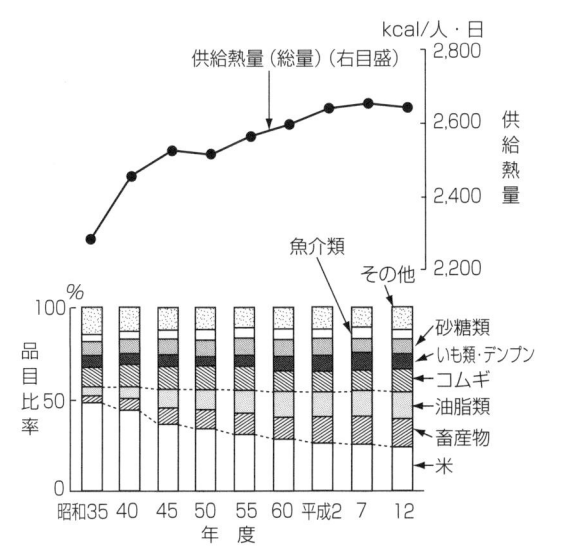

図11　国民1人当たりの供給熱量と品目別構成比の推移
（図8と同じ資料による）
注　平成20年以降の供給熱量は約2,400kcalで推移。

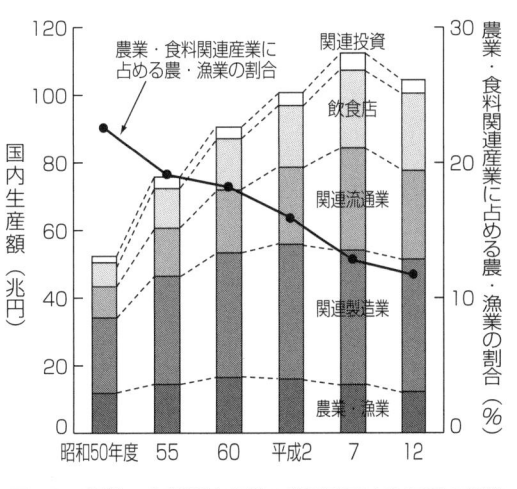

図12　農業・食料関連産業の業種別国内生産額の推移
（農林水産省「農業・食料関連産業の経済計算」各年次による）
注　平成27年度の農・漁業の生産額は，農業（特用林産物を含む）10.4兆円，漁業1.6兆円である。

2　世界の食料需給と作物生産

❶食料供給システム全体の生産額にしめる流通経費の割合も増加してきている。

いるのである❶。

わが国は長いあいだ，米，麦類などの重要な食料は，食糧管理法のもとで政府の管理下におかれてきたが，平成7年度の食糧法によって，その流通や売買が大きく自由化された（→ p.135）。

それにともない食料供給システム内にも多様化が進み，産地直送や個人契約販売などが増加した。また，生産した農産物を加工して出荷する産地も増えつつある（図13）。

今後は，このような食料供給システムと消費者の需要の動向とをふまえた作物生産が重要になる。そのためには，インターネットなどの情報利用がますます必要となってくる（図14）。

図13 国内産コムギを使ったパンづくり

3 わが国の作物生産の課題

世界と日本の食料をめぐる動向をもとに，わが国の作物生産に関わる重要な課題を整理すると，以下のようになる。

食料自給率の向上　世界人口が急増する一方で，食料生産に不可欠な水，肥よくな土壌などの資源の制約が強まり，地球温暖化などの環境悪化が進行しつつある今日，食料の自給率を高めることは，国の食料の安全を保障するうえで，きわめて重要である。

このことは，平成11年に制定された，「食料・農業・農村基本法」の重要な柱になっており，平成37年度までにエネルギー自給率を45%に高めることが目標とされている。これを実現するには，自給率がきょくたんに低い麦類，豆類および飼料穀物の生産の拡大が必要である（表1）。

表1 わが国の食料自給率の目標
（単位：%）

	平成25年度	平成37年度目標
米	96	97
コムギ	12	16
オオムギ・ハダカムギ	9	10
サツマイモ	93	95
ジャガイモ	71	72
ダイズ	7	12
チャ	96	112
総合食料自給率（カロリーベース）	39	45

（平成25年度は基準年度「食料・農業・農村基本計画」平成27年による）

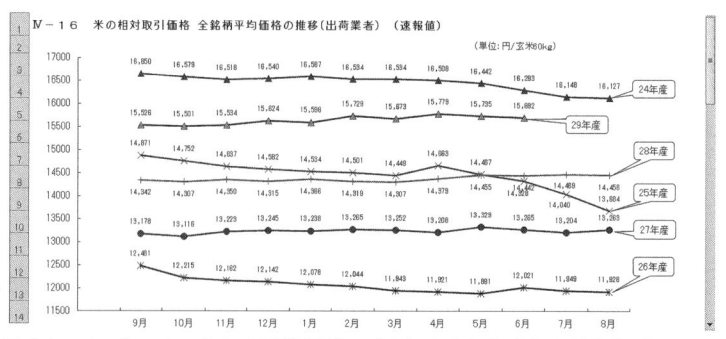

図14 インターネットによる情報利用（米穀安定供給確保支援機構「米ネット」の需給情報データベースより）

生産性の高い水田農業の確立

諸外国に比べて国民1人当たりの耕地面積がきょくたんに小さいわが国では（表2），食料の自給率を高めるには，個々の作物の収量と，耕地利用率の両者を高めることが必要である。

耕地利用率を高めるには，わが国の耕地の中心である水田を水稲栽培のみに利用するのではなく，畑としても利用して麦類，豆類や飼料作物なども生産する，**田畑輪換栽培が必要である**❶。

田畑輪換栽培は，耕地利用率を高めるのみでなく，雑草（図15）や土壌病害の抑制，地力窒素の発現の促進（**乾土効果**），土壌の団粒化による物理性の改善，など作物と環境の両者に好ましい影響を与える。このような機能を生かしつつ，土地利用の集約度を高め，より生産性の高い水田農業を実現していくことがこれからの重要課題である。

適正施肥，減農薬・無農薬栽培の確立

消費者の食料に対する安全性指向，健康性指向が高まっており，化学肥料・農薬の使用量を減らした農産物❷が強く求められている。とくに，わが国の作物生産では，諸外国に比べて化学肥料の投入量が多く，また農薬の使用量も多い。そのことは収量の増加と労働時間の短縮に貢献してきたが，一方で，田畑から流亡す

---

❶現在，水田を田としても畑としても利用できるように，かんがいと排水が容易な汎用水田として整備する事業が進められており，すでに60％の水田が整備を終えている。

❷化学合成農薬や化学肥料などの使用のていどによって，次のように区分されている。
　①有機農産物：化学合成農薬，化学肥料，化学合成土壌改良材の使用を中止して3年以上経過し，堆肥などで土づくりをしたほ場で生産された農産物。3年未満6か月以上の場合は，「転換期間中有機農産物」という。
　②特別栽培農産物：化学合成農薬の使用回数および化学肥料の窒素成分量が，慣行的におこなわれている場合の5割以下で生産された農産物。

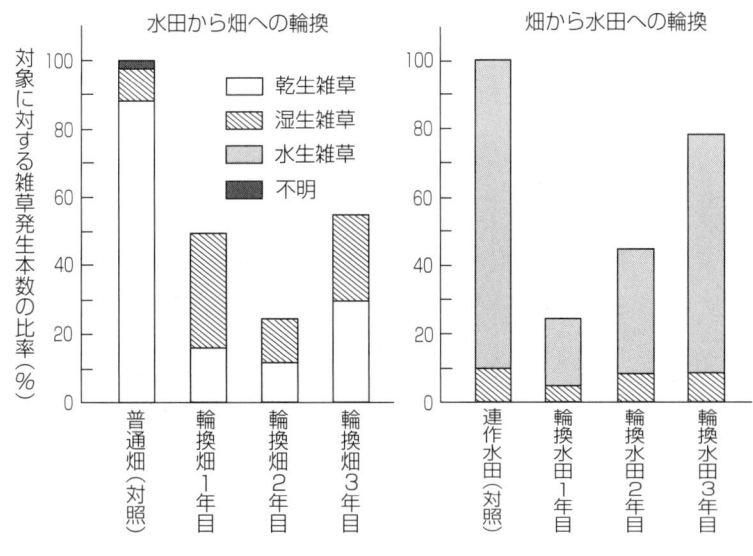

図15　田畑輪換栽培による雑草の種類と発生本数の変化
（高橋浩之・飯田克実「関東東山農試研究報告」第8号，1955より改写）
注　輪換畑は冬作のコムギ栽培ほ場，輪換水田は畑期間2年後の水稲栽培ほ場での調査結果をそれぞれ示す。

表2　世界主要国の人口1人当たりの耕地面積（FAO 'Production Year Book' 2002 による）

国　名	1人当たりの耕地面積 (ha)
オーストラリア	2.63
カナダ	1.48
ロシア	0.86
アメリカ合衆国	0.62
フランス	0.31
タイ	0.23
インド	0.16
ドイツ	0.14
イギリス	0.10
中国	0.10
バングラデシュ	0.06
日本	0.04

る肥料や農薬が，湖や河川の富栄養化，水質汚染など，少なからぬ環境負荷を与えている。適正施肥❶，減農薬・無農薬栽培❷の技術を確立していくことが重要である。

農業の総合的な産業化

作物生産を高め，食料自給率の向上を図るには，生産の場である農村地域の活性化が必要である。そのためには，農村地域の雇用を拡大し，地域経済を活性化させる必要がある。

農産物の生産（1次産業）の場としての農村地域に，それらの加工（2次産業）および流通・販売（3次産業）をも取り込む農業の総合的な産業化❸により，地域経済のいっそうの活性化が期待できる❹。これからは，さまざまなアイデアを生かし，農業の総合的な産業化を図っていく工夫が求められる（図16）。

作物生産を柱にした地域づくり

農村地域には，都市にはないゆたかな環境や自然があり，さまざまな多面的機能（→p.3 表1）をもっている。また，地域固有の文化・伝統行事と，それらを共有するコミュニティ社会が息づいている。

これら農業・農村のもつ多面的な機能は，農村に人が住み，そこで適切な農業がおこなわれることによって維持・増進され，景観形成や環境保全の役割を果たすことができる❺。自然や環境と調和した作物生産技術を創造し，ゆたかな地域社会のいしずえを築いていくことも，作物生産に求められる課題である。

❶有機物の施用による地力の向上，後期重点型の施肥技術，あるいは栄養診断にもとづく合理的な施肥法などによって，化学肥料はかなり節減できる。

❷田畑輪換などの耕種的手段によって雑草害をかなり抑えることができ，除草剤の節減も可能である。さらに，病虫害の発生予察や要防除水準などの情報を利用することで，不必要な殺菌・殺虫剤の使用を抑えることができる。

❸農業の6次産業化（1次×2次×3次産業）ということもある。

❹農産物のつけもの・ジャム・ジュースなどへの加工，インターネットなどを通じた生産物の産地直送販売，農業体験を通じた都市との交流，レストランや物産店の経営など，さまざまな取組みがおこなわれている。

❺最近では，それらの機能の都市住民との共有をめざして，都市と農村とのさまざまな交流活動も活発になってきている。

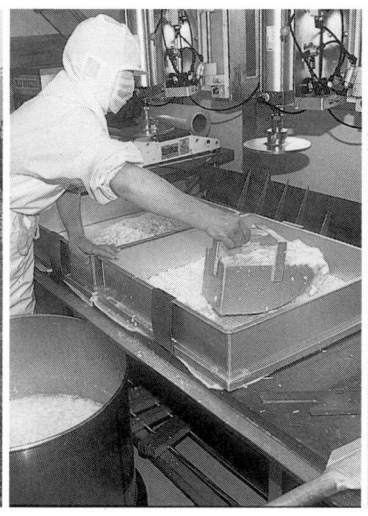

図16 農業の総合的な産業化の取組み（ダイズの生産から加工・販売まで）

第2章
作物の特性と作物生産

トウモロコシの支柱根と分げつ（下），アズキの発芽経過（上）

第2章

1 作物の成長と体のしくみ

1 作物の一生と生活史

　作物の種子を土にまくと，しばらくして芽を出し，葉や茎の数を増やしながら成長する。やがて茎の先端や葉えきに花芽をつけ，開花・受精をへて，種子を成熟させ，生命活動の1つのサイクル（**生活史**，生活環ともいう）を終える❶。作物栽培においては，まず，こうした作物の生活史を知ることが大切である（図1）。

　土の中で**発芽**した種子は，まもなく地上に**出芽**し❷，その後しばらくは，葉，茎，根を増大させ，自らの体をつくるための成長（**栄養成長**）をおうせいにおこなう。

　栄養成長が進むと，花芽の分化が始まり，花芽の発達と栄養成長とが並行して進む花芽発達期をむかえる。開花期が近づくにつれて栄養成長はしだいに弱まり，次世代の子孫（種子）をつくるための成長（**生殖成長**）がおうせいになる❸。

　花（花器）が完成して開花・受精がおこなわれると，結実（登熟）期となり，胚の形成・発達と胚乳への貯蔵養分の蓄積が進む。そして，開花後，数十日たつと，数枚の葉と根の原基をそなえた胚と貯蓄養分で満たされた胚乳が完成して成熟期❹に達する。

❶牧草類などの多年生作物は，種子の成熟後も地下茎などの栄養器官が残り，そこから新しい芽が出て，このサイクルを何年も繰り返す。

❷幼根が種子を包む殻（種皮）を破って出現することを発芽，幼芽の先端（双子葉植物では子葉，イネ科作物ではしょう葉）が地上にあらわれることを出芽という。

❸開花期には栄養成長が終了し，草丈や葉数が最大となることが多い。

❹この時期には，子実（植物学上の種子，あるいは種子を果皮などの付属物が包んでいるもの）の乾物重（水を完全に取り除いた状態の重さ）が最大になる。

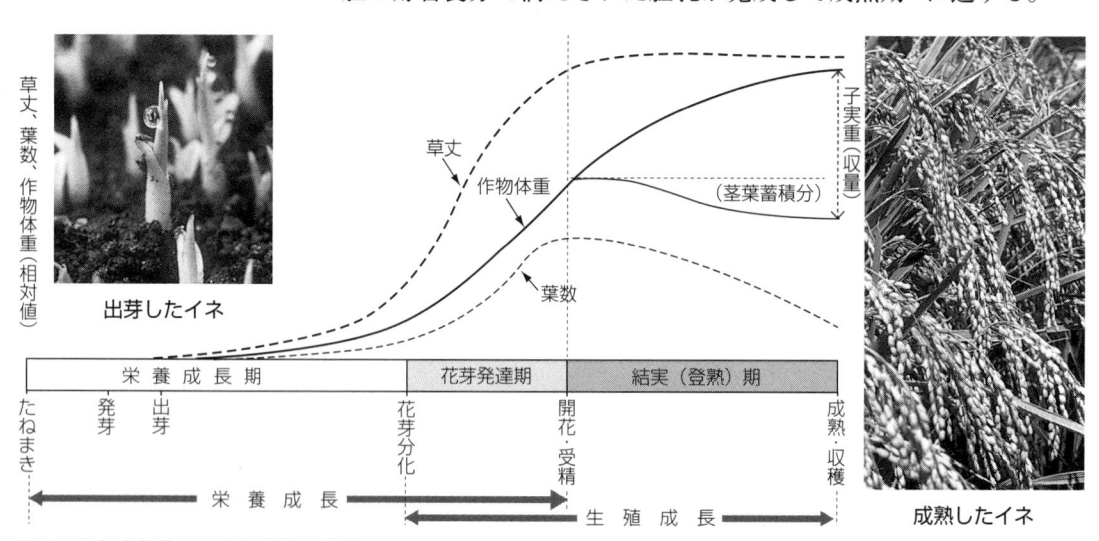

出芽したイネ

成熟したイネ

図1　1年生作物の一生と成長の模式図

2 栄養成長の進み方

発芽とその条件　種子が発芽するためには，水，酸素，温度が必要である。たねまき後，吸水によって種子中の水分含量が一定値以上になると，種子中の酵素やホルモンが活性化し，発芽に向けた活動が始まる。

　胚乳（イネ科作物の場合）や子葉（双子葉植物の場合）にたくわえられた養分（デンプン，タンパク質，脂質など）は，酵素により分解されて胚に送り込まれ，幼芽や幼根が成長を開始する。この活動には酸素を必要とするため，呼吸作用が活発になる。

　発芽過程での吸水の速度や酵素の活性は，温度が高いほど高まるため，一般に高温下ほど発芽や出芽ははやまる。しかし，高すぎる温度条件下での発芽は，発芽が不ぞろいになったり，発芽後の成長が異常になったりする。各作物の発芽の最低・最適・最高温度は，表1のようである。

茎葉の成長　出芽後，葉の展開が進むにつれ，それまでの種子の貯蔵養分に依存した成長（**従属栄養成長**）から，新しく展開した葉の光合成産物に依存した成長（**独立栄養成長**）へと移行する。その後は，光合成産物を材料に，新しい葉が次々と形成され，茎と根の伸長と肥大が進む。

　これら茎葉の分化と成長の源は，すべて茎の先端にある頂端分裂組織（図2）の細胞分裂にある。頂端分裂組織は，活発な細

表1　おもな作物の発芽の最低・最適・最高温度（℃）
（田口，1958による）

作物名	最低温度	最適温度	最高温度
イネ	10	34	42～44
コムギ	0～2	26	40～42
ハダカムギ	0～2	24	38～40
エンバク	0～2	24	38～40
トウモロコシ	6～8	34～38	44～46
アワ	0～2	32	44～46
ダイズ	2～4	34～36	42～44

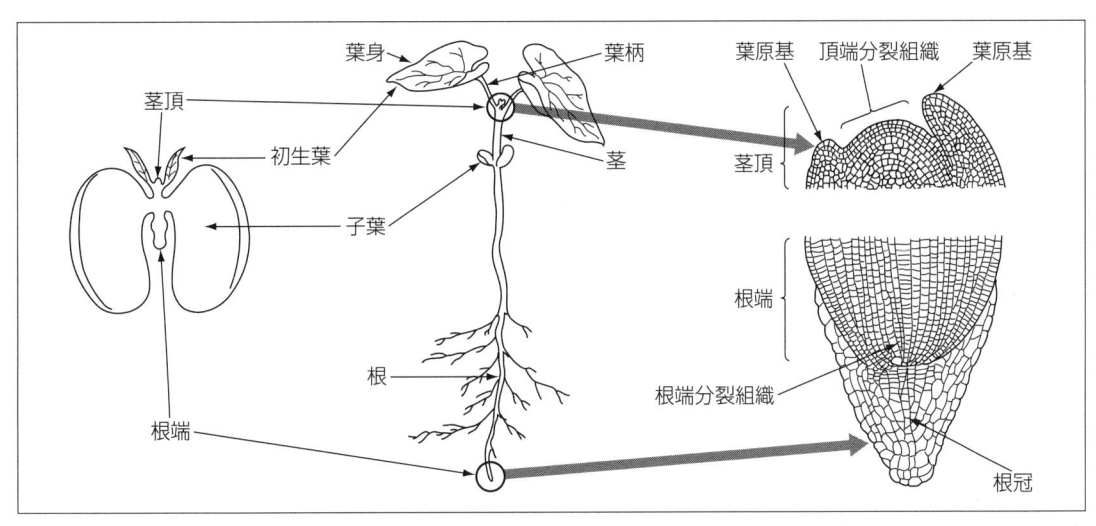

図2　マメ科作物の1次分裂組織と生育　　　　（Fosket, D. E., 1994による）

分裂によって，一定間隔で規則的に葉を分化・成長させ，また茎の伸長や肥大のために細胞を増やし続ける。

成長の進んだ**主茎**（イネ科作物では**主稈**という）の葉のつけ根（**葉えき**）からは，えき芽が分化し，成長して**側枝**（分枝，イネ科作物では**分げつ**）となり，さらにその分裂組織で葉や枝を増やし❶，大きく成長していく。

作物の茎は，主茎，側枝とも**節**と**節間**とから成り立っている（図3）。すべての節間は，その上部に1枚の葉と多数の根，下部に1本のえき芽と多数の根❷を分化させる能力をもっている。この節間，葉，えき芽，根からなるまとまりを**植物単位**という。作物の体は，それを多重的に積み上げたものといえる❸。

根の成長

根の成長の源は，根端分裂組織での細胞分裂にある（➡図2）。伸長した根は，新しい根を次々と分化し，複雑に枝分れした根系を発達させる（図4）。

根系の成り立ちは，双子葉作物とイネ科作物で異なる。双子葉作物の根は，基本的には，1本の太い**主根**と，それから枝分かれした2次根，3次根などの**側根**とから成り立っている。土寄せなどで茎の下部が土中に埋もれると，そこから**不定根**が発達する。

一方，イネ科作物では種子から直接発生する根（**種子根**）は，イネで1本，コムギで3～6本と少なく，根系の主体は，地中にある茎の各節から発生する不定根（イネ科作物では**冠根**❹という，➡p.66)である。

❶イネやコムギでは，葉と茎の出方に規則性があり，主茎上で下から数えてn番目の葉が出るときに，n−3番目の葉の葉しょうのつけ根から分げつがあらわれる。この側枝（1次分枝）も，主茎と同じ性質をもち，成長にともない葉や側枝（2次分枝）を分化する。2次分枝はさらに3次分枝を分化する（➡p.63）

❷根は，空中の茎からは通常は出ないが，伸長しないで地中にある茎からは何本かの根（不定根）が伸び出して成長する。

❸ただし，すべてのえき芽が側枝に発達するのではなく，環境条件によっては，休眠したり途中で生育を停止したりする。

❹茎の節から出るので，節根ともよぶ。

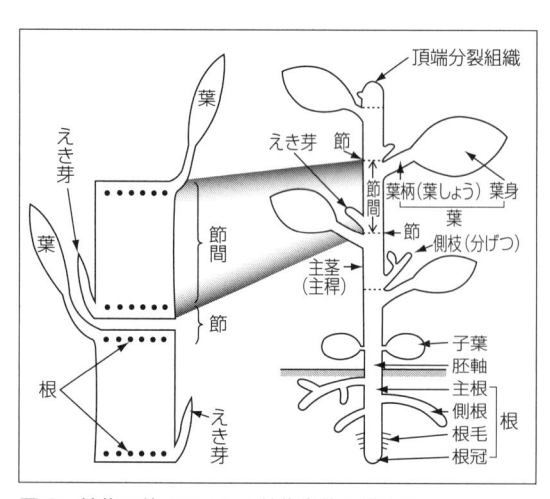

図3 植物の体のつくりと植物単位の模式図
（川田，1972などを参考に作図）

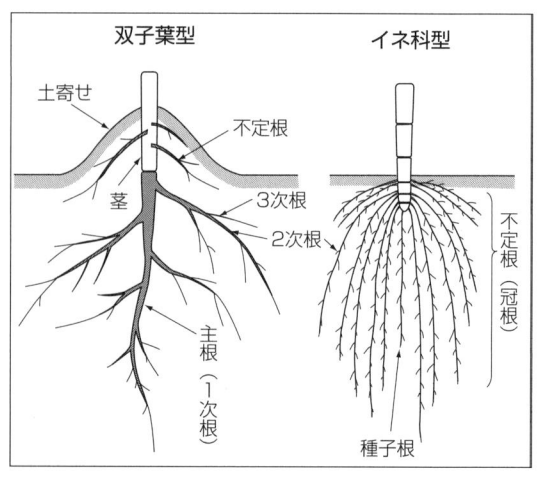

図4 双子葉作物とイネ科作物の根系の模式図

3 生殖成長の進み方

花芽の分化と発達　花芽分化には，①植物体がある発育段階以上にある，②日長および③気温が作物の要求する条件を満たしている，ことが必要である。花芽分化が日長に反応する性質を**感光性**，温度に反応する性質を**感温性**という。

第1の条件については，作物の種類によって異なり，イネでは5枚ていどの葉が出た状態である。

第2の日長条件については，長い昼の時間（長日）に反応して花芽分化する長日作物，短い昼の時間（短日）に反応して花芽分化する短日作物，日長条件に無関係な中性作物の3つに大別される（図5）。一般に，イネ，ダイズ，トウモロコシは短日作物であり，麦類，ナタネ，エンドウは長日作物であるが，同じ作物でも感光性の強さは品種によって異なる❶。

第3の条件については，作物の花芽分化には，その種・品種に応じた一定の積算温度❷が満たされる必要がある。さらに，長日および中性作物のなかには，発芽後，0～10℃ていどの低温を一定期間必要とするものがある❸。これらの作物が低温に遭遇して花芽を分化する条件がととのうことを**春化（バーナリゼーション）**という。この低温要求性のていどは，同じ作物でも品種によって異なる❹。

❶イネは，一般には短日作物であるが，日長にほとんど反応しない中性品種から，長日条件下では永遠に花芽分化せずに栄養成長を続ける感光性の強い品種まで，さまざまなタイプがある。

❷たねまき後の毎日の温度を足したもので，これが品種固有の一定値に達すると花芽分化する。花芽分化に必要な積算温度は，日長によって異なる。

❸低温要求性をもつ長日作物の花芽分化には，低温と長日の2条件が満たされる必要がある。

❹コムギには，低温を全く必要としないものから，50日以上の低温期間を要するものまで，さまざまなタイプがある。

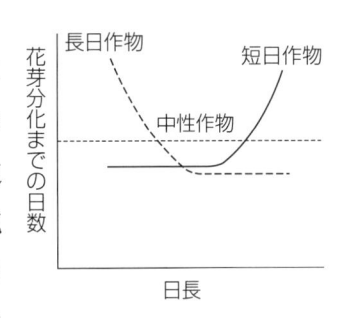

図5　長日，短日および中性作物の日長反応の模式図

参考　花芽分化の位置と期間——無限伸育型と有限伸育型

花芽が分化する位置はイネ科作物では茎頂であり，花芽分化の条件が満たされると，頂端分裂組織は葉の分化を終了し，花芽を分化させる（図6）。そのため，イネ科作物の花芽発達期は，一般に短い。

一方，マメ科作物の花芽は葉えきの分裂組織で分化し，花芽分化のあとも頂端分裂組織はしばらく葉や茎を分化し続けるので，個体としての花芽発達期は長い。

とくに，つる性のマメ科作物は，その期間が非常に長期に及ぶことから，無限伸育型作物とよばれる。それに対して，イネ科作物や，つる化しないマメ科作物は有限伸育型作物という。

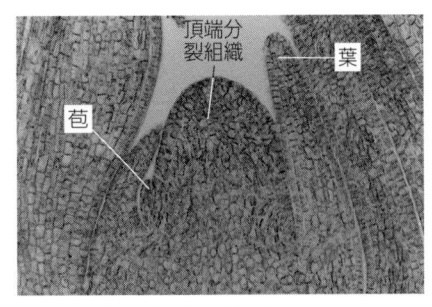

図6　水稲の幼穂分化期の成長点
注　幼穂分化は苞（→ p.67）の分化に始まる。

❶複数の花が1つのまとまりとなったもの。なお、花の配列様式を意味することもある。

花芽分化の進み方は、最初に、穂などの花序❶の骨格となる器官が分化し、つづいて小花（イネ科作物ではえい花）が分化する。それらの発達とともに、生殖器官であるおしべ（雄ずい）とめしべ（雌ずい）が分化・発達する。

ついで、おしべのやく内では、花粉母細胞の減数分裂によって花粉が、めしべの子房内では胚のう母細胞の減数分裂によって卵細胞が、それぞれつくられる❷。この**減数分裂期**は、作物が低温や高温、水分不足などに最も弱くなる時期である❸。

❷花粉、卵細胞はともに、体細胞の半分の染色体数をもつことから半数体とよばれる。

❸イネでは出穂前10〜12日にあたり、この時期の気温が18℃以下になると、花粉の正常な発達が阻害されて障害型冷害となる（→ p.76）。

減数分裂期のあとも、花序や生殖器官は発達を続け、開花日直前に花器が完成して、開花にいたる。

■受精と結実

多くの作物の受精は、開花直後❹に次のようにしておこなわれる。まず、おしべのやくから花粉が飛散し、めしべの柱頭に付着（受粉）すると、花粉はいっせいに柱頭内に花粉管を伸ばしていく❺。子房内の胚のうに達した花粉管からは、2個の精核が放出され、1つは卵細胞と、他の1つは2個の極核とそれぞれ受精（合体）する（図7）。この2組の受精現象は、被子植物特有のもので、**重複受精**という。

❹イネ（とくに最近の品種）は、内えいと外えいが開く前に花粉が出て、受精することが多い。

❺1つの花粉管が胚のうに達すると、他の花粉は花粉管の伸長を止めるという現象がみられる。

重複受精後、子房内の各細胞や組織は細胞分裂と肥大を続け、果実を構成していく。それをイネについてみると、受精卵は玄米の胚に、精核と合体した2極核は胚乳に、子房壁は果皮に、そして胚珠を包む皮（珠皮）は種皮に、それぞれ発達する（図7）。果皮はイネでは数層の細胞からなる非常に薄い皮（→ p.59 図3）であるが、マメ科作物では肥大してさやとなる。

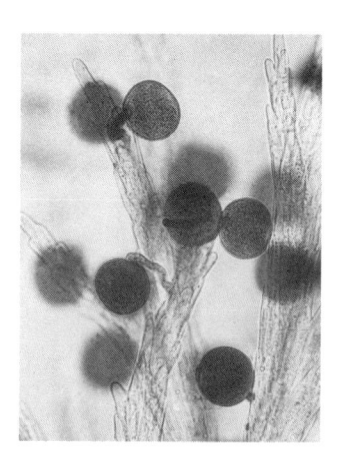

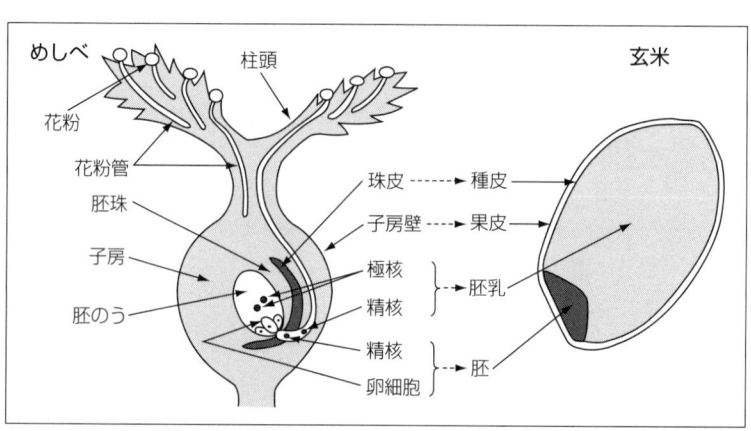

図7　イネの受精と玄米への発達の模式図（左は花粉管を伸ばし始めた花粉）　　　（星川清親、昭和59年を参考に作図）

果実の成熟

受精後，子房が発達して充実した果実に成長するためには，多くの養分が必要である。そのため，結実期には，葉でつくられた光合成産物と根から吸収された無機養分のほぼすべてが果実に供給される。さらに，それまで茎葉に蓄積していた栄養分も果実に送られる。

これらの供給が不足すると，果実は発育を停止したり，あるいは不完全な成長のままで成熟期をむかえたりして，収量低下をまねくことになる。したがって，高い収量を得るためには，結実期までに茎葉の貯蔵養分を多くするとともに，結実期の光合成を高く維持することが重要なポイントとなる。

受精後，成熟までの日数（結実〈登熟〉期間）は，気温が高いと短く，低いと長くなる。一般に，障害を受けるような低温でないかぎり，温度が低いほど登熟期間が長くなり，果実重は大きくなる（図8）。

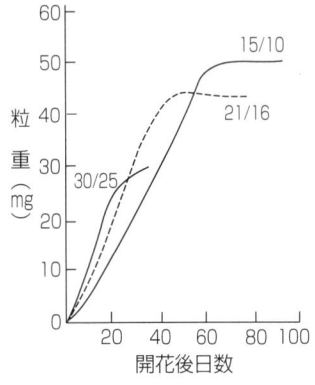

図8 コムギの粒重肥大に及ぼす昼／夜温度（℃）の影響
（Sofield, I. ほか，1997 による）

4 作物の生理的な営み

光合成

作物は，光合成によってつくられる糖と，根から吸収した窒素（N），リン（P），カリウム（K）などの無機物を用いて，デンプン，タンパク質，脂質，セルロースなどの有機物を合成して成長する。作物体の水分を除いた乾物の構成元素をみると，その90％以上が光合成によって取り込まれた炭素（C），酸素（O），水素（H）の3つの元素でしめられている（表2）。

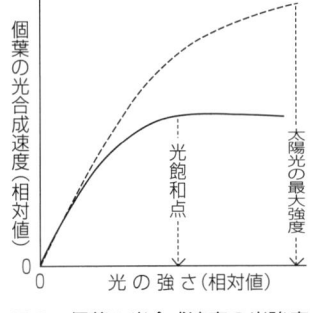

図9 個葉の光合成速度の光強度に対する反応の模式図
注 実線はC_3型植物，破線はC_4型植物。

参考 C_3型作物とC_4型作物

作物には，葉の光合成の光反応からみて，C_3型とC_4型の2つのグループがある（図9）。

C_3型作物が，よく晴れた日の太陽光の半分ていどの強さで光合成が光飽和するのに対し，C_4型作物には光飽和現象がなく，強光下での光合成速度が大きい。

C_3型作物にはイネ，麦類，豆類などが属し，C_4型にはトウモロコシ，サトウキビ，アワなどが属する。

C_4型作物の光合成速度が大きいのは，葉肉細胞で二酸化炭素（CO_2）をいったん固定し，それを高濃度に濃縮して維管束のまわりの細胞（維管束しょう細胞）の葉緑体へ送り，再び固定するという2段階の作用を通して，効果的な炭素固定をおこなうためである。

光合成は，葉の葉緑体において，気孔から取り込んだ大気中の二酸化炭素（CO_2）と根から吸収した水（H_2O）を原料に，太陽光のエネルギーを利用して，炭水化物（CH_2O）を合成する反応（$CO_2 + H_2O \rightarrow CH_2O + O_2$）である。

　光合成反応の大きさ（光合成速度）は，ふつう，単位時間・単位葉面積当たりのCO_2吸収量で示され，光の強さ，CO_2の供給速度，および反応を触媒するタンパク質（炭酸固定酵素）の量と活性などに影響される（図9）。

タンパク質の合成

　作物がその生育段階に応じて，さまざまな器官を分化・成長させたり，それらの機能を発揮したりする生命の営みは，タンパク質のはたらきにもとづいている。

　タンパク質には多くの種類があり，細胞膜など植物体の構成成分となったり，酵素となって成長に必要な各種の物質を合成したり，あるいは種子の中に貯蔵されたりする。

　このタンパク質は，光合成によって生産された糖と，根から吸収した窒素を主原料にして合成されたアミノ酸が，いくつも結合

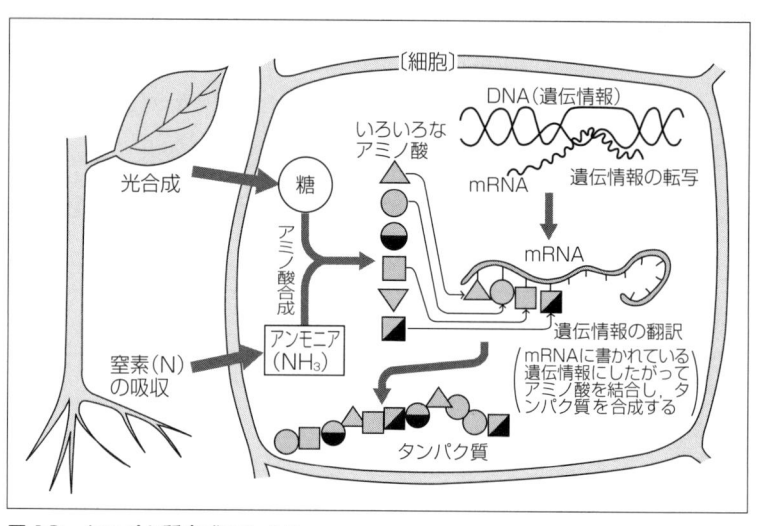

図10　タンパク質合成のしくみ

表2　トウモロコシとアルファルファの作物体の元素組成（乾物%）　（Loomis, R.S. および Cunnor, D.J., 1992 による）

作物	元素										
	C	O	H	N	S	P	K	Mg	Ca	Si	その他
トウモロコシ	43.6	44.5	6.2	1.5	0.17	0.20	0.92	0.18	0.23	1.2	0.37
アルファルファ	47	40	6	2.7	0.26	0.22	1.54	0.28	1.27	微量	微量

したものである。アミノ酸の結合の仕方は，タンパク質の設計図であるDNAのもつ遺伝情報によって決定され，そのちがいによって数多くのタンパク質が合成される（図10）。

作物の子孫が親と似た形となるのは，親から伝わった遺伝情報が，作物の発育段階に応じて，それぞれの部位で順序よく発現し，各器官の分化・成長に必要なタンパク質を次々と規則正しくつくり出すからである。

養水分の吸収

作物の光合成やタンパク質合成などに必要な水と無機養分は，根によって土壌中から吸収される。根の内部には，吸収した養分や水を輸送するための**維管束❶**がよく発達している❷。養水分の吸収は，根の先端近くの若い部分で活発で，とくに根の表面に無数に発達する**根毛**は，養水分の吸収に重要なはたらきをしている。

土壌中の水は，根および茎の木部の道管を通って葉までつながっており，葉の蒸散作用❸によって水が大気中に放出されると，水の凝集力によって水は道管内を引き上げられ，土壌中から根への水の移動（吸水）が起こる。それにともなって，水に溶けている養分も根に運ばれて吸収される。

しかし，養分の吸収にはエネルギーが必要❹であり，それは根の呼吸作用によって生み出される。

したがって，養水分の活発な吸収のためには，①新しい根が次々と分化・成長して健全に保たれている（図11），②土壌中に十分な水と養分がある，③呼吸に必要な酸素と光合成産物が根に十分供給されている❺，ことが必要である。

物質の移動

作物の葉は，根が吸収した養水分を用いて，光合成やタンパク質合成などによって，成長と生命の維持に不可欠な物質を生産する。一方，根は，葉で生産されるこれらの物質を用いて成長するとともに，養水分を吸収する。このように，作物の各器官は，お互いに必要とする物質をやりとりしつつ協調して成長する。

作物は，各器官間の物質のやりとりをおこなうための通導組織である維管束を，人間の血管のように，体のすみずみまで張りめぐらせている（図12）。双子葉植物や裸子植物では，木部と師部

❶木部と師部から成り立っている。木部の細胞は死んでいるが師部の細胞は生きている。

❷双子葉作物の維管束は，師部と木部が放射状に配置され，放射中心柱を形づくっている。イネでは根の皮層組織の細胞間のすき間が大きく，このすき間は葉につながっており，根に酸素を送り込むはたらきをしている。イネがたん水条件下の無酸素下でも，よく育つのは，このためである（➡ p.65 図15）。

❸蒸散には，太陽光にさらされている葉の温度上昇を防ぐなどの重要なはたらきもある。

❹多くの場合，養分が根の細胞内にはいるところで，吸収の調節がおこなわれており，そのためのエネルギーが必要になる。

❺酸素の供給には土壌の通気性がよいことが，同化養分の供給には地上部の生育が健全であることが必要である。

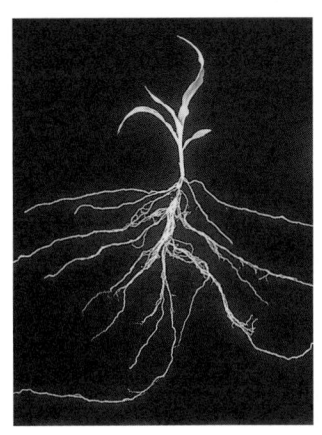

図11　トウモロコシの健全な根

のあいだに，それらの組織を分化・発達させる**形成層**がある。

根で吸収された養水分は，木部を通って地上部器官に運ばれる。一方，葉で生産された糖やアミノ酸などは，師部を通って茎や根に運ばれる。

また，一般に，茎の各節につく葉は，その近くにある分裂組織や展開中の幼葉，果実や根などの器官に物質を供給する（図13）。これより，上部節の葉は主として頂端分裂組織とその下部に発達中の若い葉や茎へ，下部節の葉は主として根に光合成産物を供給する。したがって，栽培にあたっては，上部節の葉だけでなく，下部節の葉（下葉）を健全に保ち，根の成長や養水分の吸収をうながすことも大切である。

5 生育のよしあしの判断

健全な生育の条件とすがた

作物が健全に生育するためには，光合成，養分吸収およびタンパク質合成などの代謝活動がバランスよく営まれ，各器官が調和を保ちつつ成長することが必要である。とくに，光合成により生産される炭水化物の量と，タンパク質の主原料である窒素の吸収量のバランスが重要である。

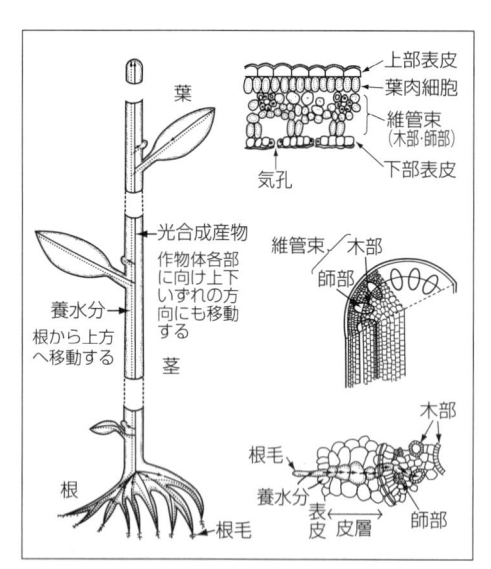

図12　作物の各器官の構造と葉・茎・根のつながり
（解剖図：Hadson T. HARTMAN, 1981による）

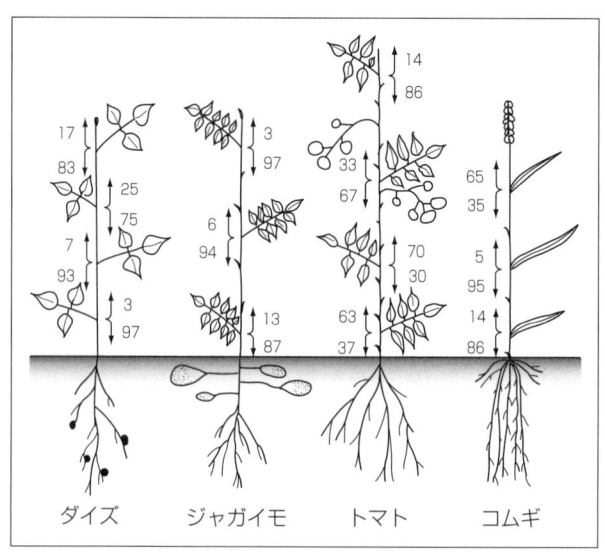

図13　いろいろな作物の上・中・下位葉からの光合成産物の転流の方向と大きさ　（Marshall, C. と Sagar, G.R., 1976による）

このバランスがよいと，葉は広く厚くなり，茎は太く，根系は大きく発達し，健全型の生育となる（図14）。このような作物は，その後の成長がよく，また病気や，干ばつ，低温などの不良環境にも強い。

不健全な生育の原因とすがた　一方，このバランスに乱れが生じると，作物の生育は不健全になり，その結果は作物体の大きさ，形および色の異常となってあらわれる。

生育のバランスを乱す原因には，土壌中の養水分の過不足，高・低温，長雨などの不良な天候，病害虫など，さまざまなものがある。それらの影響を強く受けたときの作物の生育は，大きく，徒長型，栄養不足型，障害型の3つに大別できる（図14，15）。

徒長型　作物の徒長は，養分とくに窒素の過剰により起こるが，高土壌水分，高温などによりいっそう助長される。

窒素が多すぎると，それを同化するために炭水化物が消費され，同化できない窒素（アミドなど）が体内に蓄積する。すると，葉は薄く大きく，節間は細く長くなり，根系の発達は抑えられる。

さらに，分枝（分げつ）数も増え，生育中・後期には過繁茂となる。また，徒長した作物は，害虫や病気，干ばつ，低温に対しても弱く，収量低下につながる。

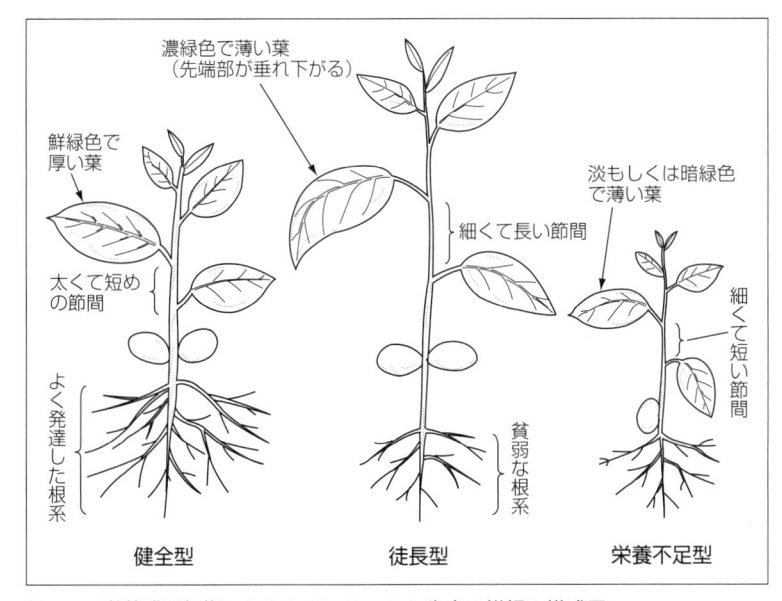

図14　栄養成長初期にみられるいろいろな生育の様相の模式図

図15　異なる窒素濃度で水耕栽培した水稲の地上部と地下部の成長のようす（左から不足型，健全型，やや徒長型，徒長型）
注　窒素を多く与えると地上部の成長はさかんになるが，地下部はおとる。

1　作物の成長と体のしくみ

栄養不足型 栄養分が不足すると，作物の成長が抑えられ，全体が小さく育つ。窒素（N）が不足すると，葉色は淡くなるのが一般的であるが，リン（P）が不足の場合，逆に暗緑色になる。また，分枝や花芽の数もいちじるしく減少し，大きな収量低下をまねく❶。

一般に，養分および水分不足の影響は地下部よりも地上部により強くあらわれる。

障害型 障害型の生育不良は，器官の損傷により発生する。これには，広くは，病気，害虫による器官の損傷も含まれるが，作物栽培では，根腐れがしばしば問題になる。

根腐れは，麦類，豆類などの畑作物では，土壌の過湿あるいは酸性土壌でのアルミニウムイオンの害作用で，水稲では硫化水素の害作用（→ p.79）などで発生する。

根が損傷を受けると，養水分の吸収が抑制され，晴天時に葉がしおれ，また栄養不足によって成長が妨げられる。

❶窒素の吸収が不足すると，体の各部の細胞づくりが順調に進まない。また，葉緑体も充実されないから光合成能力が低下する。リンの吸収が少なくなると，細胞の構成やタンパク質合成が阻害され，また，カリウムの吸収が抑えられると，光合成や呼吸，タンパク質合成が不活発となる。

生育診断の重要性 作物栽培では，生育しつつある作物の体の大きさ，形，色（図16）などを常に観察し，生育が健全に進んでいるかをチェックすることが必要である。これを**生育診断**という。生育診断で異常がみつかれば，その原因を調べ，施肥や水管理などによって生育を健全型へと誘導することが必要である。

図16 葉色診断板によるイネの栄養状態の診断

👉参考 作物の生育に必要な無機養分の種類

作物が健全に生育していくためには，窒素（N）・リン（P）・カリウム（K）・イオウ（S）・カルシウム（Ca）・マグネシウム（Mg）・鉄（Fe）・亜鉛（Zn）マンガン（Mn）・銅（Cu）・ホウ素（B）・モリブデン（Mo）・塩素（Cl）・酸素（O）・水素（H）・炭素（C）の16元素が必要だとされており，これらを**必須16元素**という。

このうちO・H・Cを除く13元素は，水とともに根によって吸収され，**必須養分**という。

必須16元素のなかで，生育にとって多くの量を必要とするN・P・K・S・Ca・Mg・O・H・Cの9個の元素を多量必須元素，残りの7個の元素を微量必須元素という。

とくに，N・P・Kは必要量が多く，16元素のなかで最も大切な要素である。しかも，土の中で不足しやすいので，肥料として補うことが多く，窒素・リン酸・カリを**肥料の3要素**とよんでいる。

6 作物の利用部位と栽培のポイント

私たちは，作物が一生のうちで分化・発達させるさまざまな器官，たとえば，生殖器官である果実や子実（イネ，麦類，トウモロコシ，豆類），栄養器官の**塊茎**（ジャガイモ，サトイモ）や**塊根**（サツマイモ），茎（サトウキビ），葉（チャ，タバコ），などを収穫し，利用している。高い収量を得るには，それらの利用器官の数を増やし，また，大きくすることが必要である。

果実，子実の利用

果実（イネ科作物ではえい果という）や子実を利用する作物では，収量は完全登熟した果実，子実の粒数とその平均粒重との積であらわされるが，一般に，前者のほうが収量への影響度合が大きい。

イネ，麦類の**完全登熟粒**[1]（整粒）の数が決定されるようすを図17に模式的に示した。分化えい花数は，花芽発達期の中ごろに最大に達するが，作物体の栄養条件，とくに窒素栄養に強く影響される。

花芽発達期の中ごろからは，えい花の退化が始まり，作物体の栄養条件，とくに炭水化物量が少ないと退化えい花数が増える。

出穂期のえい花（図18）は，すべて整粒になることは少なく，一部は不受精による**不稔粒**（ふねんりゅう）になったり，また養分の不足や障害などにより，**不完全登熟粒**（くず粒）になったりする。

したがって，果実や子実の生産を目的とする作物では，花芽発

[1] もみがら（内えいと外えい）の内部がデンプンやタンパク質などで満たされたえい果。

図18 コムギの穂とえい花

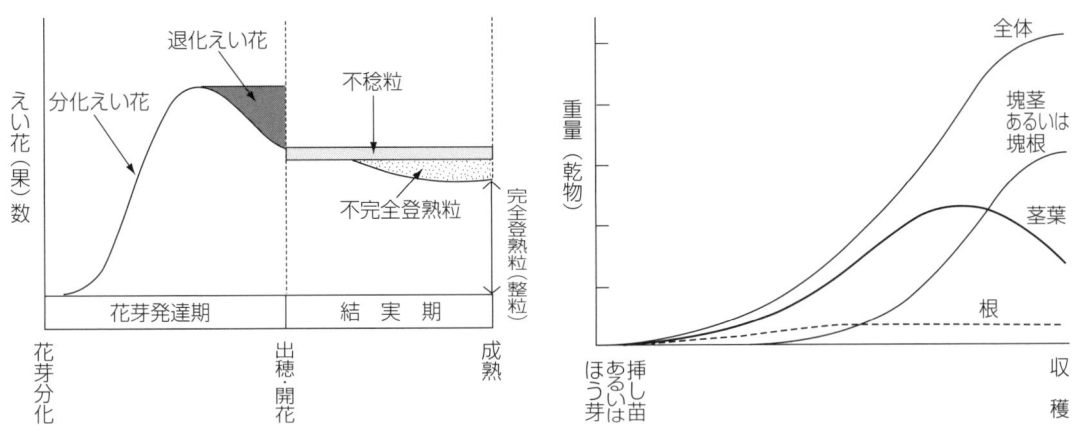

図17 イネ・麦類の完全登熟えい果数が決定されるプロセスの模式図

図19 いも類の成長の模式図

1 作物の成長と体のしくみ

達期から結実期にかけて，作物体の栄養条件を良好に保ち，花芽の分化を増やし，退化を抑制し，かつ不完全登熟粒の発生を抑えることが，栽培のポイントである。

塊茎と塊根の利用

塊茎や塊根❶を利用するいも類では，種いも（ジャガイモ）あるいは数枚の葉をつけたつる苗（サツマイモ）を植え付けると，まず根の成長が始まり，ついで地上部の茎葉が成長する。

塊茎や塊根の形成は，成長のかなりはやい段階で始まり，葉群からの光合成産物の供給によって肥大する。葉面積が最大となるころ❷には，塊茎や塊根の成長速度は最大になる。その後，茎葉はしだいに枯れて減少していくが，塊茎や塊根は成長を続け，数十日後に成熟期に達する（図19）。

サツマイモでは，生育後期になっても土壌中窒素が多いと，いつまでも茎葉の成長が続き，塊根の成長が抑えられる，つるぼけ現象を起こす。

いも類では，地上部器官と利用部位である地下部器官の成長をバランスよく制御することが，栽培の重要なポイントとなる。

葉や茎の利用

葉や茎を利用する作物のうち，チャでは展開後間もない若い葉が，タバコでは成熟した葉が，サトウキビでは糖を蓄積した茎が利用部位である。

若い葉を利用するチャの収量は，栄養芽の数と大きさに強く影響される。春期の栄養芽の発達は，前年の秋から冬にかけて樹体にたくわえられた養分に依存するので，秋冬期の整枝や肥培管理が重要である。

一方，成熟葉を利用するタバコでは，花芽や分枝の成長は葉の充実した成長の妨げとなるので，発達してきた花芽やえき芽は取り除かれる（図20）。

サトウキビの収量は，茎の大きさと糖含量によって決まるので，この両者を高めることが必要である。

以上のように，作物は種類によって利用部位が大きく異なるため，利用する器官の成長のしくみをよく理解し，その成長を促進していくことが，作物栽培の重要なポイントである。

❶ジャガイモは地中にある茎の各節から発生した分枝（ふく枝という）の先端が肥大した塊茎，サツマイモは根の一部が肥大した塊根である。塊茎，塊根はともに，発達したデンプン貯蔵組織をもつ栄養器官である。

❷ジャガイモでは，開花期ころに葉数が最大となり，その後は葉が減少に転じる。

図20　花芽が取り除かれたタバコ

第2章

2 作物の収量と栽培環境

1 作物の収量とは

　作物の収量は，ふつう，単位土地面積当たりの果実，子実，塊根など目的器官の生産量（重量）であらわされる❶。したがって，作物栽培では，ほ場に生育する作物群，すなわち**個体群**（群落，図1）が管理の対象となる。これまでは，おもに個体としての作物を対象に，形態，生理や成長のしくみをみてきたが，ここでは，個体群を対象に収量と環境，栽培技術との関係をみてみよう。

❶収量が土地面積当たりであらわされるのは，作物の生産量は光，水，養分などの資源の供給量に支配され，それらの資源量は土地面積に比例するからである。

作物の収量

　作物の収量は，作物が一生のあいだに，光合成を出発点とする一連の物質代謝によって生産した全有機物量の一部分である。この有機物生産量は，作物を乾燥させて水分を取り除いた重量を測定して得られ，**バイオマス収量**あるいは生物的収量とよばれる。そして，バイオマス収量にしめる目的器官の収量割合を**収穫指数**という。この収穫指数

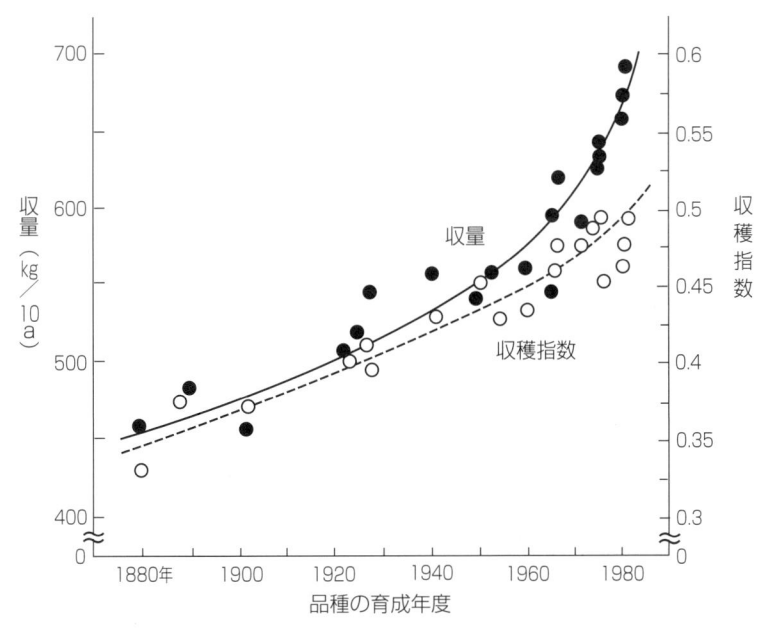

図2　オオムギの品種の育成年度と収量および収穫指数との関係
（Riggsほか，1981より作成）
注　新しい品種ほど収穫指数が大きくなり，収量が高くなってきている。

図1　オオムギの群落

❶改良の進んだ品種の収穫指数は，イネ，コムギ，トウモロコシおよびダイズでおよそ0.55，サツマイモ，ジャガイモでは0.6〜0.7に達している。

❷全えい花数のうち，もみがらの内部がデンプンで満たされた，完全登熟えい花（果）数の割合。

図3　収量の高いイネ

を用いると，収量は次のようにあらわせる。

　　収量＝バイオマス収量×収穫指数

そのため，多くの作物で遺伝的に収穫指数の大きい品種の育成が重ねられ，その向上が収量性の向上に大きく貢献してきている❶（図2）。

しかし，じっさいの栽培の場面では，栽培方法によって収穫指数は変化する。たとえば，栄養成長を過度に促進すると，バイオマス収量は大きくなるが，収穫指数が小さくなって，収量が低下することもある。

したがって，作物栽培にあたっては，品種のもつ収穫指数の能力値を引き出しつつ，バイオマス収量すなわち単位土地面積当たりの全有機物生産量を高めることが重要である。

収量構成要素　作物の収量の成り立ちは，イネや麦類の場合，次の式であらわすことができる。

　　収量＝面積当たり穂数×1穂のえい花（果）数×登熟歩合❷×1粒重

この式の右辺の各項を**収量構成4要素**という。

収量構成4要素は，生育が進むにつれて，左の要素から順に決まっていく。面積当たり穂数は栄養成長期に，1穂のえい花（果）数は花芽発達期に，登熟歩合と1粒重は花芽発達期の終わりごろから結実期に，それぞれ決定される。

高い収量を安定して得るには，収量構成4要素をバランスよく大きくすることが必要である（→ p.72）。そうすると，収穫指数が大きくなり，バイオマス収量も高くなる。

そのためには，気象条件に注意を払い，また作物の生育状況を診断して，それぞれの生育段階で適正な生育量となるように，養水分を管理することが重要である（図3）。

2 作物群としての光合成と収量

収量構成4要素の大きさは，それらが決まる時期の作物個体群のバイオマス生産量に影響される。このバイオマス生産の源は，光合成による糖の生産にある。作物は，この糖を原料にして，デ

ンプン，タンパク質，セルロースなど，作物体を構成する物質を合成する。

それら物質の合成および作物体の機能の維持にはエネルギーが必要である。そのエネルギーは，呼吸によって糖を消費してつくり出される。したがって，作物個体群のバイオマス生産量は，次のようにあらわすことができる。

　　　バイオマス生産量＝光合成量－呼吸量

バイオマス生産量を高めるには，光合成を高め，よぶんな呼吸を減らすことが必要である。とくに，生育後半のバイオマス生産量は収量に直接影響するので，この時期のバイオマス生産量を高めることが重要である。

3 作物群の光合成を高める条件

作物の葉群による二酸化炭素（CO_2）の吸収量を**総光合成**という。総光合成で生産された糖の一部は，葉群の成長と機能維持のための呼吸に消費される。この総光合成から呼吸を差し引いたものを葉群の純光合成という。それでは，葉群の純光合成がどのような要因に影響されているのであろうか。

葉面積指数とは　作物の葉群の繁茂度は，一定土地面積上にあるすべての葉の面積の総和と土地面積の比である，**葉面積指数**であらわされる。つまり，葉面積指数とは，作物個体群が土地面積の何倍の面積の葉を展開しているのかをあらわす数値である（図4）。

作物が成長し，葉面積指数が大きくなると，個体間で光，養分，水などのうばいあいが激しくなる。水，養分は人間が与えることで，この競争を弱めることができるが，光についてはそれができない。こうして，葉面積指数が大きくなると，葉群の総光合成は太陽光の量に強く制限されるようになる。

受光態勢と純光合成　作物葉群の総光合成は，葉面積指数と光量が同じでも，各々の葉のあいだでの光の配分割合（**受光態勢**）によって異なる（図5）。

葉が水平に着生する水平葉型個体群では，太陽光の大部分が上

図4　葉面積指数が大きくなった開花期のジャガイモ

位の葉によって受光されるため，下位の葉はほとんど光を受けない。一方，葉が水平面に対してある傾きをもって着生する傾斜葉型個体群では，下位の葉もあるていどの光を受ける。すると上位葉と下位葉を合計した光合成量は傾斜葉型個体群のほうが水平葉型よりも高まる。

このように，葉の着生角度は，個体群の総光合成に大きな影響を与える要因である。

葉面積指数と純光合成

作物個体群の純光合成を支配するもう1つの大きな要因は，葉面積指数である。個体群の総光合成は，葉面積指数が小さいときは，葉面積指数に比例して高まる。葉面積指数がさらに増えると，葉の重なりが増すため，それ以上葉面積指数を増やしても総光合成は増加しなくなる。この光合成が頭打ちになる葉面積指数は，傾斜葉型個体群が水平葉型個体群よりも大きい（図6）。

一方，葉の呼吸量は葉面積指数が増えると，増加するので，作物個体群の純光合成は，ある葉面積指数のときに最大値を示すことになる（図6）。この個体群の純光合成を最大にする葉面積指数を**最適葉面積指数**という。この最適葉面積指数は，太陽光の強さ

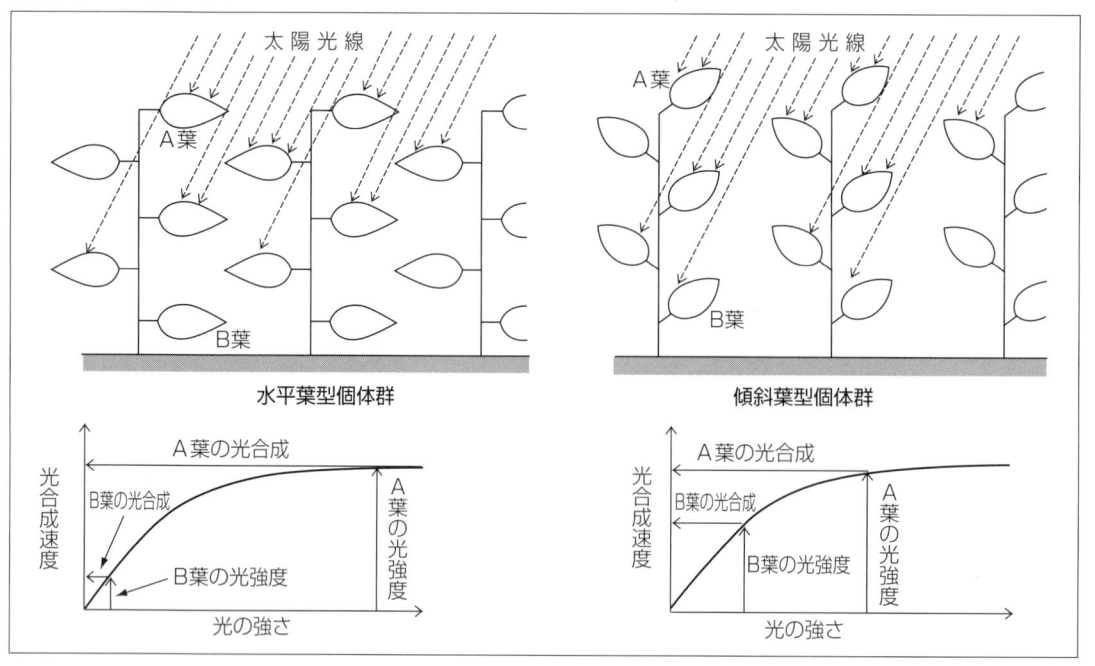

図5 葉面積指数の等しい水平葉型および傾斜葉型作物個体群の受光態勢と光合成のちがいの模式図
注 上位葉のA葉の光合成速度は両個体群ではほぼ同じであるが，下位のB葉のそれは，傾斜葉型のほうが顕著に高い。

や葉の角度に強く影響される。

最適葉面積指数は，垂直に近い葉を多くもつイネ，麦類でふつう5～7，水平に近い葉をもつサツマイモやサトイモでは3～4，そして両者の中間の葉の角度をもつダイズで4～5である。

葉の窒素濃度と光合成

さらに，個々の葉の光合成能力も個体群の光合成に大きな影響を与える。とくに，葉の窒素濃度は光合成能力に強い影響を与え，それが高いと光合成能力も高い（図7）。しかし，葉の光合成能力を高めようとして窒素肥料をやりすぎると，窒素は同時に葉面積も大きくするので，過繁茂❶になる。

以上のことから，作物個体群の純光合成を高めるには，①葉の窒素濃度を高める，②葉の受光態勢をよくする，③葉面積指数を最適値近くに保つ，の3つが重要である。そのためには，生育診断にもとづいた窒素栄養の適正な管理が必要になる。

❶作物個体群が最適値以上の葉面積をつけて，純光合成やバイオマス生産にマイナスの影響が出る生育状態。

4 作物生産と資源の有効利用

作物生産では収穫物がほ場から持ち出されるため，それにともない，土中の窒素（N），リン（P），カリウム（K）などの栄養素

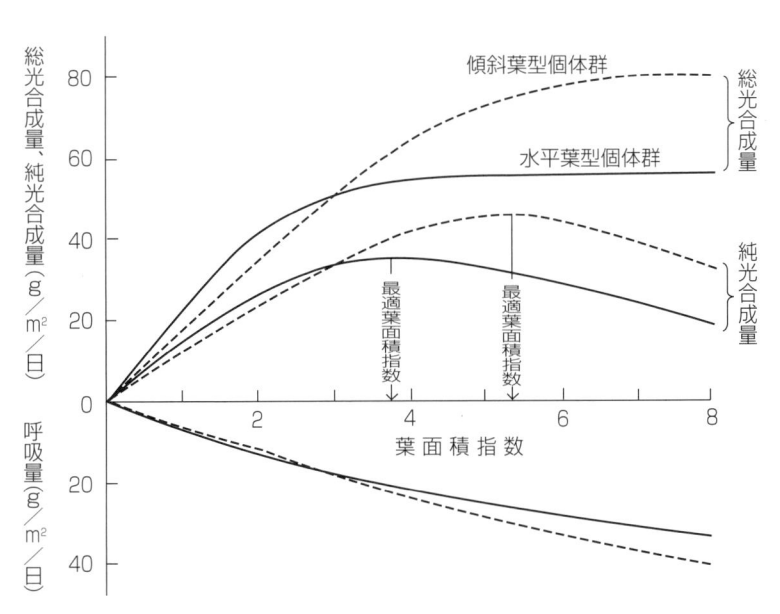

図6 傾斜葉型および水平葉型作物個体群についての，葉面積指数と1日当たりの葉群の総光合成量，呼吸量，および純光合成量（総光合成量－呼吸量）との関係

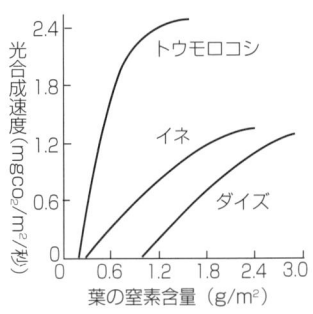

図7 作物の個葉の光合成速度と単位葉面積当たりの窒素含量との関係（Sinclair, T.R. と Horie, T., 1989 による）

❶ たとえば、米にはN, P, Kが、それぞれ約1, 0.3, 0.25%含まれており、500kg/10aの米収量が得られた場合、持ち出されるN, P, Kの量は、10a当たりそれぞれ5, 1.5, 1.25kgとなる。

❷ 水、栄養素などが、降雨や土壌などから供給されること。

も減少する❶。これらの持出し量に見合う栄養素の供給がなければ、土はしだいにやせおとろえ、高い収量を継続して得ることが困難になるので、不足分を施肥によって補うことが必要になる。

投入量と収量

これらの資源の投入が適切な場合には、収量が高まり、また収益もあがる。それが不適切な場合は、収量、収益ともに低下するだけでなく、過剰に投入した場合、ほ場から流れ出たこれらの栄養素によって水系が汚染され、環境破壊をもたらすことになる。したがって、作物栽培では資源を効率的に利用して、高い収量を得ることが重要である。

水、栄養素などの資源の投入量と作物収量とのあいだには、一般に、図8に示すような関係がある。作物収量は資源の天然供給❷による部分と投入による部分との2つから成り立っている。

天然供給資源

資源の効率的な利用のためには、まず資源の天然供給量を多くすることが必要である。栄養素の天然供給の大部分は土壌中の有機物の微生物による分解に由来し、これを地力栄養素という。地力栄養素は過去に施用された有機物に由来し、いわば資源のたくわえに相当する。ほ場に有機物を適切に施用し、地力を高め、栄養素のたくわえを大きくしておくことが、化学肥料の投入量の節減につながる。

投入資源

投入した資源を作物生産に効率的に利用することが必要である。水、栄養素など、すべての資源とも、投入量を多くしていくと、投入量当たりの収量、すなわち資源の利用効率はしだいに小さくなる（図8）。これを**収量漸減の法則**という。

資源の投入量をさらに増やすと、過繁茂や倒伏の害により、収量はかえって減少するようになる。したがって、適正量の資源を投入することが、資源の効率的な利用に不可欠といえる。

資源利用効率

投入資源の吸収率と吸収した資源の生産効率の2者の積で得られる。この両者ともに、作物が必要とする時期に、必要とする量の資源を与えることで高まる。そのためには、作物の生育状態や葉色などについて栄養診断をおこない、それをもとに、資源投入を適切におこなうことが、収量と環境の両面から重要である。

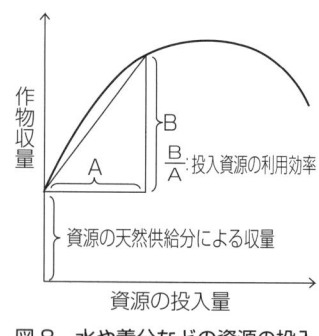

図8 水や養分などの資源の投入量と作物収量との関係の模式図

第2章
3 作物の品種と収量・品質

　作物の生育特性，収量性，養分要求性あるいは品質は，同一種の作物でも，品種によって大きく異なる。作物栽培では，それぞれの生産者の経営目標のもとで，最も適した品種を選定し，作物を品種の特性に応じて，適切に管理していくことが求められる。

1 いろいろな品種とその特性

品種とは

　作物の品種とは，植物分類での種以下のレベルで，栽培・利用上の特性にもとづいて，それぞれの作物を分類したものである（図1）。それぞれの品種に求められる要件は，他とは異なる特徴的な性質をもち，そして品種の特性が世代をへても安定して伝えられることである。

　品種の特徴的な性質としては，①早生，中生，晩生などの早晩性，②草丈，分げつ数，葉の直立性などの草型，③収量性，④病害虫に対する抵抗性，⑤高・低温，干ばつなど環境ストレスに対する抵抗性，⑥子実の色，形，食味などの品質特性，などがある。

　品種は，これらの形質の組合せによって成り立つものである。その組合せ数は無数といえるほど多く，したがって品種の数もきわめて多くなる❶。これらの形質の異なる品種どうしのかけあわせなどにより，多様な栽培・利用の目的に適合した品種が育成されてきている。

収量性

　作物育種の大きな目標の1つは，より収量性の高い品種を育成することであった。イネや麦類の多収性品種は，一般に，図2に示すように，肥料，とくに窒素肥料を多く与えても，古い品種のように収穫指数の低下をまねかない，という特性をもっている。

　多収品種のこの特性は，窒素肥料を多く与えても，草丈が伸びすぎて倒伏したり，葉身が伸びすぎて過繁茂となったり，あるいは葉が垂れて受光態勢が悪化したりすることを抑えるはたらきを

❶イネだけでも，世界中で，現在，数万品種があるといわれている。

図1　水稲の品種の例（両端の品種を育種親として中5つの新しい品種が生まれた）

もつ遺伝子（半わい性遺伝子）によるものである。

多収品種が多収となるためには，多くの窒素肥料を必要とし，少肥下での収量は古い品種と同ていど，ないしはそれ以下になることもある。栽培にあたっては，このような品種特性をよく知っておく必要がある。

品質性

生産物の品質も重要な品種特性である。これには，炊飯したときの米の食味❶，パンやめん類の原料としてのコムギのタンパク質（グルテン）含量，あるいはアルコールの原料としてのサツマイモのデンプン含量など，用途に応じてさまざまな特性が要求される。

日本イネのなかでも，これらの特性に関して，大きな品種間差異が認められる。近年，食味を重視した水稲の育種が進められており，とくに北海道でその成果がいちじるしい（図3）。

環境ストレス耐性

高・低温や干ばつなど環境ストレスに対する抵抗性も，品種選定にあたって重視すべきである。とくに，北日本の稲作は，水稲の減数分裂期から開花期にかけて18℃を下まわる低温に遭遇して，しばしば冷害を受けてきたため，耐冷早熟品種の育成が育種の中心におかれてきた。

こうして，耐冷性の強い品種が育成された結果，わが国の水稲の冷害抵抗性には，大きな品種間差異が認められる。それぞれの地域の冷害危険度に応じて，品種を選定することが重要である。

❶炊飯したときの粒の光沢，粘り気，香り，味などの要素が複雑に絡みあって生ずるものである。一般に，米のデンプンの成分であるアミロースとアミロペクチンのうち，アミロース含量が低く，粘り気が強いものが，良食味品種の重要な特性となっている。

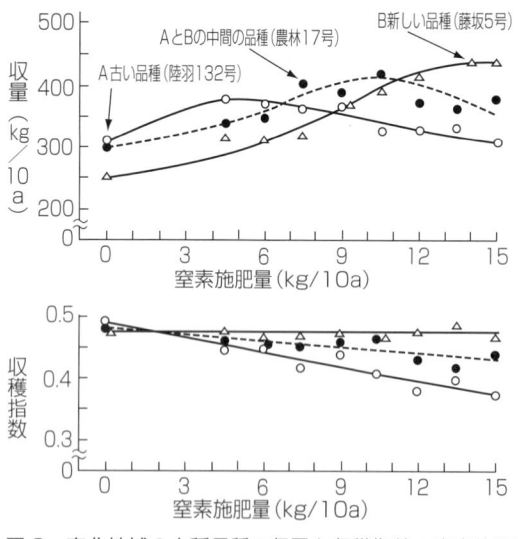

図2 東北地域の水稲品種の収量と収穫指数の窒素施肥量に対する反応（山根一郎・細川玲子，1955 より作製）

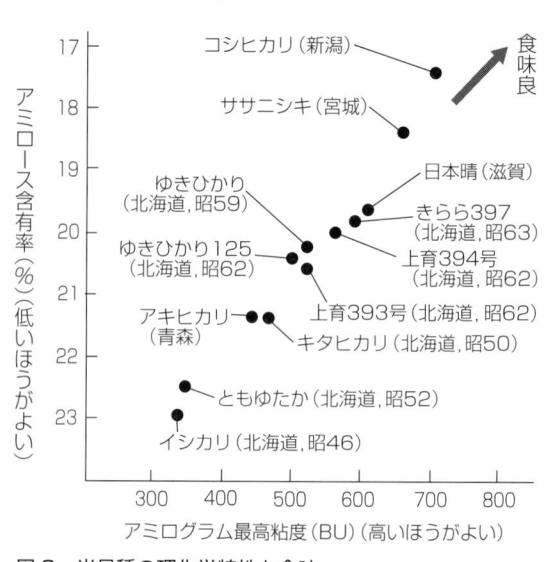

図3 米品種の理化学特性と食味
（嶋 浩・長野真之，1990 に加筆）
注 道県名は栽培地，北海道のあとの年次は育成年を示す。

病虫害抵抗性 病虫害に対する抵抗性も栽培にあたって重視すべき品種の特性である。わが国の代表的な病害である，イネのいもち病や麦類のさび病に対する抵抗性には，かなりの品種間差異がみられる[1]。

病虫害に抵抗性のある品種を利用することによって，農薬の使用量を減らしていくことが重要である。ただし，病虫害抵抗性は，病原菌や害虫の生態型が変化することにより，破られることがしばしば認められる[2]。これを回避するには，一地域の作物栽培が特定の品種に集中することを避け，多数の品種を栽培したり，あるいは，数年ごとに異なる品種を栽培したりして，病虫害の拡大を防ぐ工夫が必要である。

以上のような特性にすぐれた品種が，次々と育成され，そのなかから，より栽培・利用の目的に適したものが用いられるため，栽培される品種は大きく移り変わっていくことが多い[3]。

それぞれの地域の試験場で，新品種も含め多くの品種についての特性を調べる試験がおこなわれているので，品種選定にあたっては，それらの情報を利用することが必要である。

[1] 同様に，イネのトビイロウンカやツマグロヨコバイ，あるいはジャガイモのシストセンチュウなどに対する抵抗性にも，かなりの品種間差異がみられる。

[2] いもち病抵抗性の水稲品種クサブエが，新しいいもち菌型の出現によってり病し，大被害をこうむったことがあった。

[3] 最近の例では，平成5年の水稲大冷害の影響を受けて，東北地方の主要品種がそれまでの良食味品種の「ササニシキ」（図4）から，良食味でしかも耐冷性の強いひとめぼれに急速に変わった。

2 これからの育種の目標と可能性

農業・食料をめぐる情勢は大きく変化しており，それに対応して，より栽培・利用の目的にかなう品種を育種していくことが求められる。以下，農業・食料をめぐる今後の動向と，それに対応する育種の目標および可能性についてみてみよう。

(1) 今後の育種目標

①人口増に対応した資源利用効率の向上 世界の人口は急速な増加を続けており，食料など生物資源生産のいっそうの拡大が求められている。その一方で，田畑の拡大や生産に不可欠な水などの資源の確保は困難になってきている。そのため，水や肥料などの資源の利用効率が高く，しかも生産性の高い作物品種の育成が，世界的に強く求められている。

わが国では，食料自給率の向上に向けて，水田輪作作物として

図4 ササニシキのすがた

3 作物の品種と収量・品質

の麦類，ダイズなどの生産拡大が求められており，わが国の気候のもとで，より生産性の高いこれらの品種の育成が必要である。

②温暖化に対応した環境ストレス耐性の向上　現在，大気中の二酸化炭素やメタンガスなど温室効果ガスの濃度は急速に増加し

❶日本で最も普及しているチャの品種やぶきたは，このようにして1本の原木からつくられた品種である。

参考　育種の基本的な技術

育種の技術は，①作物自身の変異をみつけるか，人為的に変異の拡大を図る，②そのなかから優良な個体を選抜する，③選抜した個体の特性が変化しないように固定する，という3つの過程から成り立っており，そのためにいろいろな方法が工夫されている（図5）。

分離育種法　最も古くから用いられてきた方法は，在来の作物集団のなかから，優良な個体あるいは系統を選び出して品種に育てる，分離育種法である❶。しかし，分離育種法は，原集団のもつ遺伝的変異に限りがあるため，優良品種の育種効果にも限りがある。

さらに優良な品種を育成するには，目的形質に関して遺伝的変異を拡大する必要がある。そのために，望ましい形質をもつ個体の交雑，**人為的な突然変異**，および**染色体数の倍加**などの方法が用いられるようになった。

交雑育種法　現在でも最もよく用いられている。交雑による方法（交雑育種法）には，交雑後，遺伝子型が分離してくる雑種第2代から選抜を開始する**系統育種法**と，第6代ごろから選抜を開始する**集団育種法**とがある。

改良する形質が少数の遺伝子に支配されているときには系統育種が，収量などのように多数の遺伝子に支配されているときには集団育種が適する。

雑種強勢育種法　異なる両親の交雑から生じる雑種は，両親よりも収量性や環境ストレス抵抗性にすぐれ，雑種強勢を示すことがある。雑種強勢は雑種第1代で最も強くあらわれる。この性質を利用して，優良組合せを示す親を見出し，その交雑によって1代雑種（ハイブリッド）品種を育成する雑種強勢育種法が，トウモロコシや野菜の育種に用いられる。

この育種法は，細胞質雄性不稔系統（細胞質のはたらきによって，おしべの受精力は失われるが，めしべは受精能力をもつ系統）を利用することで，イネなどの自殖性作物にも適用されるようになってきている。

しかし，ハイブリッド品種は固定した品種ではないので，自殖すると，いろいろな形質をもった個体が分離するため，自家採種はできない。

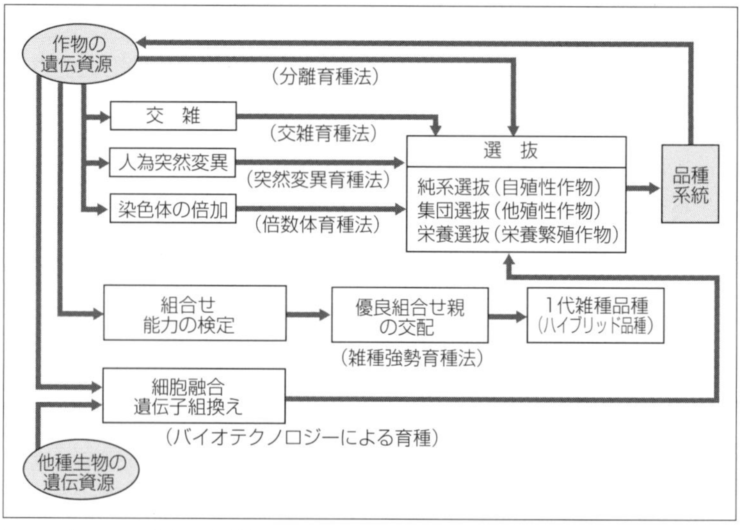

図5　作物の育種法と育種操作の流れ

つつあり、それにともなって将来、地球温暖化など、大きな環境変化が予測されている（図6）。これらの環境変化が起こると、干ばつや高温障害などをもたらす環境ストレスが増えると考えられている。

そのため、わが国の作物生産では、これまでの低温抵抗性品種の育種に加え、高温や水ストレスに対する抵抗性の高い品種の育成も重要になってくる。

③**環境に配慮した病虫害・雑草抵抗性の向上**　今後、除草剤、殺虫剤、殺菌剤などの化学農薬の使用量を削減して、環境にやさしい作物栽培（環境保全型農業）技術を組み立てていくことが、さらに重要になってくる。そのためには、品種の雑草競争力や病虫害抵抗性のいっそうの強化が必要である。

④**機能性を加味した品質の向上**　品質の向上も重要な育種目標であるが、その場合、これまでの食味の改善に加え、食品としての機能がよりすぐれた品種の育成が求められるようになってきている。

たとえば、胚に含まれている動脈硬化の予防効果をもつビタミンEの含量を高めた米、あるいは米アレルギーの原因のタンパク質とされるグロブリン含量の低い米の品種などの育成である。さらに、各種のレトルト食品や加工食品への利用など、用途が多様化してきており、それらに対応した多様な品種の育種も必要になってきている。

(2) バイオテクノロジーの可能性と今後の作物生産

これらの育種目標に関わる品種特性の多くは、近年いちじるしく進歩した遺伝子組換えなどのバイオテクノロジー❶を利用することにより、かなりの向上がみられるであろう。とくに、遺伝子組換えによって、他の種や生物の遺伝子を作物に導入することが可能になっており、病虫害抵抗性や品質の面では、画期的な特性をもつ品種の育成❷が期待される。

しかし、作物の収量性は多くの形質が複雑に絡みあって発現するものであるため、バイオテクノロジーによっても、その急速な向上はむずかしく❸、光合成能力や収穫指数の改良により、緩や

❶遺伝子組換えによって、交雑育種ではできなかった種間雑種や、微生物など他の生物の遺伝子を作物に組み込むことも可能になり、ウイルス抵抗性のタバコ、除草剤抵抗性のダイズ、ナタネ、ワタ、虫害抵抗性のトウモロコシなどが作出されている。

❷たとえば、微生物の殺虫作用物質を合成する遺伝子を作物に導入して作物の虫害抵抗性を高めたり、ダイズのタンパク質合成遺伝子をイネに導入してイネにダイズのタンパク質をつくらせたりするなど、その一部はすでに開発されている。

❸遺伝子組換え技術は、少ない数の遺伝子に支配される耐病性や品質の改良には威力を発揮するが、収量性などの多くの形質に支配される特性の改良には、まだ多くの課題がある。

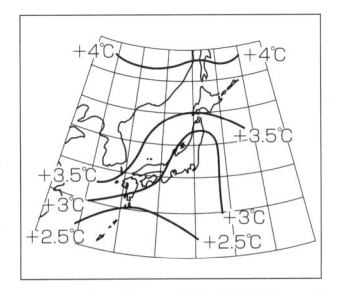

図6　大気中の二酸化炭素濃度が倍増したときの日本付近の気温の上昇の予測値
（Hansenほか、1984のデータをもとに作図）

かに向上していくと考えられている。

これからの農業・食料の問題解決には、新品種の開発と栽培技術の改良とが、協調して進んでいくことが重要である。また、遺伝子組換え作物の育種や生産への利用にあたっては、その人間の健康に対する安全性および生態系への影響[1]について、十分な調査をおこない、安全性を十分に確認して進めていくことが重要である。

3 遺伝資源の保全と利用

作物の生産・利用上、有用な形質をそなえた品種の育種には、その素材となる遺伝資源が必要である。現在利用されていない在来種や近縁野生種のなかには、品質、病虫害抵抗性あるいは環境ストレス抵抗性にすぐれた遺伝子をもっているものもある[2]。さらに、バイオテクノロジーの発達によって、これまで作物育種に利用されていなかった、別の生物の遺伝子も利用されるようになってきている。

作物の生産・利用は時代とともに変化してきており、たとえば、近年では、多くの作物でかつての多収性品種にかわって良食味品種が求められるようになり、一方では有色素米（→ p.138）や雑穀（→ p.213）の見直しも進んでいる。したがって、将来の作物生産を考えると、より多くの遺伝資源を保全しておく必要がある。ところが、各地の在来作物種や在来品種などの遺伝資源は急速に失われつつある。また、作物の野生種など希少生物の生息場所となっている生態系が、開発などによって急速に失われつつあり、それとともに野生種のもつ貴重な遺伝資源も減少しつつある。

これら失われるおそれのある作物の遺伝資源を保存する目的で、遺伝子銀行（ジーンバンク、図7）が設けられ、種子や栄養体の培養による保存がおこなわれている。わが国では農業生物資源研究所の遺伝資源保存施設などがその役割を担っている[3]。遺伝資源の保存には、これら種子銀行に加えて、野生種を、それが生育している場所において、他の多様な生物とともに生態系として保全していくことも重要である。

[1] 作物畑には、その近縁野生種である雑草が共存していることがある。そのような場所に除草剤抵抗性の作物を栽培した場合、作物と近縁野生種の受精により、作物の除草剤抵抗性遺伝子が雑草である野生種に移ることも考えられる。また、害虫を殺す遺伝子を組み込んだ作物が、害虫以外の昆虫に悪影響を及ぼすことも考えられる。

[2] たとえば、サツマイモのネコブセンチュウ、ジャガイモのシストセンチュウに対する抵抗性遺伝子は近縁野生種から見出され、導入・利用されている。

[3] 世界的には、国際イネ研究所（IRRI、フィリピン）、国際トウモロコシ・コムギ改良センター（CIMMYT、メキシコ）、および国際ジャガイモセンター（CIP、ペルー）などがある。

図7　わが国の遺伝子銀行

第2章

4 地域の環境・土地利用と作物生産

1 地域の環境と作物生産

　作物生産に利用される土地（耕地）は，その場所によって気温や降水量，日あたり，土壌，水系や水の便などが異なる。そのため，選択される作物の種類が異なる。このように，地域の自然環境に適した作物や品種を選んで栽培することを，**適地適作**という。

　とくに，イネや麦類，豆類，いも類などは，一般に露地で栽培される土地利用型作物で，自然環境の影響を強く受けるため，適地適作が重要であり，そのための工夫が重ねられてきた。その結果，各地に自然環境のちがいに応じた農業が発展し，特色ある農業景観がみられる（図1）。

　作物の生育に影響する環境要因には，温度，日射，光周期，降水などの**気象的要因**，土壌の肥よく度や物理性・化学性などの**土壌的要因**，病害虫や雑草，共生生物などの**生物的要因**がある。

気候と作物栽培　　わが国は，南北に細長く，しかも中央を背骨のような山脈が走っているために，気候の差異が大きい。そのため，地域によって適する作物がいちじるしく異なり，また1年1作しかできない地域から多毛作が可能な地域までが含まれる。気候区によって，わが国の農業上の特徴をみると，表1のように整理することができる。

図1　特色ある農業景観（左：低地にひらかれた広大な水田，右：等高線に沿って耕された傾斜畑，右上：タイ山岳地帯での水田〈水稲跡のダイズのたねまき〉）

表1 各気候区(地域)の農業上の特徴　　　　　　　　　　(農林省編「土地利用区分の手順と方法」1964により作成)

気候区	毛作型	主要栽培作物	気象災害その他
天北	1年1作の春コムギを主体とする春秋コムギ混合地帯	エンバク,ジャガイモを中心に麦類,豆類,テンサイ,ハッカ,アマ	冷害の危険性大,風食地区も多い
道東	1年1作の春コムギ地帯	豆類,ジャガイモ,エンバク,オオムギ	冷害,干害の危険性大で,沿岸部では濃霧害,内陸部では風食の危険性もある
道央	1年1作の秋コムギ地帯	エンバク,ジャガイモ,豆類,ナタネ,トウモロコシ,テンサイ,リンゴ,ジョチュウギク,アマ	落葉果樹の北限地帯で,冷害,雪害の危険性大
道南	1年1作の秋コムギを主体とする春秋コムギ混合地帯	ジャガイモ,豆類,エンバク,ナタネ,トウモロコシ,テンサイ,リンゴ	冷害,霧害の危険性がある
東北太平洋側	2年3作地帯,全般的には雪の制約度が小で,水田に越冬飼料作物を導入することが可能である	従来はヒエ—麦類—ダイズの代表的な2年3作地帯であったが,最近はヒエ,アワなどの作付けが順次減少し,麦類,豆類,トウモロコシなど	カキ,モモをはじめ,陸稲,サツマイモなどの北限地帯で,冷害の危険性が若干ある
東北日本海側	2年3作地帯であるが,積雪のため冬作畑利用率は低く,じっさいには1年1作の地帯が多い	豆類が中心で,ジャガイモ,テンサイ,麦類,トウモロコシ,リンゴ,オウトウなど	カキ,モモをはじめ陸稲,サツマイモの北限地帯で,雪害の影響も大
北関東	1年2作の北限地帯にあたる	冬作は麦類,夏作は豆類,サツマイモ,ジャガイモ,トウモロコシ,コンニャク,タバコ,ユウガオ,クワなど	ワタ,ビワ,アマガキ,チャの北限地帯で,風食,凍霜害,ひょう害がかなり激しい
北陸	積雪のため冬作畑利用率は低く,1年1作を強いられる地帯が多い。水田の冬作として飼料作物の栽培も可能である	冬作はコムギ,オオムギ,ナタネ,夏作は豆類,サツマイモ,ジャガイモ	ワタ,ビワ,アマガキ,チャなどの北限地帯で,雪害の影響大
東山	低地は1年2作の限界地帯,山間地などでは夏作が主体で,1年1作のところまで存在する	冬作は麦類,夏作は豆類,ジャガイモ,トウモロコシ。またリンゴ,ナシ,ブドウ,モモなどの果樹,コンニャク,ホップ,クワなど	低地はワタ,ビワの北限地帯で,凍霜害,ひょう害などが激しい
南関東	1年2作地帯	冬作は麦類,夏作は陸稲,サツマイモ,ラッカセイ,ダイズ。タバコ,チャなど	ミカンの北限地帯で,凍霜害,風食の危険性がある
東海	1年2作地帯であるが,野菜類を組み合わせて多毛作も可能である	冬作は麦類,夏作はサツマイモ,ダイズ,陸稲。ミカン,チャ	サトウキビ,秋ジャガイモの北限地帯でもあり,台風害の危険性がかなり大で,また,山沿い地方では凍霜害の危険性もある
瀬戸内	1年2作地帯であるが,野菜類を組み合わせてかなり多毛作がおこなわれ,暖地性果樹の適地でもある	冬作は麦類,夏作はサツマイモ,豆類,ジャガイモ。ミカン,オリーブ,ブドウ,モモ,ジョチュウギク,ハッカ,イグサ,チャなど	雨量が少ないため,干害の危険大
山陰	1年2作地帯であるが,積雪のため若干の制約を受ける	冬作は麦類,ナタネ,夏作は豆類,サツマイモ,ジャガイモ	サトウキビ,秋ジャガイモの北限地帯,沿岸部はミカンの栽培も可能。地区によっては風食の影響大,湿害もかなりみられる
北九州	1年2作地帯であるが,野菜類などを組み合わせて多毛作が可能である	冬作は麦類,ナタネ,夏作はサツマイモ,豆類,ジャガイモ,陸稲。ミカン,イグサなど	瀬戸内側では干害の危険性がある
西九州	1年2作地帯であるが,野菜類などを組み合わせて多毛作が可能である	冬作は麦類,夏作はサツマイモ,豆類,陸稲,トウモロコシなど。ミカン,イグサ	台風害の危険性大
南海	1年2作であるが水稲の2期作も可能で,水田,畑と夏冬作間に中間作を導入することができる。高温のため麦作には適地とはいいがたい	冬作は麦類,ナタネ,夏作はサツマイモ,陸稲,ダイズ。ミカン,コウゾ,ミツマタ,タバコ。沿岸部の1部には亜熱帯性作物の栽培が可能なところもある	高温多雨のため浸食が激しく,地力が低下しやすい。風食地区も存在し,台風害の危険性大
奄美	1年2作であるが亜熱帯的で,サトウキビ,パイナップルなども産し,熱帯性いも類の作付けも可能	サツマイモ	台風害激甚のため,生産力が高まらないのが特徴

注　麦類:オオムギ,コムギ。豆類:天北〜道南まではダイズ,アズキ,インゲンマメ,東北以南はダイズ,アズキ。
　　東山:山梨県,長野県,南海:鹿児島県(伊佐,出水郡を除く),宮崎県,愛媛県(南宇和,北宇和郡),高知県,徳島県(海部,那賀郡),和歌山県(日高,西牟婁,東牟婁郡)を指す。

農業の地域性をあらわす気候的特性としては，土地のもつ熱的な特性を示す指標の**温量指数**❶，水分特性を示す指標の**降水配分率と湿潤度**❷がある。ほかに，雪の制約度❸も指標の１つとなる。

土壌と作物栽培

土壌は，陸地の表面に分布し，母岩，生物，気候，地形，人為などによる，いろいろな作用を受けてできたものであり，水や大気などと同じように，人間や動植物の生存のために不可欠な役割を果たしている。

作物生産をおこなう土壌は，耕作のしやすさ（耕作性）と，作物の生育しやすさ（生育性）をかねそなえていることが望ましい。これらの性質は，それぞれの地域に分布する土壌の特性に影響されるが，土壌は作物生産によって変化し，改善されたり，逆に劣化したりしていく。そこでは，土壌微生物が大きな役割を演じている❹（図2）。

生物相と作物栽培

耕地は，特定の作物栽培を目的とするため，自然生態系に比べると単純化されてはいるが，多様な生物が生息している。土壌中の養分の循環に関係する有用微生物だけでなく，土壌病害を引き起こす有害な微生物やセンチュウ，大気や水を媒介として伝染する病害虫，さらには雑草なども生息している。これら生物も，作物と同じように気候や土壌，栽培方法のちがいによって分布が異なる。

その特徴をイネの主要な病害虫についてみたのが，図3である。いもち病❺の被害は北海道では少ないが，全国的に発生し，その被害ていども大きい。紋枯れ病❻の被害は関東以西に多く，四国や九州などの暖地に特徴的な病気である。主要害虫であるウンカ

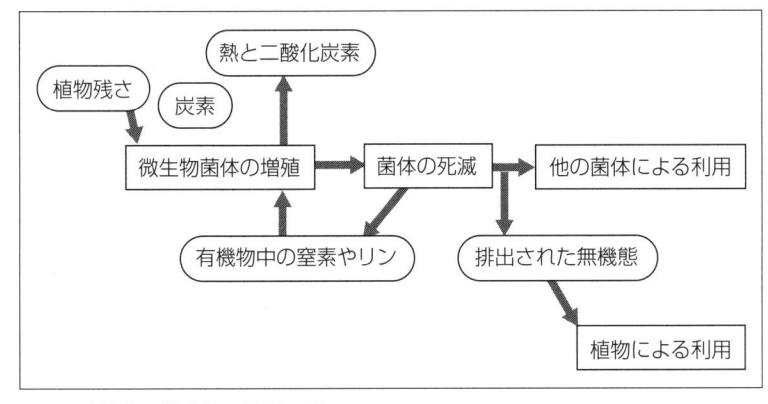

図2　土壌中の微生物の役割の例

❶月平均気温が5℃以上の月の，平均気温から5℃を引いた値の年間積算値。

❷降水配分率は，夏半期（4～9月）の降水総量の年降水総量に対する百分率。湿潤度は，夏半期と冬半期の2期の雨量係数。雨量係数とは，ある期間の降水総量を，その期間の月平均気温の積算値で割った値であり，気温の積算値はその土地の蒸発能力と比例すると考えられている。雨量係数が大きいときは湿潤，小さいときは乾燥とされる。

❸積雪による農業への制約は，積雪の深さと根雪期間の長さによると考えられており，雪の制約度1は深さ100cm以上で根雪期間120日以上，同2は深さ50cm以上で根雪期間80日以上，同3は深さ50cm以上で根雪期間40日以上，同4は深さ50cm以下で根雪期間40日以上である。

❹たとえば，作物残さなどの有機物の炭素，窒素，リンなどは微生物の増殖に利用され，その過程で二酸化炭素と熱が放出される。微生物は死滅したり，ほかの微生物に利用されるなどの過程で，窒素やリンが無機態のかたちで放出され，それらが植物（作物）に利用される。

❺曇天が続き，日照が少なく，やや低温（20～25℃）で湿度の高い状態で発生しやすい。

❻高温・多湿の年に発生が多い。

❶気候によって発生が異なり，暖冬の次年は発生が多く，夏が高温・多湿の場合は秋に大発生する。

類❶の被害は近畿以西で多い。このように，病害虫の被害の様相をみても，生物相の地域性を理解することができる。

2 耕地の合理的利用

水田の特徴と利用

水田は，水をたたえること（たん水）によって，水田土壌そのものに持続的な生産的機能を付与する。そのおもなものは，①pHを上げて中性にする，②窒素を放出する，③有機物の分解をおそくする，である。これらは，水田のもつ固有の特性といえる（表2）。水田のおもな生産的機能は，畑地と比較すると，次のようである。

連作を可能にする 水をはった土の中では，センチュウ，カビなどの有害微生物は死滅し，土の中にたまる有害物質は洗い流されるので，長年月の連作に耐える。

雑草を減らす 田畑に生える雑草の多くは，たん水状態ではイネとの競争に負けるため，畑に比べて雑草が少ない。

空気中窒素の利用 たん水すると田面水に空気中の窒素を固定する生物が増え，固定された窒素は作物が利用できる。

温度の急変を防ぐ 水は比熱が大きく熱しにくく，また冷えにくいので，水をはると温度の急変を防ぐことができる。

かんがい水による養分供給 イネが必要とするカルシウムとマグネシウムは，かんがい水に含まれる分だけで十分である。カリ

表2 水田の有する多面的機能と生産的機能

環境を守る機能	遊水池としての役割を果たす
	地下水をかん養する
	土壌を守る
	水質を浄化する
生産を持続的に維持する機能	pHをあげて中性にする
	窒素を放出する
	有機物をゆっくり分解する
	連作を可能にする
	雑草を減らす
	空気中の窒素を利用する
	温度の急変を防ぐ
	かんがい水が養分を供給する

図3 主要病害虫の被害率
注 平成6～11年の6か年の平均値。被害率：水陸稲収穫量に対する被害量の百分率。

やケイ酸も，必要量の2～3割ていど得られると考えられている。

さらに，わが国の農業のもつ多面的機能（→ p.3）は，水田における稲作を中心に発展してきた農業形態と深く関連しており，その機能の維持のためにも水田農業の持続的な発展が重要である。

畑の特徴と利用

畑は，水田と大きく異なり，次のような特徴がある。

地力維持の必要性 有機物の消耗がはやいため，一定の土壌有機物を保持するためには，継続的な有機物の投入が必要である。

土壌の若返り 耕うん，施肥，たねまき，病害虫防除，雑草防除などによって，土壌が常に若返り，遷移が進まない❶。

連作障害の発生 土壌養分の吸収量とその割合は作物の種類によって異なるが，連作した場合には，土壌病害などの**連作障害**❷が発生しやすい。

作物の健全化 病害虫や雑草の被害，気象災害などを軽減して，作物を健全に保ち，持続的な生産をおこなうためには，輪作などによる総合的な耕地管理が必要になる❸。

さらに，土地利用率の向上，作物生産の危険分散など，営農を安定させるためにも輪作は重要な役割を担う。

輪作の技術とその効果

一定の期間にいくつかの作物を組み合わせて，決まった順序で作付けることを**輪作**という（図5）。輪作の基本的な技術は，基盤

❶自然の変化にもとづいて生物の種類構成が変化していくことを遷移といい，遷移が進まないと生態系は不安定な状態にあることが多い。

❷畑作物の連作障害のおもな原因は，土壌病害，センチュウ害，土壌理化学性の悪化（要素欠乏，酸性化，物理性の悪化など）である。病虫害のほとんどは土壌伝染性のものであり，物理性の悪化には，耕深の不足による耕土の悪化や，大型トラクタの踏圧で形成される盤層による排水不良などがある。

❸北海道などの畑作地域（図4）では，連作によって，コムギの眼紋病，アズキの落葉病，ジャガイモのそうか病，テンサイの根腐れ病などの土壌病害が発生し，輪作体系の確立が求められている。

図5 西欧と日本における輪作の作付方式
（野口弥吉・川田信一郎監修『農学大事典』昭和62年による）

図4 北海道の畑作地帯（収穫期のアズキ畑）

整備, 作物や品種の選択, それらを組み合わせた作物編成と作期の設定からなる作付順序（あるいは作付体系）といえる❶。

輪作（図6左）の効果は非常に総合的で, ①土壌有機物の供給と維持, ②根粒菌などによる窒素の天然供給力の増大, ③土壌物理性の改善, ④土壌中の養分吸収範囲の拡大, ⑤土壌養分のバランス維持, ⑥病害虫の発生抑制, ⑦雑草の抑制, ⑧土壌侵食の防止, ⑨土地利用率の向上, ⑩労働配分の均衡化, などがある❷。

したがって, 持続的な畑作農業を維持するうえでは, 輪作体系の確立が最も重要である。輪作と原理は同じであるが, 土地利用率を高める目的で, 間作❸（図6右）や混作❹もおこなわれる。

輪作の方法

合理的な輪作の方法は, 地域によっていろいろに工夫されているが, その基本は次のとおりである。

①地力維持に必要な有機物生産量の多いイネ科作物を導入する。②養分吸収特性の異なる作物, 跡地に残る養分量が異なる作物, 根系分布の異なる作物, 共通の土壌伝染性病害虫のない作物, を選んで組み合わせるようにする。

わが国で古くからおこなわれてきた輪作の形式は, イネ科作物を基幹として, それに地力消耗を補うマメ科作物と, 耕土を深くするいも類とが組み合わされたものが多い。

したがって, 合理的な輪作の基本型は,〔イネ科作物〕―〔マメ科作物・葉菜類・果菜類〕―〔根菜類〕であるといえる❺。

田畑輪換栽培

田畑輪換栽培は, 第1章（→ p.15）でみたように, 多くの効果があり, 生産性の高い

---

❶これに対して, 土壌, たねまき方式（栽植密度）, 施肥, 雑草や病害虫防除などの管理は, 個別技術といわれ, 作物の生育を調整するための技術である。

❷輪作の機能は, 水田における水に匹敵するということもでき, 作物は輪作をとおして養分の供給を受け, 土壌の病害虫が調整されて生育・収量が安定する。

❸異なった種類の作物を, 栽培期間を一部重ねあわせて栽培する方法。

❹異なった種類の作物を, 同一期間に同じほ場に栽培する方法である。

❺輪作の型を分類する場合に, 作付順序が一巡する期間と, 各作物の栽培回数の合計で表示する。たとえば, 麦類-ダイズは1年2作, サツマイモ-ハクサイ-スイカ-ダイコンは2年4作とよぶ。

図6 輪作（左, コムギ跡のクローバー）と間作（右, オオムギ間へのユウガオの植付け）の例

水田農業の実現のためにも重要である（図7）。

　水田から畑への転換にさいしては，ほ場の排水性をよくすることが重要である（図8）。地下水位が高いと，畑作物の根の伸長が妨げられるので，暗きょ排水などによって地下水位を下げる必要がある。

　乾田化された水田では，数年間は畑地として野菜や花などの栽培に利用し，土壌病害が多くなったり，土壌に肥料分が過剰に蓄積したりすると，畑地をふたたび水田に戻す方法もある❶。

　隣接する田との落差が少ないときは，周囲の水田より転換畑に水がしみ込んでくるので，畑作物では湿害のおそれがある。そこで，水田から畑への転換を各農家単位ではなく一定の地区単位でおこなう**ブロック・ローテーション法**が工夫されている（図9）。この方法では，転換畑区をふつう1〜2年ごとに移動していく。この取組みには，その地区すべての農業者の意思統一が必要である。

　土地の多面的な利用にあたっては，個々の農家だけでは解決できない場合も少なくない。土地利用計画から生産・流通にいたるまでの多くの人びとの共同が大切である。また，営農種目の異なる農家が互いに協力して，農地全体の総合的な利用計画を立てることが望ましい。

　たとえば，野菜生産農家と畜産農家が共同して，飼料作物や景観形成作物などを野菜の輪作に組み込んで野菜の連作障害をなくすとともに，さらには，有機農産物や特別栽培農産物（→ p.15）の生産に取り組み，その販売をとおして都市との交流もおこない，地域の活性化を図っていく，といった方向が考えられる。

❶関西地方でおこなわれていた田畑輪換の例をあげると，①ハダカムギ→青刈りダイズ→ニンジン→ハクサイ→サツマイモ→コムギ→青刈りダイズ→ダイズ→コムギ→イネ（4年10作），②ハダカムギ→青刈りダイズ→ネギ→コムギ→スイカ→ハクサイ→タマネギ→ダイズ→コムギ→イネ（4年10作）などがある。

図7　田畑輪換栽培の例（手前は乾田化した水田での野菜〈ニラ〉の栽培）

図8　水田の排水対策の例（サブソイラによる透水性の改善）

図9　ブロック・ローテーション法の例

4　地域の環境・土地利用と作物生産

第2章

5 作物生産と情報の利用

1 作物生産と情報利用の広がり

　農業分野における情報化による農業者のメリットの1つは，経営改善に役立つ多様な外部情報を得られる点にある。たとえば，天候に左右される農業生産において，ほ場の気象変化を迅速に察知し，作業手順を変更したり，霜害などの気象災害に備えたりすることは，収穫の安定を図るうえできわめて重要である。また，パーソナルコンピュータ（パソコン）を経営管理に活用することで，財務管理の向上や作業の合理化，マーケティングや販売活動などに役立てることができる点も重要なメリットである。

　さらに，インターネットを活用することで，農業者は，必要な外部情報を必要に応じて迅速に入手することができるようになる（➡カラー口絵p.5）。このほか，経営の内部で生じた情報を外部に送信し，専門家の分析・判断を仰ぐことも可能となっている❶。

　こうした情報の受発信は，従来のパソコンに加え，携帯電話や個人用電子情報端末（PDA）といった携帯型端末の活用によっても可能となりつつある。生産現場にいながら気象情報を入手したり，出荷情報を発信したり，経営管理データを入力したりするなど，情報通信技術がますます農業者の身近なものとなっていくことが期待されている❷。

❶従来型の情報システムは，地域内の情報センターから一方向に情報提供をおこなう閉鎖型であり，関係機関の情報を相互に連携して活用できないなどの限界もあった。

❷インターネット技術を地域のネットワークとして活用するイントラネットを構築し，関係機関が情報を相互に共有し，各種のデータベースをつくることで，農業者のニーズにこたえる，きめこまかな情報提供も可能となる。

2 生育診断と情報利用

　生育診断は，生産者レベルでは栽培管理の意思決定を支援するものとして重要である。都道府県や国レベルでは，生産量や各種被害量の推定，技術指導の作成などに診断情報が利用される。総合的な作物診断技術に関係する構成要素を図1にまとめた。

　生育診断技術　①診断の基礎，②診断対象，③診断技術，に分けられる。

診断の基礎では，発育ステージの設定が基本となる。水稲を例にみると，代表的な発育ステージは葉数の増加とそれから算出される葉齢指数（→ p.126）である。葉数の増加過程を追跡することによって，発根，分げつの形成過程と穂の発育過程が大まかに予測できる。出穂後は，玄米の成長過程を示す発育ステージが設定される。また，低温による水稲の障害不稔（ふねん）の発生診断は，花粉形成過程が基礎となる。

　生育期間中の診断対象は，生育経過と収量予測，病害虫の発生と被害ていど，気象災害❶などがおもなものである。

　診断技術は，統計的・経験的手法❷と，栽培環境の物理・化学的特性と作物の発育過程にともなう生理・生態的変化にもとづく機構モデル❸による予測とに大別される。

　関連情報　長年にわたって蓄積された気象，土壌・地形，作付面積，生育と収量構成要素，生産量と品質，気象災害や病害虫の発生面積と被害量，栽培管理履歴などがおもなものである。この関連情報の充実は的確な生育診断にとって，非常に重要である。

　技術体系策定試験　個別技術，作業体系や栽培技術体系の確立

❶冷害，風害，水害，干害などがあるが，技術的に回避効果の大きいのは冷害である。

❷農林水産省が実施している水稲の収穫量予測調査が最も代表的なもので，作況，被害などの調査が実施される。作況調査は実測，巡回および聞き取りなどによる情報収集からなる。

❸コムギや水稲，豆類，ジャガイモなどで積極的に開発されており，生産現場においては，モデルの予測結果を参考にして，追肥やかんがいなどの時期や量の判断が可能になる。しかし，これらモデルの生産現場への普及にさいしては，総合的な気象観測ロボットやコンピュータ技術の高度化と普及が必要となる。

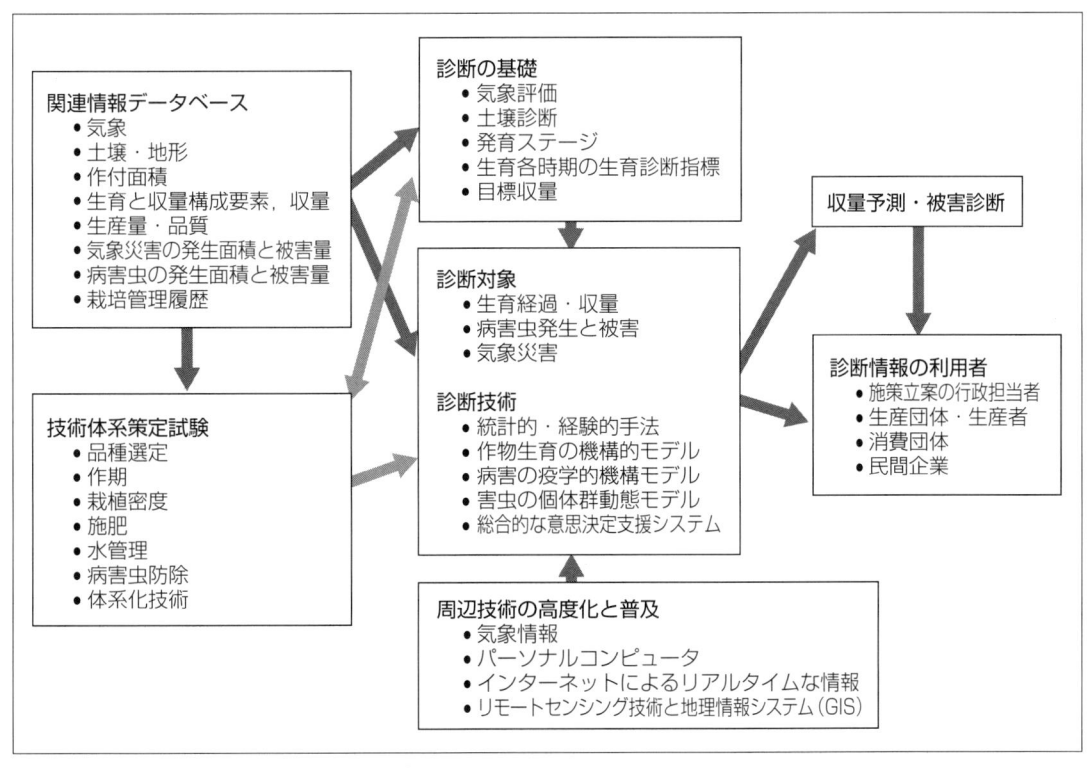

図1　総合的な作物診断技術を構成する要素

を目的に実施される。

　　　　周辺技術　コンピュータなどが近年急激に高度化・普及し，診断技術の開発とその情報伝達の分野で大きく貢献する。

参考　環境保全型農業と情報活用

　世界的規模で生じている人口急増，環境汚染，温暖化と気象変動などを背景に，環境保全型農業への転換が求められている。このことは，自然生態系の機能を最大限に活用して，持続的な省資源・省エネルギー生産技術を確立することによって，地域社会の環境保全から世界的規模の気象変動の緩和などに貢献しようとするものである。

　それにともなって，各種の農業生態系におけるエネルギーの流れ，物質循環や安定性・持続性に関する科学的な分析と理解が進み始めている。そして，従来の作物生産技術に加えて，生態的機能を取り込んだ作物の収量成立過程や病害虫発生の予測技術，それらを組み合わせた総合的な栽培管理の意思決定支援システム，さらには農業生態系の構造と機能の空間的・時間的な変化を予測する技術などが必要になってきている。

　持続可能な作物生産に関係する諸要因と新たな技術開発分野を図2に示す。これらの諸要因が総合的に関連して作物生産に関する科学的な理解が進展することによって，持続可能な作物生産が地球規模で実現できるといえる。

　これらの技術は，気象情報，パソコン，インターネットに代表される情報ネットワーク，各種の地球観測衛星などのリモートセンシング技術と地理情報システム，さらには精密農業を支援する高精度・高能率な機材や機械などの普及によって，実現可能になると考えられる。

図2　持続可能な作物生産に関係する諸要因と新たな技術開発分野

第3章

イ ネ

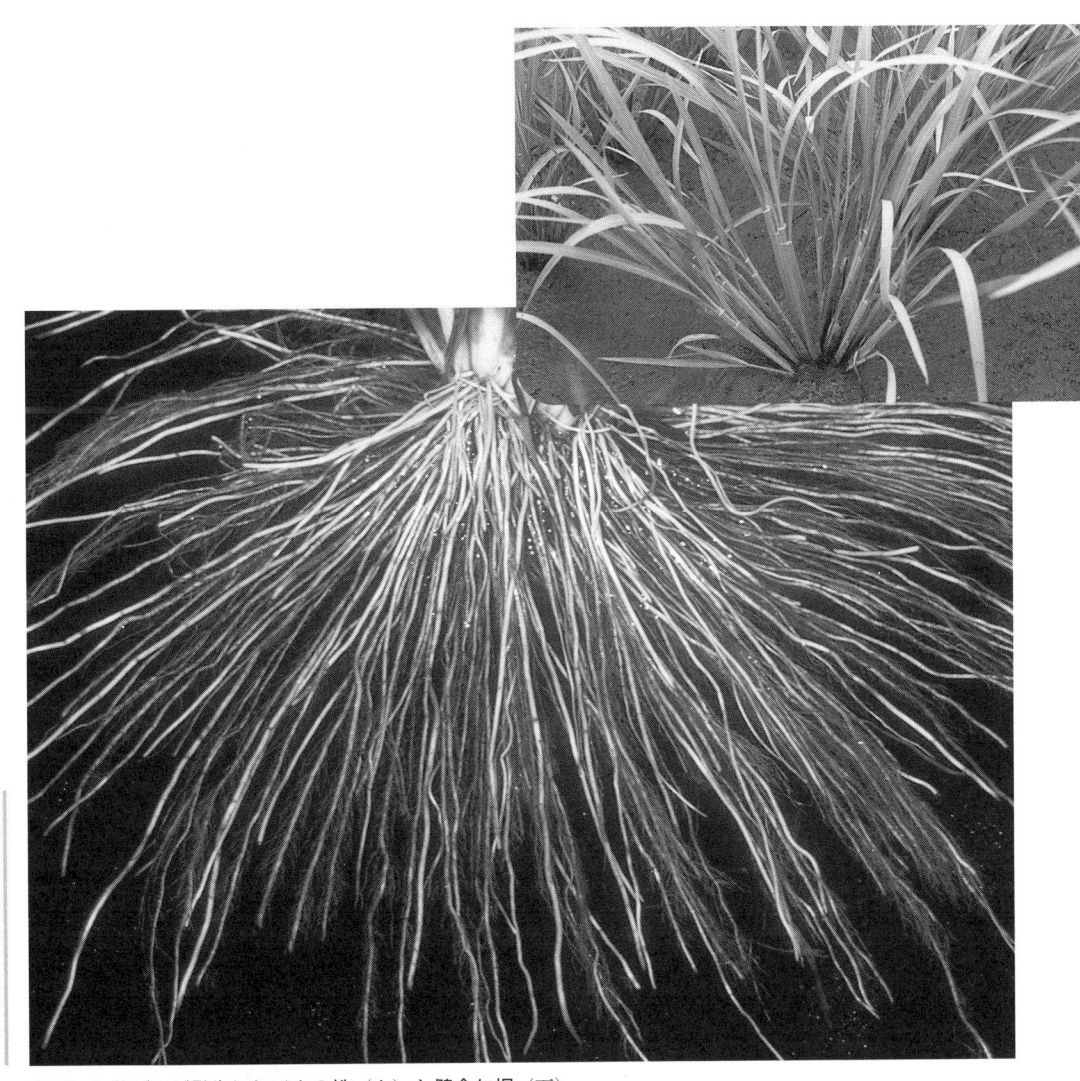

充実した分げつが発生したイネの株（上）と健全な根（下）

第3章

1 稲作と米の利用

学名：*Oryza* (*sativa, glaberrima*) L.
英名：rice
原産地：インド，東南アジア
利用部位：子実
利用法：炊飯，もち，酒類，みそ，菓子類など
主成分：炭水化物，タンパク質
主産地：北海道，新潟県，秋田県，宮城県，山形県，福島県ほか

いろいろなイネの穂（左から，日本型，インド型，ジャワ型）

1 イネと稲作の歴史

(1) 世界のイネと日本のイネ

イネは，人類が数多くの植物のなかから，長い時間をかけて主食用に選択・改良した作物で，コムギやトウモロコシとともに世界の3大穀物の1つである。イネ科イネ属（*Oryza* 属）❶の草本植物で，その栽培種には，アジア原産で広く世界で栽培されているオリザ サティバ（**アジアイネ**）と，西アフリカ原産でその地域でのみ栽培されているオリザ グラベリマ（**アフリカイネ**）の2種がある❷。

おもな栽培種であるアジアイネは，もみの形や大きさなどの特

❶約20種の種（species）からなる。

❷それぞれの原産地にちなんで，アジアイネ，アフリカイネとよばれるが，一般にイネといえばアジアイネを指す。

表1　アジアイネの特徴
（松尾孝嶺編『稲学大成 第3巻 遺伝編』1990年による）

形質	日本型（ジャポニカ）	インド型（インディカ）	ジャワ型（ジャバニカ）
稈長	短い	長い	長い
止葉の形	狭くて細い	広くて長い	広くて長い
分げつ	多い	多い	少ない
のぎ	無	無	多
もみの形と大小	短粒で丸い	長粒で細い	大粒でやや丸い
低温抵抗性	強い	弱い	やや強い〜中間

図1　アジアイネのもみと米粒の形
（左から，インド型〈長粒〉，日本型〈短粒〉，ジャワ型〈大粒〉）

徴により，**日本型，インド型，ジャワ型**の３つに分類され（表１，図１），それぞれに**うるち種ともち種**がある。一般に，主食用にはうるち種が利用されるが，もち種を利用している地域もある❶。

現在，わが国で栽培されているイネは，ほとんどが日本型イネであり，水を引き入れた水田で栽培される**水稲**が大部分である。一部の水利条件のわるい地域では，畑で**陸稲**❷（おかぼ）が栽培されている。

(2) 稲作の歴史とわが国への伝来

アジアイネの起源地は，インド東部のアッサム，ミャンマー，ラオスおよびタイ北部から中国雲南省にかけての山岳地帯と推定されており，稲作の始まりは，いまから7,000～9,000年前にさかのぼるとされている❸。そして，西方のインドや南部の東南アジア，東部の中国や太平洋地域に伝播し，それぞれの地でインド型，ジャワ型，日本型などの生態型❹に分化したと考えられている。

わが国へは，日本型イネが揚子江下流域から直接，あるいは朝鮮半島を経由して，縄文時代後期に北九州に伝来した（図２）。その後，しだいに東方へと広がり，弥生時代中期には本州最北端の青森県でも稲作がおこなわれていたと推定されている❺。北海道でのイネの栽培は明治時代（1800年代）になってからであるが，その後急速に普及した。

❶中国南部の少数民族やインドシナ半島の山岳民族など。

❷水稲と同じオリザ サティバ種に属するが，用水量（→p.78）が比較的少ない状態で栽培が可能なので，畑で栽培される。

❸最近，日本型イネの栽培は揚子江下流域で，いまから6,000～7,000年前に始まったとの説も出てきている。

❹同じ種に属しているが，異なる環境に適応して遺伝的に分化した型。

❺わが国は，気候は一部の地域を除くと降水量が多く，夏季は高温・多湿であり，また土壌は酸性であるなど，イネの生育に適した環境条件にある。

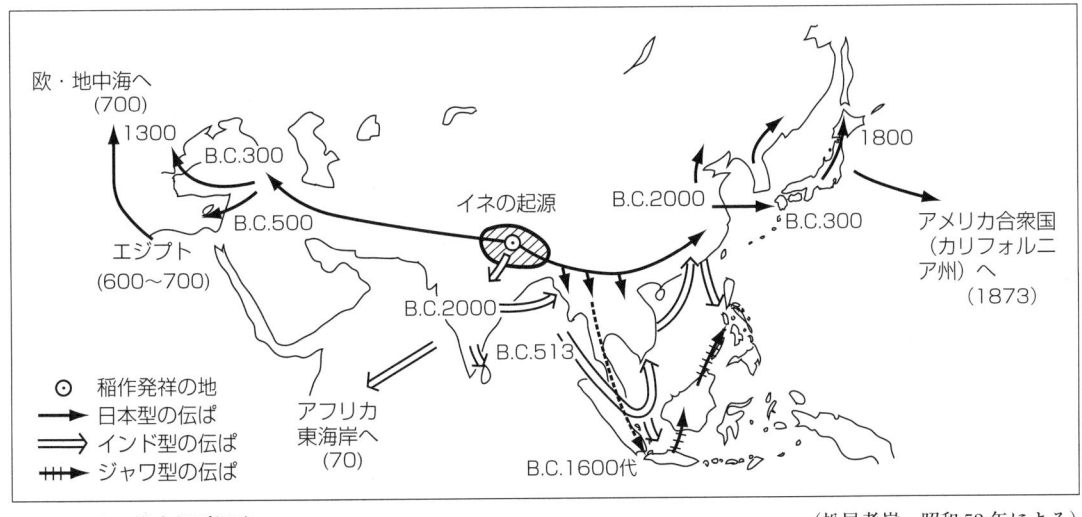

図２ イネの推定伝ぱ経路
注　数字は，稲作の記録のある古い年代。

（松尾孝嶺，昭和52年による）

2 暮らしのなかの米

(1) 主食としての米の特徴と利用

米はたん水状態で栽培できるために生産が安定しており、貯蔵性にすぐれている。炭水化物に富み、カロリー（熱量）源となるばかりでなく、良質のタンパク質を多く含み、ビタミンB_1、脂肪、各種のミネラルおよび繊維などの供給源ともなる（表2）。

このように、米は栄養的にもすぐれ、調理も容易であるため、アジアをはじめとして広く主食として利用されている❶。

とくに、日本人の食生活にとって米は欠かせないものである❷。

米の消費量は、昭和37（1962）年の国民1人当たり118.3kgをピークに、その後は減少しているが❸、現在でも1人1日当たりの供給熱量（2,640kcal）にしめる米の割合は約24％と高い❹。

(2) 米とイネの多様な利用

米は一般に主食米飯用として利用されるが、うるち米は清酒、みそ、酢、焼酎などの発酵食品、菓子類、めん類の原料などにも利用される。もち米はもちに加工されるほか、粉はあられ、おかき、和菓子の原料などとしても利用される（図3）。最近では、さまざまな調理加工米飯としての利用も増えている。

また、イネの副産物である稲わらやもみがらは、畳や縄、生活用品などの原材料、家畜のえさ、堆肥の材料などとして貴重なものとなっている。

❶近年、アフリカや南アメリカでも主要食料となりつつあり、アメリカ合衆国やヨーロッパなどでも、栄養バランスがよく、繊維に富むため、健康食品として注目され、利用が増加している。

❷しかし、わが国で米が自給できるようになったのは昭和42（1967）年ころで、それまでは米の輸入国であり、オオムギやいも類などが米の補助食料としてかなり利用されていた。

❸経済発展にともなう食生活の多様化が進み、パン、めん類や肉類、乳製品などの摂取量が増え、平成12（2000）年の1人当たりの米消費量は昭和37年の約2分の1の64.6kgまで減少した。

❹米と野菜や魚介類を中心とする「日本型食生活」は、タンパク質、脂質、糖質の栄養バランスがよく、わが国が世界有数の長寿国であることの基盤となっている。

表2 玄米と精白米のおもな食品成分（可食部100g中）

成分	玄米	精白米
エネルギー	353kcal (1,476kJ)	358kcal (1,498kJ)
水分	14.9g	14.9g
タンパク質	6.8g	6.1g
脂質	2.7g	0.9g
炭水化物	74.3g	77.6g
灰分	1.2g	0.4g
カリウム	230mg	89mg
カルシウム	9mg	5mg
マグネシウム	110mg	23mg
食物繊維総量	6.0g	1.0g

（「七訂日本食品標準成分表」による）

図3 米の多様な利用（上左：しみもち、上右：ちまき、下左：あられ、下右：きりたんぽ）

3 世界の稲作

(1) 世界に広がる稲作

イネのおもな栽培地帯はアジアであり，世界の米の約90％が生産されている（→ p.135 表4）。しかし，イネは，北緯53度の中国黒竜江省から南緯35度のオーストラリア・サウスウェールズ州までの広い範囲で栽培されている。標高については，バングラデシュなどの海抜0m地帯から約3,000mのネパールの高地まで栽培される。アジア以外の国では，ブラジルやアメリカ合衆国で生産が多く，アフリカ西部の諸国での栽培面積が広がっている。

栽培されるイネの種類は，中国中・北部，韓国，日本，アメリカ合衆国カリフォルニア州などの温帯では日本型イネであるが，中国南部，東南アジア，南アジア，アメリカ合衆国の南部諸州などではインド型イネが多い。また，ジャワ型イネは，熱帯の高地，南アメリカ，ヨーロッパ諸国，中近東などで栽培される。

(2) いろいろな栽培様式

世界のイネの栽培様式は，水利条件によってさまざまで，かんがい用水が供給される水田（世界のイネ栽培面積にしめる割合は53％），雨水だけによる天水田（同27％，図4）では水稲が，さらに，水利のわるいところでは陸稲が畑で栽培される（同8％）。

このほか，大河のはん濫原の低湿地などで，水深が0.5〜8mに及ぶ洪水常襲地帯で栽培される，深水イネあるいは浮きイネ❶がある（同12％）。

❶東南アジアの大河のデルタ地帯の低湿地などで栽培される。雨季の増水とともに節間を伸長させ，葉や穂を水面上に出すことができるために，深水下でも生育が可能である。

図4 天水田の例（中国広西壮族自治区）

参考　アジア諸国に広がった多収性品種と在来種の見なおし

1960年にフィリピンのマニラ近郊に設立された国際イネ研究所（International Rice Research Institute, IRRI）は，1966年のIR8など多数のインド型耐肥性多収品種（→ p.83）を育成し，アジア諸国のイネの収量向上に大きく貢献した（「緑の革命」とよばれる）。

しかし，これらの多収性品種は，かんがい設備や多量の肥料と農薬を必要とした。また，多量の肥料や農薬の施用は，環境汚染や農民の健康問題を引き起こし，さらに食味や在来種の保存に問題が残された。

これらの反省に立って，現在ではそれぞれの国の在来種の見なおしと，栽培立地条件にあった品種育成が各国で試みられている。

2 イネの一生と成長

1 イネの一生

　イネの一生（図1）は，たねもみの発芽に始まる。たねもみの発芽後は，葉，分げつ，根が次々と分化・成長してイネの体が形成される。ある時期になると成長点に幼穂が分化する（→ p.67）。この幼穂分化までの時期を栄養成長期といい，それ以降の時期を生殖成長期という。また，移植栽培の場合には栄養成長期は**育苗期**と**分げつ期**に分けられる。生殖成長期は，出穂・開花期を境にして，**幼穂発育期**と**登熟期**に分けられる。

　発芽から収穫までの期間は120〜180日で，このうち幼穂発育期は約30日，登熟期は30〜50日である。

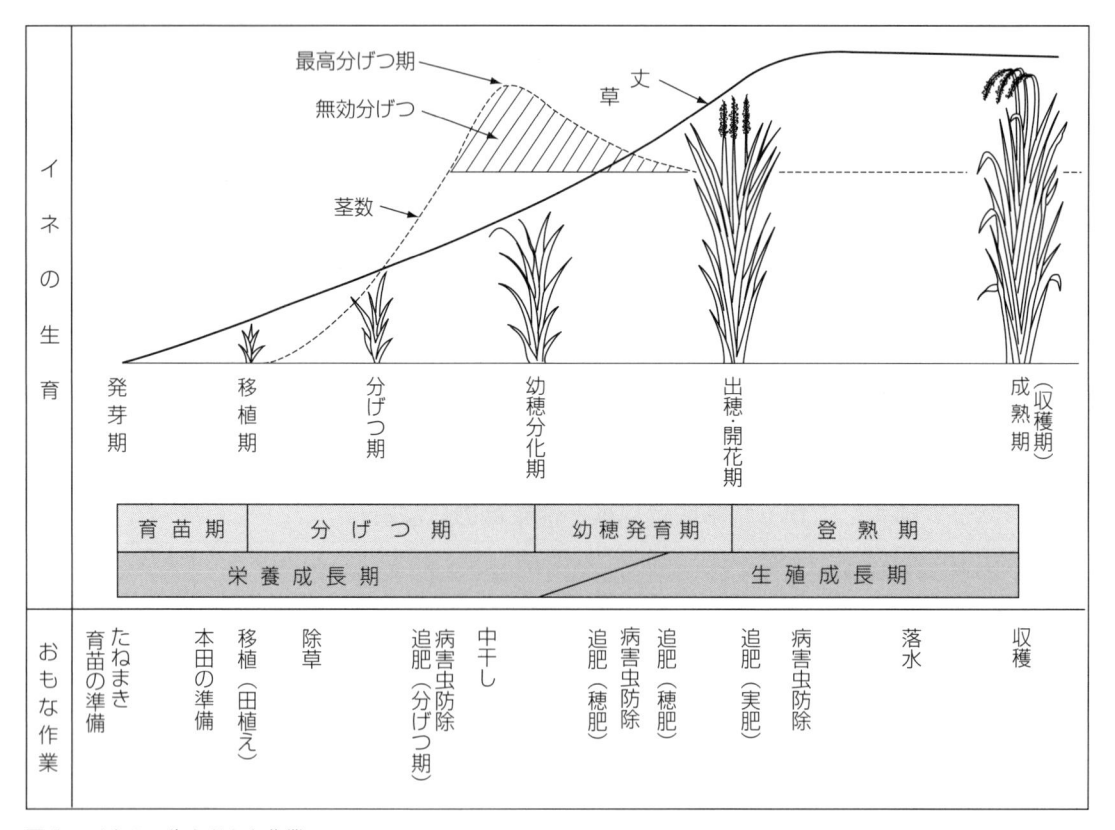

図1　イネの一生とおもな作業

2 たねもみと発芽

たねもみ たねもみの玄米は、**外えい**と**内えい**（あわせて**もみがら**という）で包まれており、その基部には**護えい**（苞えい）がある（図2）。品種によっては、外えいの先端は長い**芒**（のぎ）となっているものもある❶。

玄米は、胚・胚乳、種皮、果皮からできており、胚は外えい側の基部に位置する（図3）。胚には幼芽と幼根があり、幼芽の部分には**しょう葉**❷とその内側に3枚の幼葉ができている。

胚以外の玄米の大部分は胚乳で、デンプン貯蔵組織からなり、その周囲を糊粉層が包んでいる。糊粉層には多くのタンパク質や脂肪が含まれており、胚、果皮、種皮とともに、ぬかとして、とう精のさいに除かれる（→ p.111）。

発芽 たねもみは、発芽に必要な条件が与えられると、胚乳にたくわえられた養分が胚に送られ、胚の幼芽、幼根が外えいの基部を破って外にあらわれる（図4）。この状態を発芽という。幼芽、幼根のいずれが先にあらわれるかは、発芽条件によって異なる。

発芽の条件 たねもみが発芽するためには、水分、温度、酸素が必要である。

水分 発芽のためには、たねもみの重さの約25%の水を吸う必要がある。吸水速度は水温条件によって異なり、水温が高いほど

❶たねまきや収穫のさいに不便なので、最近の品種では無芒か、ごく短いものが育種されている。

❷子葉しょう、幼葉しょう、幼芽しょうともいう。

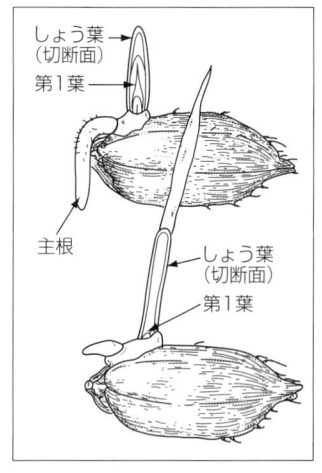

図4　種子の発芽（上：正常な発芽、下：酸素不足）
注　酸素不足の場合はしょう葉だけ伸びて、主根は伸びない。また、しょう葉の中の第1葉も伸びない。

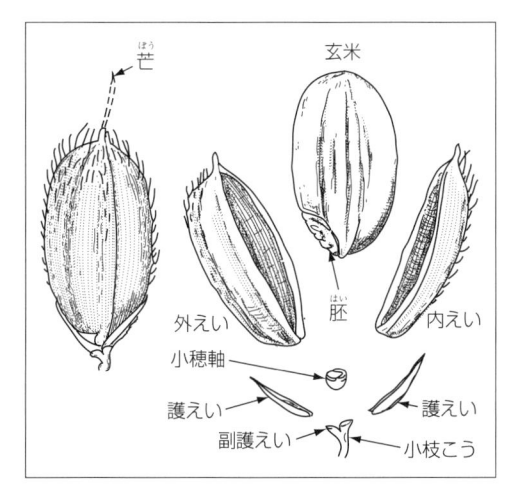

図2　たねもみ（左）とその構造（右）
（星川清親、1982を改変）

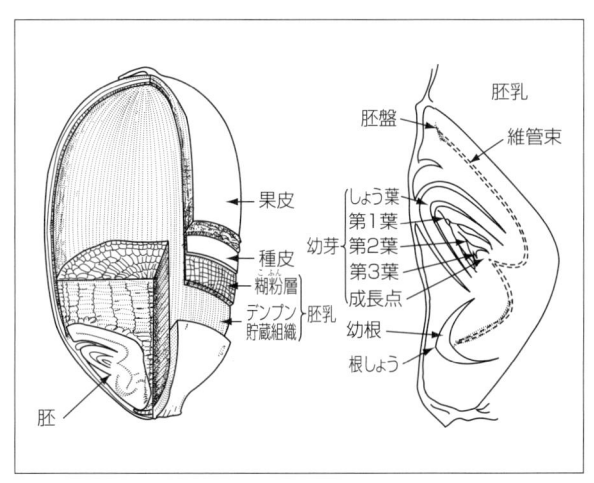

図3　玄米（左）と胚（右）の内部形態
（星川清親、1979、1982を改変）

はやいが，たねもみの重さの約 25％の吸収量に達するには，積算水温で約 100℃がめやすとなる。

温度 発芽適温は 30～34℃，最低温度は 10～13℃，最高温度は 40～44℃である。

酸素 発芽に対する酸素の要求量は幼芽と幼根で異なり，酸素が十分にある条件下では幼根が先に，酸素が不足する条件下では幼芽（しょう葉）が先にあらわれる❶。

❶深まきしたり，たねまき後の水深を深くしたりして酸素不足になると，しょう葉だけが異常に伸長する（→図4）。

3 苗

苗の成長

たねもみが発芽すると，しょう葉の先端から第1葉があらわれ，さらに第2，第3，……葉と次々と葉があらわれて成長する。第1葉は葉身と葉しょうの区別が肉眼ではつきにくいので，**不完全葉**ともよばれる（図5）。第2葉からは，葉身と葉しょうが明らかに区別でき，葉身が開くころに，次の葉である第3葉の葉身が伸び始める。

このように，苗は規則正しく葉の数を増やしていくので，苗の葉の数によって成長のていどや成長時期をあらわすことができる。これを**葉齢**（苗に対してはとくに**苗齢**）という。

葉齢は完全に開いた葉の数に，現在伸びている葉身の長さが完全に開いた状態の何割ていど伸びているかによってあらわされる。たとえば，第7葉身が開いて，第8葉身が伸長しており，その長さが完全に開いた状態の約 40％であったとすると，7 葉＋0.4 葉で 7.4 葉齢とあらわす❷（図6）。

発芽後，幼根は種子根❸として成長し，やがて分岐根が発生す

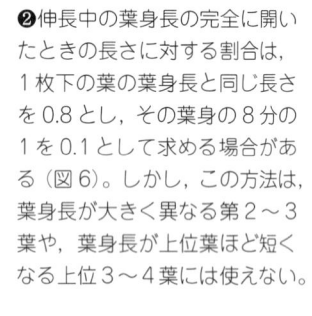

❷伸長中の葉身長の完全に開いたときの長さに対する割合は，1枚下の葉の葉身長と同じ長さを 0.8 とし，その葉身の 8 分の 1 を 0.1 として求める場合がある（図6）。しかし，この方法は，葉身長が大きく異なる第 2～3 葉や，葉身長が上位葉ほど短くなる上位 3～4 葉には使えない。

❸種子根は，7 葉期までは養水分の吸収をおこなっている。

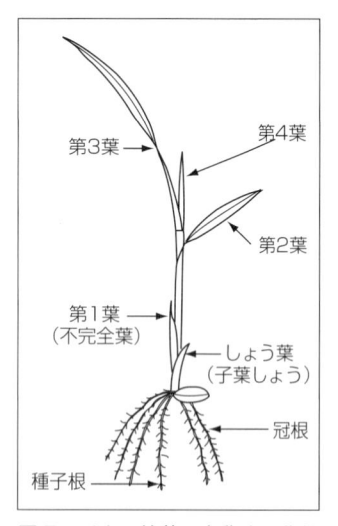

図5 イネの幼苗の名称（3.2 葉齢苗）（星川清親，1981 を改変）

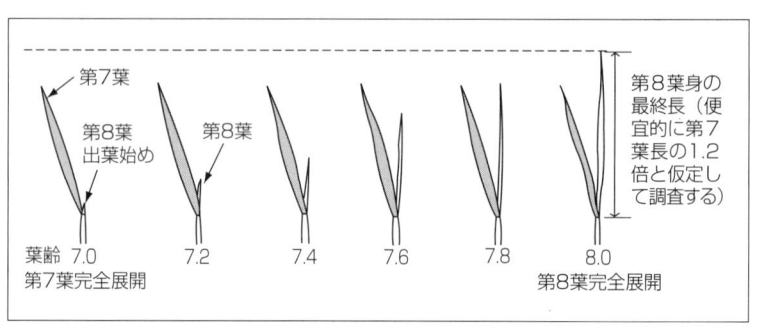

図6 葉齢の小数点第1位の求め方 （星川清親ら，1990）

る（図7）。第1～2葉の成長期にかけて葉しょう節から冠根が3～6本出現・伸長する。

冠根は葉が茎に着生する節の付近から茎の周囲に冠状に出現する。その後も第1，第2，……葉節と順次，冠根が発生する。

苗の成長とともに，たねもみの胚乳は減少し，第4葉が完全に開いたころにほとんどなくなる。この時期を**離乳期**とよび，この時期以降，苗は自ら，根で養分吸収をおこない，葉で光合成をおこなって，独立して成長できる状態（**独立栄養成長**）になる❶。

苗の栄養状態や光環境条件などがよい場合には，葉のつけ根の葉えきにできた分げつのもと（**分げつ芽**）が伸長して，葉しょうの内側から出現して**分げつ**となる。

苗の種類

苗は，ふつう，葉齢によって**乳苗，稚苗，中苗，成苗**に分類される（図8）。乳苗は葉齢が1.8～2.5，稚苗は3～3.5，中苗は4～5，成苗は5～7である❷（→ p.89）。

ほとんどの苗は育苗箱にたねまきして育てられ，田植え機によって移植されるが，田植機が普及する以前は，畑状態や水田状態の**苗しろ**で成苗にまで育苗され（→ p.90），手植えされていた。手植え時代には，同じ成苗でも，苗の育苗方法によって**畑苗**，

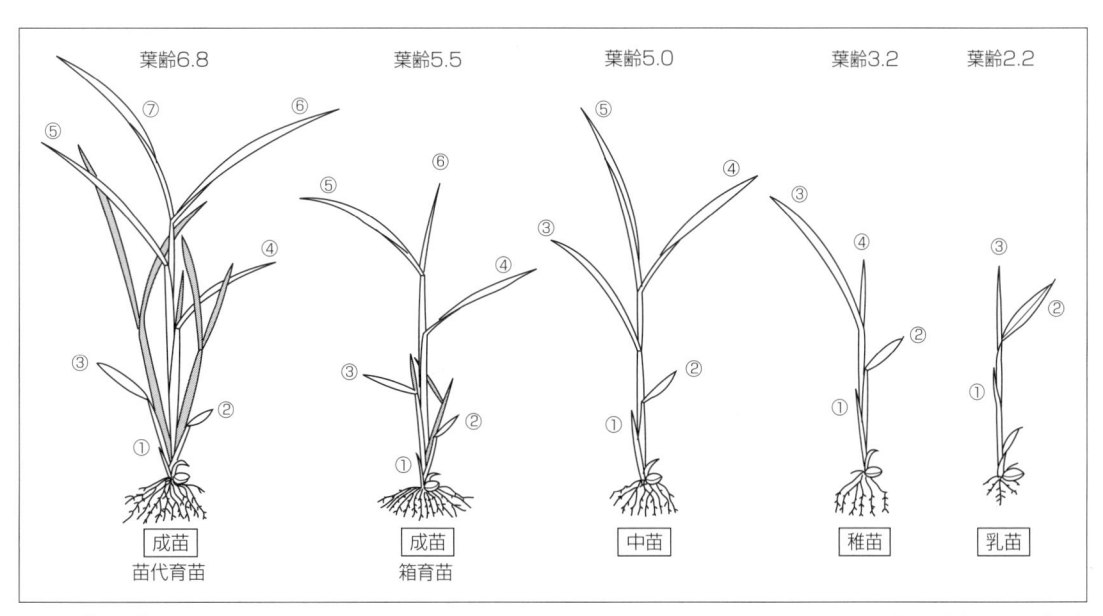

❶たねもみの胚乳養分に依存した成長を，従属栄養成長という。

❷分げつが，中苗では1本，成苗では1～2本出ている場合がある。

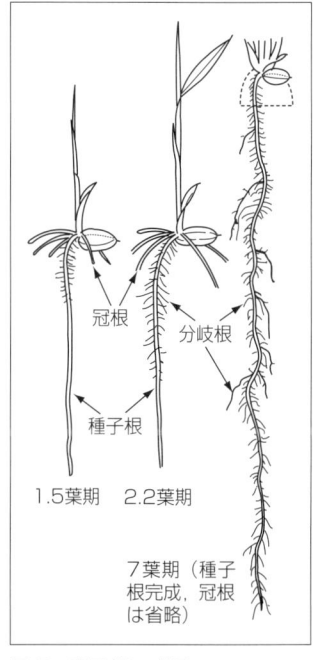

図7 種子根の成長
（星川清親，1982）

図8 苗の種類 （星川清親により改写）
注 図中の数字は第何葉であるか，色の濃い部分は分げつを示す。

水苗，折衷苗[1]などとよばれていた。

| よい苗とは | 昔から「苗半作」とか「苗七分作」といわれ，苗のよしあしは移植後の本田の生育や収量に大きな影響を及ぼす。

よい苗とは，①移植しやすい，②移植後の活着（根づくこと）がはやい，③病害虫におかされていない，④生育がそろっている，などの素質をもっているものである。

これらの素質のうち，とくに②の活着がはやいことが重要であり，これには，苗がいたずらに伸びすぎず，ずんぐりとして充実していることが重要である[2]。苗の充実ていどは，苗の長さに対する重さの割合（苗重／苗丈比）であらわされ，この値の大きい苗ほどデンプンや窒素などの養分を多く含み，移植後の発根や分げつの出現がはやい。

苗の素質は，たねまき量や育苗条件（温度，水分，光強度，施肥量など）によって影響される。たねまき量が多く厚まきした苗は，充実せずに移植後の発根がおとる。窒素の施肥量が多すぎたり，高温だったり，光が不足したりすると，苗丈が伸びやすく，充実度がおとる苗となる。

4 茎と分げつ

| 茎の構造と成長 | イネの茎の構造は図9のとおりである。イネの茎は稈ともいわれ，節（葉が茎についているところ）と，節と節のあいだである節間とからなる。

たねもみの胚から成長してきた茎は主茎（主稈）とよばれ，ふ

[1] たねまき後第3葉期ころまでは畑状態で育苗し，その後，水をためて育苗する方法（折衷苗しろ）でつくられた苗。

[2] 独立栄養成長期以前の苗である乳苗では，胚乳養分をどれだけたねもみの中に残しているかが重要な素質となる。

図9 イネの茎（稈）の模式図
注 節間伸長を終了した時期，葉と根は省略している。

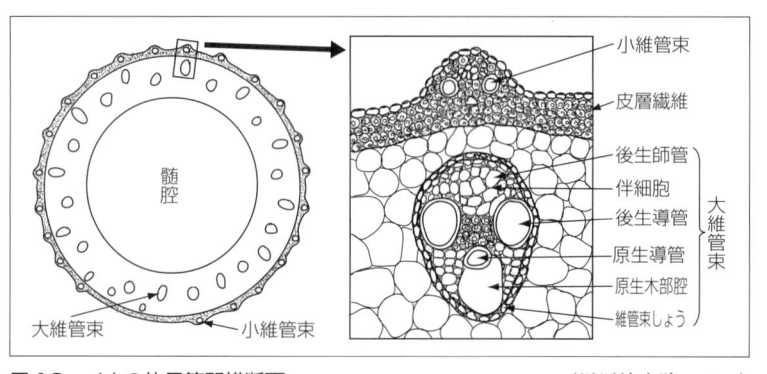

図10 イネの伸長節間横断面

（川原治之助，1973）

つう10数節からなり，栄養成長期の下位約10節間は，節間が詰まってごく短い（**不伸長茎部**）。生殖成長期にはいり，最上位の節である**穂首節**ができるころになると，上位の5〜6節間が伸長して伸長節間となる（**伸長茎部**）。穂首節間（穂首節と止葉節とのあいだ）を第1節間とし，下に向かって第2，第3，……節間とよぶ。

茎の内部は中空（**髄腔**）となっており，外部は養水分の通路である大小の維管束が規則正しく並んでいる（図10）。

分げつの出方

主茎の下位節からは，分げつが1本ずつ出る（図11）。この主茎から出る分げつを**1次分げつ**といい，1次分げつから出る分げつを**2次分げつ**，2次分げつから出る分げつを**3次分げつ**という。分げつは一種の分枝であり，葉の出方と一定の規則性をもって出現する。

すなわち，ある葉が伸長するときに，その葉より3枚下の葉の節から分げつが出現する。これを「**同伸葉同伸分げつ理論**」という❶。このようにして，1粒のたねもみから成長したイネの茎数は，図12のように主茎の葉数の増加とともに増えていく。しかし，生殖成長期にはいり，節間が伸び始めると分げつは出なくなる。

分げつ数が最も多くなる時期を**最高分げつ期**という（図13）。移植時の苗数（すなわち主茎数）を加えた場合には**最高茎数期**という。出現した分げつの一部は，最高分げつ期を過ぎるころから株

❶この規則性は，1次分げつのみならず，2次分げつ，3次分げつについても同じように認められる。

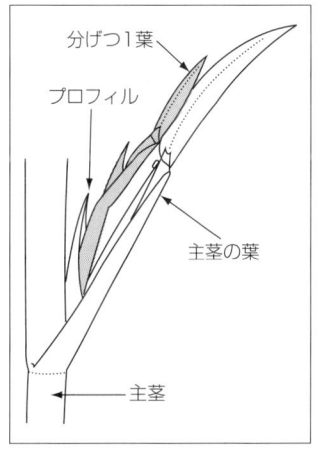

図11　主茎から分げつの出るようす　　　　（星川清親，1982）

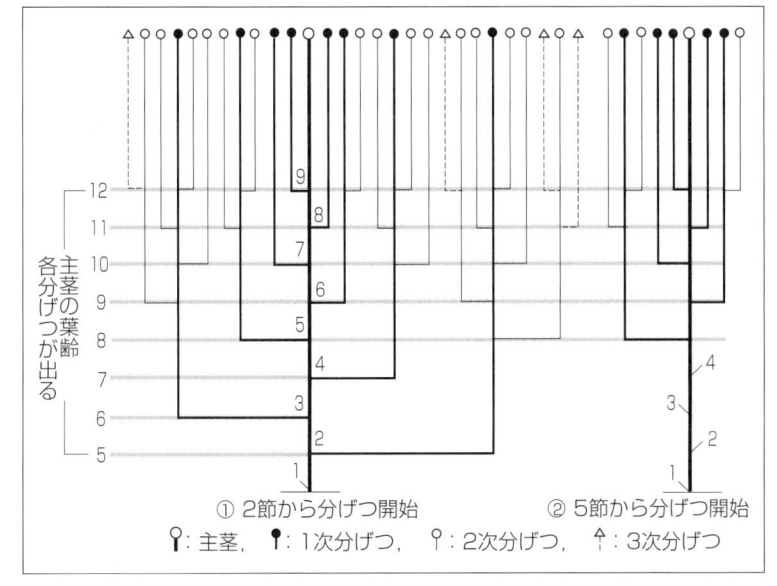

図12　12葉期までに出る分げつ

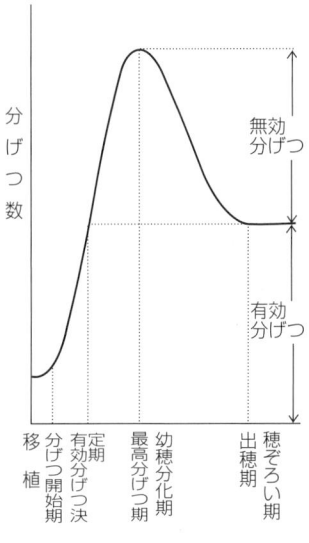

図13　分げつの増え方（模式図）

2　イネの一生と成長

内や株間の養分や光の競争が強くなるため、穂をつけることなく枯死する。このような分げつを**無効分げつ**といい、穂をつける分げつを**有効分げつ**という。最高茎数に対する有効茎数の割合を**有効茎歩合**といい、ふつう 50 〜 80％である。

5 葉の成長とはたらき

葉の構造とはたらき

イネの葉は葉身と葉しょうに分かれ、その境には葉耳と葉舌がある（図14）。葉身の横断面をみると、裏面はほぼ平らであるが、表面には高低の隆起がある。葉の表皮には、光合成や蒸散に必要な空気や水分の出入り口となる気孔や、葉の水分が不足すると収

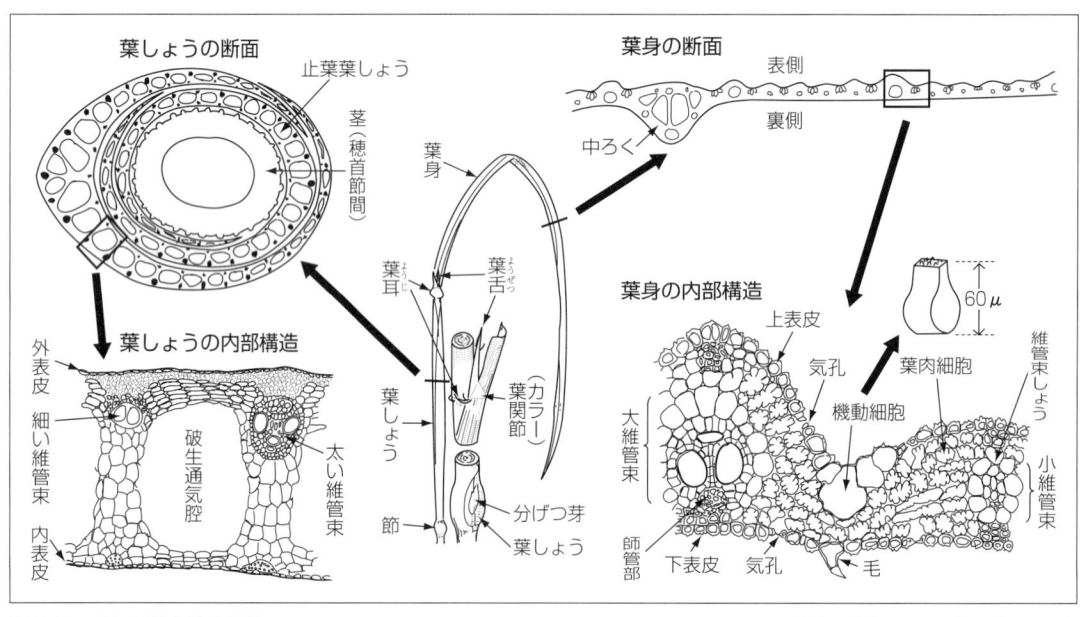

図14 イネの葉とその構造　　　　　　　　　　（星川清親、川原治之助による）

参考　分げつ数を左右する条件

分げつ数は品種によるちがいが大きいが、同じ品種でも苗の素質や栽培環境によっても大きく異なる。

分げつのもとである分げつ芽（図14）は、節の葉えきの部分に栽培条件に関わりなく形成されるが、それが成長できるかどうかは環境条件の影響を強く受ける。

一般に、疎植、多窒素、浅水、強日射などの条件下では分げつ数が多くなる。また、無効分げつの数は、最高分げつ期から出穂期までの株間や株内の分げつ茎のこみあいのていどによって決定される。

縮して葉身を内側に巻き込むはたらきをする機動細胞❶がみられる。維管束のまわりには葉緑体をもった葉肉細胞があり、光合成をおこなう。

葉しょうは茎を包んで、栄養成長期には、その内部で分化・成長する葉や分げつを保護する。葉しょうの表面には気孔があり、また内部の2〜3層の柔細胞には葉緑体を含み、光合成をおこなう。しかし、量的には少なく、むしろ葉身の光合成によってつくられた炭水化物（デンプン）の一時的な貯蔵場所としての役割を果たす。

| 葉の出方と葉数 | イネの葉は各節に1枚ずつ、左右に向きあって出る。穂の直下の最上位葉は**止葉**とよばれる。葉の長さ（葉身＋葉しょう）は上位葉ほど長くなるが、止葉から下3〜4枚目の葉が最も長く、それより上位の葉では徐々に短くなる。主茎につく葉の数を**主茎（主稈）葉数**といい、14〜17枚で、早生品種に比べて晩生品種で多い。

❶おもにケイ酸からできており、イネ科植物の種では独特の形をしている。また、保存性がよいことから、遺跡の発掘にさいして、土器片や土壌に含まれる機動細胞（プラントオパール）を同定することにより、その時代に栽培されていた植物種が推定でき、考古学的にも注目されている。

6 根の成長とはたらき

| 根の構造とはたらき | イネの根の内部構造は図15のとおりである。根の先端には根冠があり、その内側にある根端分裂組織を保護している。根端分裂組織は常に分裂して細胞数を増やしており、その細胞は根端に近い部分で伸長している。こうして土壌の中を根が伸長する。

根端から数ミリ基部側の部分には根毛（表皮細胞が変形したもの）があり、さらに基部側からは分岐根（1次分岐根）が出る。1次分岐根から2次分岐根が、2次分岐根から3次分岐根が出る。

イネの根は、表皮、皮層、中心柱からなり、皮層には、イネの根の成長があるていど進むと**破生通気組織**が形成される。

根のはたらきは、植物体を土壌にしっかりと固定し、養水分を吸収することである。水はおもに根毛によって、養分（塩類）はおもに根端からやや基部よりの細胞分裂や伸長のさかんな部位で、最も活発に吸収される。吸収された養水分は、中心柱にある維管束を通って地上部に送られる。

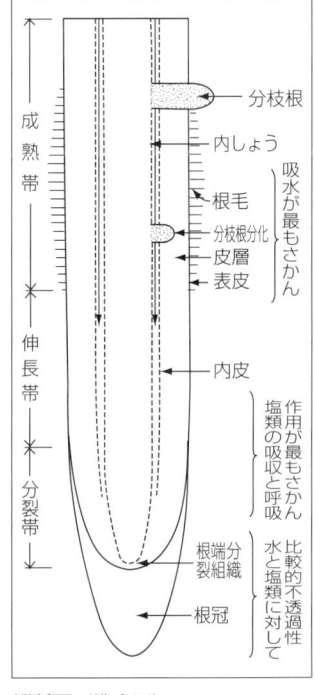

縦断面（模式図）
（田中典幸，1976 を改変）

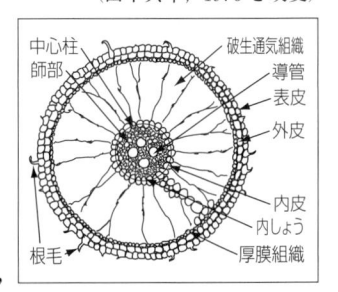

横断面（古い根）
（森敏夫，1960 による）

図15　イネの根の内部構造

イネの成長と根群の発達

イネの根は，たねもみから出る1本の種子根と茎の各節の発根帯から出る多くの冠根とからなる。冠根は上位の節から出るものほど数が多く，また太くて長い。しかし，伸長節からは一般に発根しない。

冠根の出方は，葉の出方と同じ規則性があり，ある節の葉の葉身が1枚下の葉しょうからあらわれ始めると，その葉から3枚下の葉の節の発根帯から発根する（図16）。発根角度は，上位節の根ほど水平に近くなる。

冠根は葉と同じ規則性をもって出るので，分げつの発生・成長とともに冠根数は飛躍的に増加する。一般に，主茎（主稈）からは200本ぐらい出て，分げつの分をあわせると，1株当たりの冠根数は数百～1,000本くらいになる。冠根数が最大となるのは幼穂分化期ころである。

根群は，分げつ期には地表下約20cm以内の浅い層に横に広がって発達するが，幼穂分化期以降には土壌の深くまで伸びて60～90cmに達する（図17）。

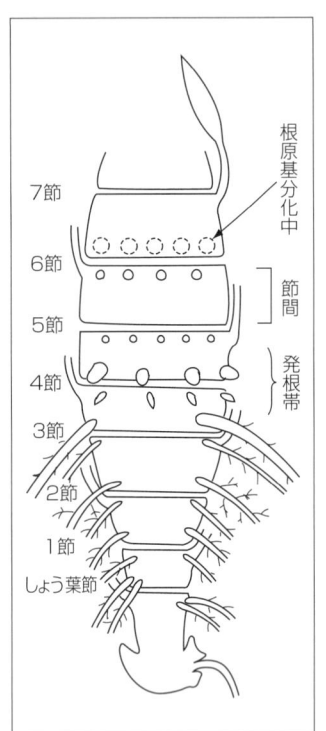

図16 冠根の出方を示す模式図
（星川清親，1982を改変）
注 第7葉抽出中で，第4節の発根帯から発根している

図17 根群の形
（佐々木喬，1932）
注 上：標準栽培における出穂前，
下：同じく出穂後の状態。

7 茎・葉・根のつながり

茎・葉・根の各器官は，維管束によって相互に連絡している。これによって，葉の光合成によってつくられた同化養分は茎や根に送られ，また根で吸収された養水分は茎や葉に送られて，それぞれの器官の生理作用に利用される。

葉の維管束は節部で茎にはいるが，大維管束は茎の維管束として2節間を下降して，2枚下の葉からはいる維管束とつながる。このことは，ある葉の成長は，活発に光合成をおこなっている2枚下の葉から供給される同化養分によっていることを示している。

一方，根や分げつの維管束も節部で茎の維管束と連絡している。

イネでは，葉から茎をへて根に通じる通気腔が発達しており（→図14，15），地上部から根に空気（酸素）が送り込まれている。そのために，土壌が還元して酸素不足となりやすいたん水土壌中でも成長でき，また根の養水分吸収能も維持できる。

8 穂の発達と開花・結実

穂の分化と発達 　出穂の 30〜32 日前になると茎の成長点に穂のもと（幼穂）ができ始める。その時期を幼穂分化期とよぶ（図 18）。幼穂は、第 1 苞❶の分化に始まり、第 2、第 3……苞と穂の中央の軸（穂軸）を上に向かって次々と苞が分化し、つづいて、その基部に 1 次枝こうが分化する（図 18）。

　1 次枝こうは、幼穂の下部から上部にかけて分化するが、発育は上部に分化したものほどおうせいとなる。また、1 次枝こうの基部には 2 次枝こうが分化する。それにつづいて、幼穂の上部の枝こうからえい花が分化する（**えい花分化期**）。この時期は、出穂の約 25 日前である。

　さらに数日後には、えい花の中におしべとめしべの分化が始まる。おしべでは花粉母細胞が、めしべでは胚のう母細胞が減数分裂をして❷、それぞれ花粉（図 19）と胚のうがつくられる。花粉や胚のうが完成するのは、出穂の 2 日前である。

❶ 苞葉ともよばれる 1 種の葉で、ふつう、出穂してきた穂では退化して節だけが残り、穂首節とよばれる。

❷ 減数分裂は出穂の 10〜15 日前ころにおこなわれ、花粉の中には受精に必要な 2 個の精核と 1 個の花粉管核が、胚のうには 1 個の卵細胞と 2 個の極核などが形成される。

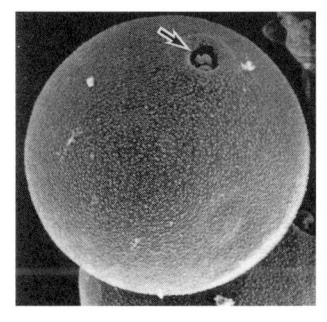

図 19　花粉の形態
注　矢印は発芽孔。

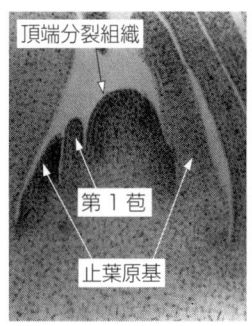

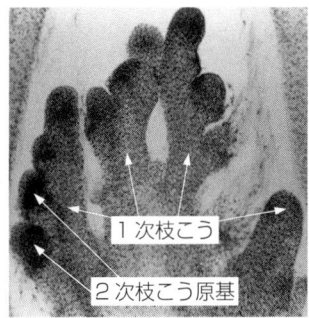

① 第 1 苞原基分化期　② 2 次枝こう原基分化期　③ えい花原基分化期　④ 減数分裂期

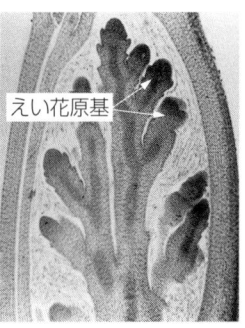

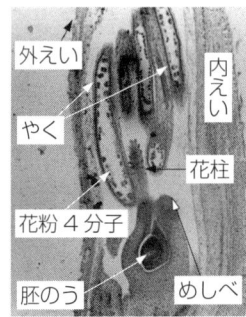

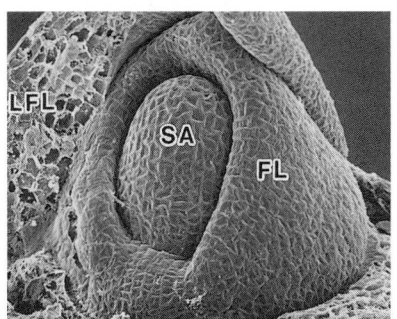

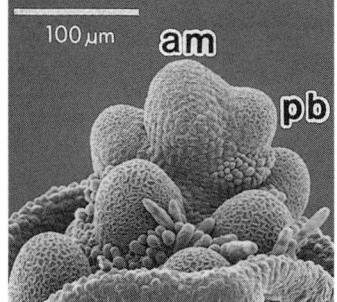

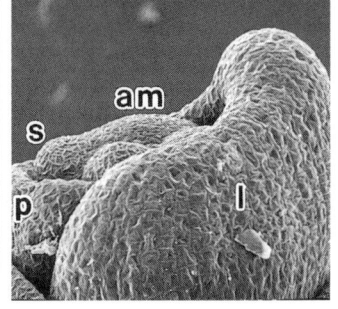

幼穂分化前後の茎頂の電子顕微鏡像（左：幼穂分化直前、中：1 次枝こう原基分化期、右：えい花〈おしべ〉原基分化期）
SA：茎頂、FL：止葉、LFL：止葉のすぐ下の葉、am：頂端分裂組織、pb：1 次枝こう、l：外えい、P：内えい、S：おしべ（雄ずい）

図 18　幼穂の分化と発育

2　イネの一生と成長

幼穂分化から穂が完成するまでの期間を幼穂発育期という。完成したイネのえい花は，基部にある2枚の護えい，外えい，内えいが互いに抱きあって内部を包む（図20）。

内部には，6本のおしべと，先端が2つに分かれた1個の羽毛状のめしべおよびりん皮とがある。

また，えい花は，小穂軸，小枝こうを経由して枝こうに着生している（図20，21）。

日本の品種のえい花は，1次枝こうには5〜6個，2次枝こうには2〜4個つき，1穂当たりでは70〜100個ていどとなる。1穂当たりのえい花数は，一般に2次枝こうえい花の多少と関係する。

■ 節間の伸長と出穂

茎の成長点（頂端分裂組織）に幼穂が分化し，幼穂長が20〜25mmくらいになると，茎の節間が伸び始める（図22）。

節間の伸長にともなって，幼穂発育期には草丈が急速に高くなる。幼穂は出穂が近づくと止葉葉しょうの上部に達し，出穂10〜7日前から出穂期までは，穂が大きくなって葉しょうがふくれる。この時期を穂ばらみ期とよぶ。そして，穂首節間の伸長により出穂する。

1株の40〜50%の茎が出穂した時期を，その株の出穂期という。また本田では，その田の株の10〜20%が出穂した日を出穂始め，40〜50%が出穂した日を出穂期，約90%が出穂した日を穂ぞろい期という。穂ぞろい期は出穂期の2〜3日あとになる。

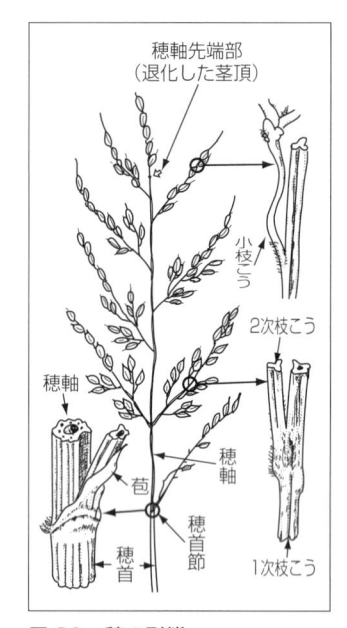

図21　穂の形態
（星川清親，1981）

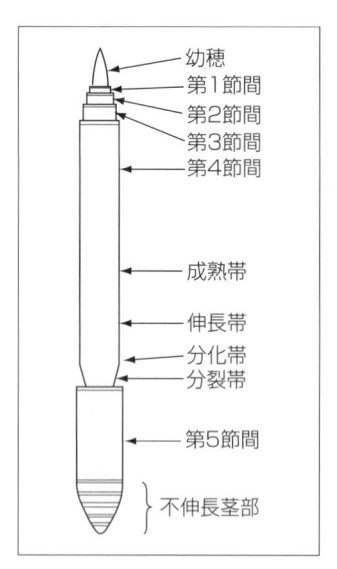

図22　第4節間伸長期の茎模式図（川原治之助，1973を改変）

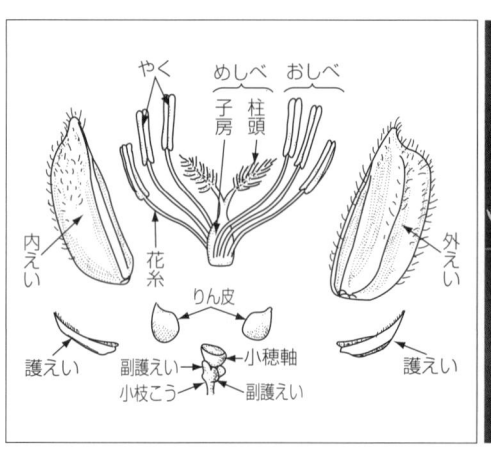

図20　えい花の構造（右は，分化の進んだ若いえい花，eg：護えい，l：外えい，p：内えい，rg：副護えい）
（永井威三郎，1940）

開花と受精

出穂すると，穂の上部の枝こうについたえい花から開花する（図23）。穂の下部の枝こうにつくえい花，とくに2次枝こうえい花は開花がおそい❶。同じ1次および2次枝こう内では，最先端のえい花の開花が最もはやく，ついで最基部のえい花がはやく，その後は下部から上部のえい花に向かって開花するので，枝こうの最先端から2番目のえい花の開花が最も遅れる。

イネの開花は，ふつう，午前9時ころに始まり，11時ころが最盛期で，午後1時ころには終わる❷。開花している時間は0.5〜2時間くらいで，りん皮がしぼむととじる（図24）。開花とほぼ同時にやくが裂けて花粉が羽毛状の柱頭につく（受粉）と，おしべを外に残したまま，えい花がとじる。

柱頭についた花粉は，すぐに発芽して柱頭内部に花粉管を伸ばし，約30分後には胚のうに達する。そして，花粉管の先端から2個の精核が胚のう内に放出され，それぞれ卵細胞と極核と受精する（重複受精 ➡ p.22）。受精には開花後5〜6時間を要する。

❶このようなえい花を弱勢えい花といい，一般に粒が小さい。

❷開花適温は30〜35℃で，最高温度は50℃，最低温度は15℃である。冷害年のように低温のときは，正午ころから開花し始め，夕方に及ぶことがある。また，開花日が雨天にあたると開花しないで受粉することがある（閉花受粉，図25）。

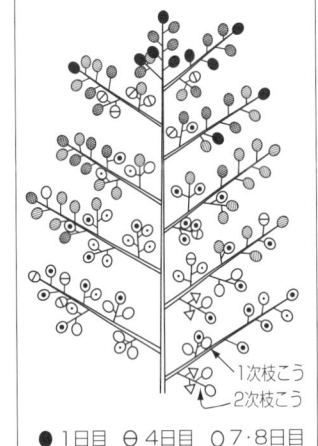

図23 イネの開花順序と枝こうの分類
（松島省三，戸苅義次編『作物大系第1編』昭和37年を改写）

図24 えい花の開花の進み方
注 A：開えい開始，B：開えい1分後，C：5分後，D：10分後で開えいが最大，E：20分後，F：40分後。

図25 開花前に受粉したえい花

9 米粒の形成と発達

米粒の形成

受精した卵細胞と極核は，それぞれ分裂を繰り返して発達し，胚と胚乳を形成する。これらを含む子房全体は米粒（玄米）として発達する。米粒は，まず長さを増し，つづいて幅を，そして最後に厚さを増す（図26）。つまり，米粒の大きさは長さ，幅，厚さの順に決まる。

受精後の温度や日射量などによって異なるが，米粒の生体重は開花後20～25日目ころまで増加し，その後は水分の減少によって徐々に軽くなる（図27）。水分は，はじめ80％以上であるが，開花後25日目以降は約20％となる。米粒の乾物重は生体重よりもおそくまで増加する[1]。

果皮に葉緑素を含むために米粒は緑色をしているが，デンプンの蓄積とともに水分が減少して緑色が消え，米粒特有の半透明色となる。

完熟前に早刈りすると青米が多くなるのは，玄米の果皮に葉緑素が残るためである。

[1] 登熟過程は，もみをつぶすと乳状の液が出る乳熟期，デンプンがのり状に固まりだした糊熟期，もみが黄色く色づいた黄熟期，デンプンの蓄積がほぼ終わった完熟期に分けられる。

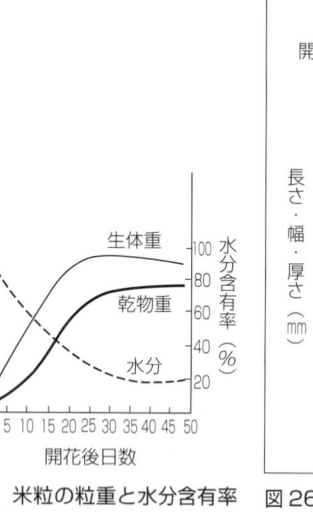

図27 米粒の粒重と水分含有率の変化　（星川清親，1982）

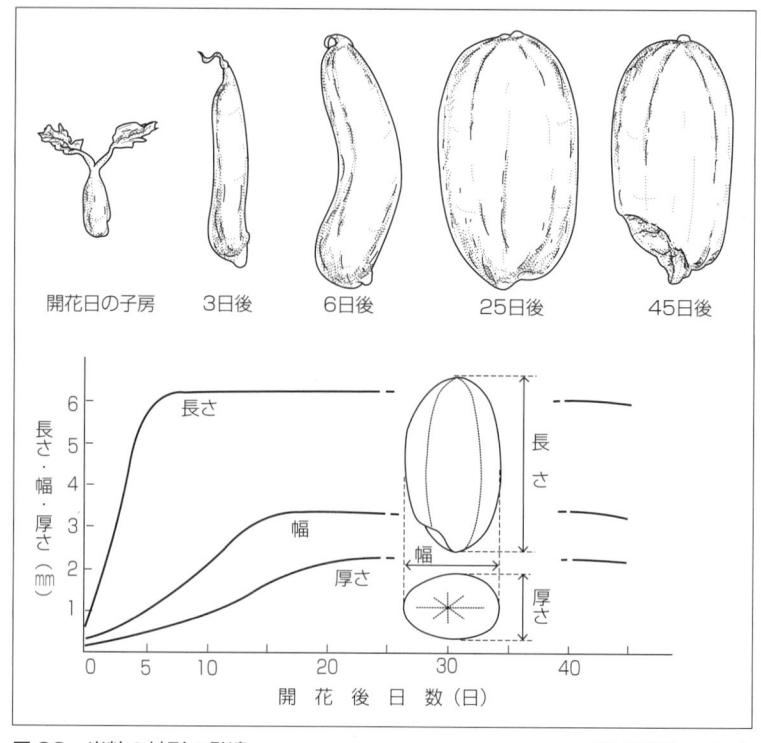

図26 米粒の外形の発達　（星川清親，1982）
注　普通栽培による。品種：ヨネシロ。

登熟と米質　受精後，胚乳組織に葉の光合成によってつくられた同化養分が十分に供給され，その品種の特性である粒形に発達し，デンプンの蓄積が十分な米粒を**完全米**という。一方，登熟期の環境条件や植物体の栄養状態がわるいと，粒の形，大きさ，色などが異常となり，**不完全米**（→ p.113）となる。不完全米には，さまざまなものがあるが，その量やていどは玄米の等級を決める重要な品質である。

10 収量の成り立ち

収量構成要素　イネの収量は，4つの収量構成要素（図28）から次の式によって求められる。

単位面積当たりの玄米（精もみ）収量＝単位面積当たりの穂数
　　　　×平均1穂もみ数×登熟歩合×玄米（精もみ）1粒重

各構成要素は次のように求められる。

単位面積当たりの穂数　ふつう，$1m^2$ 当たり穂数であらわす。

平均1穂もみ数　平均的な株について，総もみ数を穂数で割っ

穂数

1穂もみ数

登熟（左3つは精もみ，右2つはしいなと未熟もみ）
図28　収量を構成する要素

玄米（左から，水稲うるち，もち，陸稲，酒米。それぞれの1粒の重さが玄米1粒重）

て求める。

登熟歩合　収量に結びつく十分に登熟したもみを**精もみ**といい，精もみ数÷総もみ数×100で求める。

精もみ（玄米）1粒重　精もみ千粒の重さを千粒重とよび，千粒重÷1,000で求める。玄米重に換算するには，精もみ重に，もみすり歩合（玄米重÷精もみ重×100）をかけて求める。

| **収量の決まり方** | 収量は4つの収量構成要素から成り立っているので，これらの収量構成要素がどのように決まるかによって収量も決まることになる。以下では，収量構成要素がどのように決まるかについてみてみよう。

単位面積当たり穂数　苗が活着すると，次々と分げつが出る。移植後40〜45日目ころに分げつ数が最高となる。その後，幼穂発育期になると，おそく出た上位節の分げつは，はやく出た下位〜中位節の分げつとの養分のうばいあいに負けて枯死する。単位面積当たり穂数は，総分げつ数と枯死分げつ数との差によって決まる❶。

1穂もみ数　幼穂発育期のえい花分化期にできたもみのもとは，すべてが発育して健全なもみとなるのではなく，減数分裂期を中心とした時期にかなりの数のえい花が退化する（図29）。1穂もみ数はこの分化えい花数と退化えい花数との差によって決まる❷。

登熟歩合　登熟歩合を低下させる要因には2つある。1つは，受精がうまくおこなわれず，不受精もみとなった場合である，もう1つは，受精はうまくおこなわれたが，胚乳に十分にデンプンが蓄積されず，未登熟粒となった場合である。

不受精もみは，とくに花粉ができる時期や出穂期の環境（低温・高温，台風など）の影響を強く受ける。また，未登熟粒は，とくに登熟期のもみ数に対する，光合成による同化養分の生産量の多少の影響を強く受ける。

千粒重　玄米中の胚乳組織に蓄積されたデンプン量によって決まる。玄米に蓄積されるデンプンは，おもに登熟期の光合成によってつくられるが，そのうちの20〜30%❸は，出穂期までに茎と葉しょうに蓄積されたデンプンが，もみに移行したものである。

---

❶穂数を多くする決めては，①素質のよい苗を移植して活着をはやめ，初期生育をよくして最高分げつ数を多くする，②最高分げつ期から出穂期にかけての個体群光合成（➡p.77）をさかんにして，枯死する分げつを少なくする，ことである。

❷分化えい花数を増やし，退化えい花数を少なくするには，えい花分化期から出穂期までの窒素吸収量と群落光合成量を増加させることが重要である。

❸この割合は，品種や栽培方法によって異なる。

図29　退化したえい花

第3章

3 生育・収量と栽培環境

1 イネの生育・収量と環境要因

イネの苗の生育や移植したあとの本田での生育・収量は，さまざまな環境要因の影響を受ける。環境要因は，大きく気象的要素，土壌的要素，生物的要素に分けられる。

気象的要素 温度，日射量，降水量，風などがあり，生育・収量に大きな影響を与える。しかし，これらの要素は本田での制御は困難なことが多く，作期や品種の選定が重要になる。

土壌的要素 土壌の種類や養分含量，透水性などがあり，多収穫田は，一般に土壌母材がすぐれ，良質な粘土含量が高い。

生物的要素 雑草や病害虫，土壌微生物および小動物などがある。これらの生物は，水田生態系のなかでイネと共存あるいは競合関係にある。雑草や病害虫のように競合関係にある生物に対しては，総合防除による管理が重要となる（→ p.103）。

2 苗の生育と環境要因

苗の生育は，良質のたねもみをまいても，苗床の土壌の状態や施肥量，たねまき量や温度，光などによって大きく影響される。

土壌の状態 育苗に適する土壌は，腐植❶に富む壌土あるいは埴壌土❷である。

苗の生育には，土壌水分も大きく影響する。たとえば，水田の一部に水をはって育苗する水苗しろと，畑状態で育苗する畑苗しろで育った苗を比べてみると，畑苗のほうが苗丈が伸びすぎることがなく，がっしりした感じで，移植したあとの発根がよく，水苗よりも素質がまさる。畑苗では，水苗に比べて分岐根がよく発達しており（図1），養分の吸収がさかんで，苗体内の窒素やデンプンの含有量が多い。

床土のpHは，5～6の弱酸性でよく生育する。苗しろ育苗で

❶土壌中の動植物の遺体と，それらが微生物によって分解され生成された有機物。

❷細土（粒径が2mm以上の礫を除いたもの）中の土壌粒子の大きさ別（表1）の構成割合を土性といい，壌土（埴壌土）は粘土0～15（15～25）％，シルト20～45（20～45）％，砂40～65（30～65）％から構成される。

表1　土壌粒子の粒径区分
（国際土壌学会法）

区分の名称	粒径（mm）
粗砂	2.0～0.2
細砂	0.2～0.02
シルト（微砂）	0.02～0.002
粘土	0.002以下

（藤原俊六郎ほか『土壌肥料用語事典』1998による）

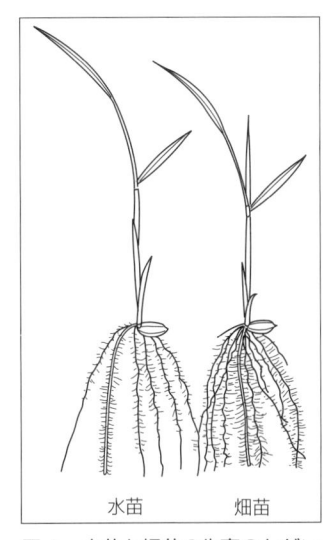

図1　水苗と畑苗の生育のちがい
（星川清親，1983）
注　たねまき後12日目。品種：オクマサリ。

は，本田と同じpH6ていどでもよく生育するが，田植機用の**箱育苗**では，床土が少ないためにpHを正確に5〜6に調整して育苗を開始する必要がある。床土がpH4の強酸性だと苗が徒長気味となり，逆にpH6〜7の微弱酸性だと葉色が淡くなり，草丈や乾物重がおとる。

| 施肥量 | イネは4葉齢期ころまでは胚乳養分に依存した従属栄養成長をおこなうが，発芽したたねもみの根は，すぐに養水分の吸収を始めるので，離乳期（→p.61）までの生育期間も，苗床には十分な養分があることが望ましい。とくに2.5葉齢期以降は，胚乳養分への依存割合が低下するので，施肥量の差が苗の生育状態に大きくあらわれる。

| たねまき密度 | たねまき量が多くなるほど苗床のこみあいが激しくなり，養水分や光の競合が大きくなって苗の生育はおとる。一般に，3葉期ころまでは，たねまき量のちがいによる苗の生育への影響は小さいが，それ以降はたねまき量が少ないほど苗の生育はよくなり，移植後の発根がよい。

| 温度 | 発芽・出芽適温は30〜32℃であるが，出芽後は温度が高すぎると苗が伸びすぎて，いわゆる徒長苗となる。また，温度が低すぎると葉齢の進み方がおそくなり，育苗に要する日数が多くなり，苗丈が短くなる。一般に，昼温25℃，夜温20℃ていどが育苗適温とされている。

| 光 | イネの発芽には，光の有無は関係しない。しかし，発芽後の生育は，強い光条件下で育てられた苗ほどがっちりとして，移植後の発根がよい❶。

❶一般に，光が弱いと徒長苗になりやすい。とくに，高温下での弱光は徒長を促進する。

表2　土壌の酸化還元の状態と化学性　（表1と同じ資料による）

項　目	酸化	還元
酸素	多	少
窒素の有効化	少	大
リン酸の有効化	少	大
マンガンの有効化	少	大
有害物質（有機酸,銅,ヒ素）	少	多
pH	低	高
Eh	高	低

参考　酸化還元電位（Eh）

苗床の土壌が排水のわるい重粘質やたん水状態で育苗すると，たねまき後の日数とともに土壌が還元化し，酸化還元電位（Eh）が低くなる。

Ehは，土壌の酸化還元の強さをあらわし，Ehメータで測定する。Ehの値が大きいほど強い酸化状態を，小さいほど強い還元状態をあらわす。酸化および還元によって，土壌中の物質は変化し，土壌の肥よく度や有害物質の量などが影響を受ける（表2）。Ehが低く，土壌が還元化すると，根の発育がわるくなって養水分の吸収が低下して，苗の地上部の生育もおとるようになる。このような場合には，排水に努め，土壌へ酸素を送り込み，Ehを高くして土壌を酸化的に維持することが重要となる。

3 本田での生育と環境要因

気候と生育の特徴 わが国の稲作では，晩春から初夏にかけての田植えが終わると気温は上昇していくので，苗は生育をうながされ，さかんに分げつする。分げつの発生とともに葉面積や根数が増加する。

夏至のころから日長が短くなるにつれて幼穂が分化し，栄養成長から生殖成長へと転換する。イネの生育相の転換は，日長反応（短日）によるだけでなく，温度の影響を強く受ける品種[❶]もある（→p.21）。

出穂・開花期ころを境として，気温は徐々に低下していく。出穂期およびそれ以降の登熟期に来襲する台風は，稲作に必要な豊富な雨量をもたらす反面，強風と過度の降水量による風水害をもたらす危険がある。

栽植密度 移植栽培での栽植密度は，単位面積当たりの植付け株数と1株当たりの苗数からなり，それぞれの多少が生育や収量に影響を及ぼす[❷]。

植付け株数 一般に，密植は疎植に比べて面積当たりの茎数，穂数は多くなるが，有効茎歩合は低下する（表3）。また，1穂もみ数は少なくなり，植付け株数による面積当たりのもみ数の差は小さくなる[❸]。

1株苗数 1株苗数が多いほど茎数，穂数は増えるが，株内での苗間の競合が大きくなるために，有効茎歩合は低下する（図2, 3）。

1株苗数が多いと，株の外側に位置する苗では環境条件がよいために下位節から分げつが順調に出現するが，株の内部に位置する苗では下位節分げつが休眠し，上位節分げつが多くなる。この

❶ 一般に，寒冷地の品種や暖地の早生品種に多く，感温性（→p.83）が高いという。

❷ 面積当たりの植付け苗数が同じ場合には，植付け株数を多くして1株苗数を少なくするほうが多収となりやすい。

❸ 基本的には，やせ地，少肥栽培，早生品種，穂重型品種（→p.83），晩期（植）栽培（→p.86），寒冷地などでは密植とし，これらと逆の条件下では疎植とする。

表3 栽植密度と生育（品種：黄金錦） （Nuruzzamanほか，2000より作成）

栽植密度 (株/m²)	最高茎数 (本/m²)	穂数 (本/m²)	有効茎歩合 (%)	1穂もみ数 (個)	1m²当たりもみ数 (個/m²)
11.1	322(29)	289(26)	89.8	100	28,900
22.2	489(22)	359(16)	73.4	79	28,361
44.4	689(16)	400(9)	58.1	70	28,000

注 栽植密度：11.1株（条間30cm×株間30cm），22.2株（条間30cm×株間15cm），44.4株（条間15cm×株間15cm）。1株2本植え。（ ）内は，株当たりの値。

図2 1株1本植え（左）と5〜6本植え（右）の出穂期の株の状態

ような株では無効分げつが多くなりやすい（図4）。また，1穂もみ数は1株苗数が多いほど減少する（図3）。

| 栽植様式 | 現在の田植機のように，条間と株間を一定にして植え付ける方法を**正条植え**という。

正条植えには正方形植え，長方形植えなどがあり，きょくたんな長方形植えを並木植えという❶。穂重型品種（→ p.83），密植，少肥などの条件では長方形植えが適し，穂数型品種，疎植，多肥などの条件では正方形植えが適する。

| 気温と水温 | イネの成長点は，幼穂分化期ころまでは土壌中にあるため，生育はおもに地温と水温の影響を受ける（図5）。幼穂分化後，幼穂の発育とともに節間が伸長して成長点が水面上に出ると，おもに気温の影響を受けるようになる。

葉や分げつの生育適温は30〜32℃で，生育限界の最低温度は10〜13℃，最高温度は40℃ていどである。しかし，生育に対する適温は生育時期によってかなり異なり，移植後，出穂期までは24〜28℃が最適で，出穂期以降は21〜23℃で登熟すると粒重が最も重くなる（図6）。また，分げつの発生や登熟などは，昼温と夜温の差が大きいほど良好となる。

イネは高温を好む植物であるので，しばしば低温害（冷害）を受ける。低温害が発生する温度は，生育時期によって異なる❷。

| 日照と個体群光合成 | 移植されたイネからは葉が次々と出て分げつ数も増加し，それにともなって葉の面積も拡大していく。

❶長方形植えは，正方形植えに比べて株間の競合がはやくから起こるので初期生育はおとり，分げつも少なくなるが，肥効が持続するので後期の生育が良好となりやすい。並木植えは，条間35〜40cm以上，株間12〜16cmていどの長方形植え。

❷苗の活着の低限温度は12〜15.5℃であるが，幼穂発育期には20℃以下に温度が下がると，花粉の充実が不良となって不稔もみが多く発生し，冷害（**障害型冷害**）となる。

図4 苗の植付け本数別にみた分げつの出方（星川清親，1975）
注 最高分げつ期ごろ。品種：日本晴。黒丸：主稈，白丸：分げつ，丸内の数字：分げつ節位。

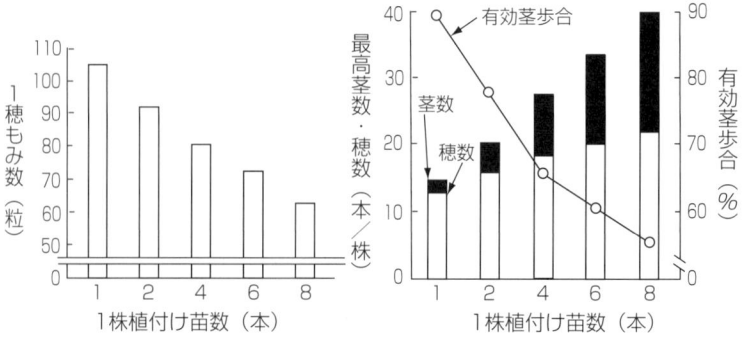

図3 1株の苗数と生育
（山本良孝ほか「日本作物学会紀事第55巻別号2」，1986により作成）

生育の前期は，**葉面積指数**❶が小さく，株間に田面を見通すことができ，上位葉のみならず下位葉にも十分な光があたり，個々の葉の光合成速度は比較的高く保たれる。このような時期には，葉面積指数の増加とともに個体群光合成速度も増加する。

　しかし，生育が進み，幼穂発育期ころになると繁茂度が高くなり，田面が葉でおおわれるようになる。このような葉面積指数の高い状態では，下位に位置する葉は受光量がいちじるしく少なくなる。このために，下位の葉は光合成が十分にできなくなり，やがては黄化，枯死する。

葉面積指数と個体群光合成　一般に，葉面積指数が増加すると個体群の光合成量も増加するが，ある一定の値をこえて大きくなると光合成量（**総光合成量**あるいは真の光合成量）は頭打ちとなる（図7）。

　葉面積指数が最大となるのは幼穂発育期の中・後期である。これに対して，呼吸量は個体群の生育にともなって直線的に増加するので，総光合成量から呼吸量を差し引いた純光合成量（見かけの光合成量）は，ある葉面積指数で最大となり，それ以上の葉面積指数では減少する❷。

　したがって，葉面積指数が過度に大きくならないように，品種

❶葉面積指数が1とは，$1m^2$内のイネの葉身をすべて切り取って，すき間なく並べた場合に，ちょうど$1m^2$となることを示す。葉面積指数が5とは，$1m^2$の葉身5枚に相当する葉面積が水田$1m^2$内にあることを示す。

❷このときの葉面積指数を最適葉面積指数といい，一般に4～7といわれている。

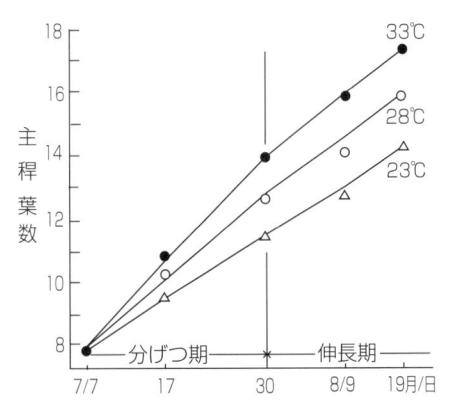

図5　土壌温度と出葉速度の関係（品種：水稲農林29号）
（長谷川浩ほか「農業および園芸」第34巻第12号，1958）
注　成長点が土中にある分げつ期には出葉速度は土壌温度の影響を受けて温度が高いほどはやいが，伸長期以降には成長点が地上部に出るために出葉速度は土壌温度の影響をほとんど受けなくなる。

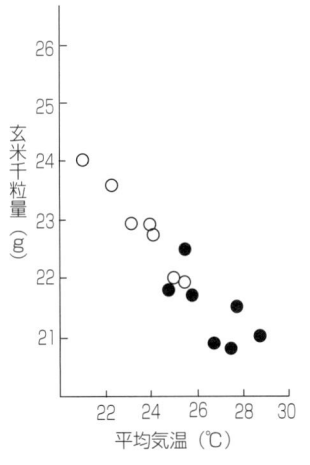

図6　穂ぞろい後3週間の平均気温と玄米千粒重との関係（品種：ホウヨク）
（鈴木守「九州農業試験場報告」第20巻第4号，1980による）

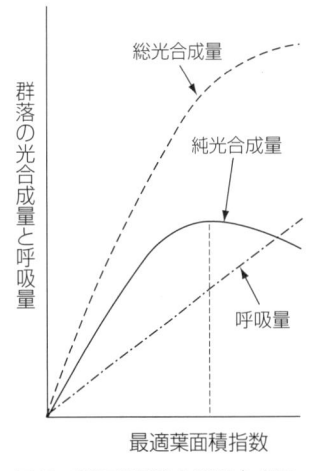

図7　葉面積指数と総光合成量，純光合成量および呼吸との関係（村田吉男ほか『作物の光合成と生態』1976による）

にあった栽培管理をおこなうことが大切である。

受光態勢と個体群光合成 個体群の光合成量は，同じ葉面積指数でも受光態勢[1]によって異なる。葉身が立っている場合には，水平状態や湾曲状態の場合と比べて，光が株間や株内部まではいりやすい（図8）。したがって，個体群の下位に位置する葉身にも比較的よく光があたるため，個体群光合成量は多くなる[2]（→ p.34）。

水の役割と用水量

水田に導入されたかんがい水は，イネの生理作用に必要であるばかりでなく，水のもつ保温力を利用してイネを低温から守る[3]，雑草の発生を抑える，天然養分を供給する，などの効果がある。

かんがい水は，葉面からの蒸散のほかに，田面からの蒸発，地下浸透，漏水などに消費される（図9）。この水消費量を**減水深**といい，一般に日減水深（mm/日）であらわされる。わが国の水田の減水深は，平均18〜20mm/日である。

田植えから収穫までに必要な水量を**用水量**[4]といい，次の式で示される。

用水量＝葉面蒸散量＋田面蒸発量＋地下浸透・漏水量
　　　－有効降水量

全生育期間で，葉面蒸散量は250〜450mm，田面蒸発量は130mm，地下浸透・漏水量は300〜1,000mmと推定されている。用水量は10a当たり1,000〜1,500tといわれ，早生品種に比べて生育期間の長い晩生品種で多い[5]。

---

[1] 葉の形や大きさ，茎への着生角度，空間的な配置など。

[2] 近年，育成された多収性品種や，同じ品種でも栽培管理がよくいきとどいて，多収が期待できる場合には，とくに上位の葉身は立った状態になる。

[3] かんがい水の保温力を利用する場合には，かんがい水温に注意し，水温が低いときは，水田の水口付近に温水池や回し水路をもうけて，水温の上昇に努める。

[4] 用水量とよく似た用語として，要水量がある。これは乾物1gを生産するのに必要な水の量で，日本のイネでは約300gである。

[5] かんがい水の不足が生育や収量に与える影響は，生育時期によって異なる（→ p.100）。

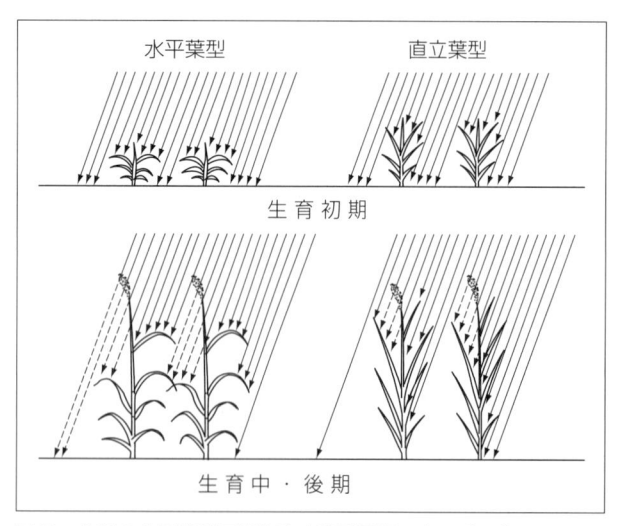

図8　水稲の水平葉型品種と直立葉型品種の光の受け方

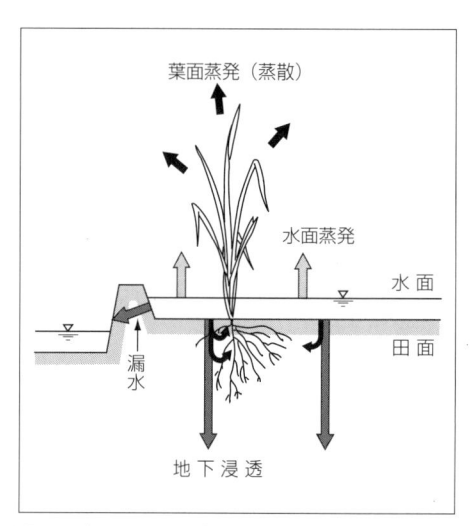

図9　水田における水移動

4 水田土壌の特徴と施肥

水田土壌の特徴　春先に耕うんされ，かんがい水を入れてしろかきされた水田の土は，畑の土とは異なる変化を示す。しろかき後，たん水状態でしばらくおくと，作土の表面には数mmから1cmの黄褐色をした**酸化層**[1]が，その下には10〜15cmの青灰色をした**還元層**[2]ができる（図10）。還元層では，水田を特徴づけるいろいろな変化が起こる。

　第一には，表層に施用されたアンモニア態窒素は，酸化層で酸化されて硝酸態窒素になり，還元層に運ばれて微生物のはたらきで還元されて窒素ガス（N_2またはN_2O）となって大気中に放出される。これを**脱窒現象**（図10）という。アンモニア態窒素は，還元層内では安定しており，根によく吸収されるが，表層に施されると脱窒現象により，かなりむだになる。

　第二には，酸素不足状態の還元層では，**硫化水素**[3]や**有機酸**[4]が生成しやすく，これらの物質が多量に生成すると地上部から通気組織をとおしての根の酸化機能が失われて，根腐れを起こす。

　土壌の還元を抑えるためには，落水して中干し（→ p.101）をおこない，土壌内部まで酸素を供給する必要がある。

肥料養分のはたらき　イネは，窒素，リン酸，カリの肥料3要素のほかに，とくにケイ素を多量に吸収する。これらの無機塩類は，土壌溶液中にイオン

[1] 空気中の酸素や，藻類などの光合成による酸素が供給されるため，鉄が酸化されて第二鉄化合物となり，黄褐色となる。

[2] 酸素不足状態で第一鉄化合物が生成されるため，青灰色となる。

[3] 微生物が硫酸根（SO_4^{2-}）を還元することによって発生する。土壌中に活性の鉄が多ければ無害な硫化鉄となって不溶化する。活性の鉄が少ない場合には，含鉄資材の施用，無硫酸根肥料の使用，赤土の客土，などの対策を立てる。

[4] 土壌中の有機物は微生物に分解され，最終生産物のメタン（CH_4），二酸化炭素（CO_2），水素（H_2），酸素（O_2）が生成される。有機酸は，この分解途中の段階で生成される。水田では酢酸＞酪酸＞ぎ酸が主である。

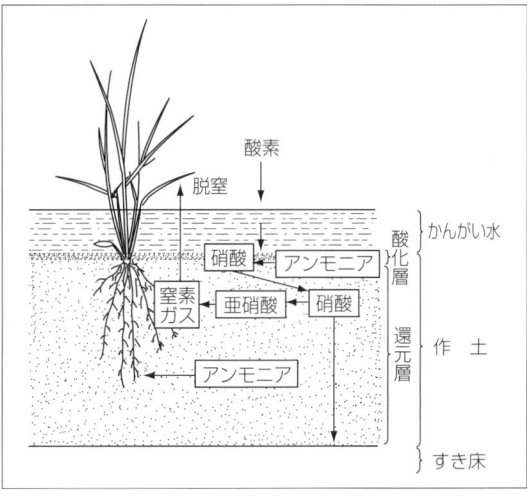

図10　かんがい水をたたえた水田とそこでの脱窒現象のしくみ

のかたちで存在し，根にも，イオンのかたちで吸収される。

窒素 肥料の3要素のなかで最も重要な養分で，アンモニア態または硝酸態のかたちで根から吸収される。吸収された窒素は，タンパク質，核酸，酵素類とともに，葉緑素の合成に用いられる。窒素は，葉面積を拡大し（図11），葉身の光合成能力を高め，生育に大きな影響を及ぼす。

窒素が欠乏すると下位葉からしだいに黄色くなり，草丈が低くなり，分げつの発生や伸長が抑えられる。また，葉が短く，細くなるために葉面積も小さくなり，光合成能力の低下とともに生育をいちじるしく悪化させる。

一方，窒素が過剰になると，葉は濃緑色となり葉や茎が伸びすぎて倒伏しやすくなるばかりでなく，植物体は軟弱となり，病害虫の被害を受けやすくなる。また，葉面積指数が過度に大きくなり，受光態勢が悪化して個体群光合成量はかえって低下する。

リン 肥料としては，リン酸（P_2O_5）のかたちで利用される。核酸，核タンパク質，リン脂質などとして植物体中に存在する。光合成や呼吸に必要な成分である。

欠乏すると，葉は暗緑色で小さく，細くなり，草丈，分げつも抑えられる。また，出穂期，成熟期が遅れる。リン酸は土に吸着されて吸収・利用できなくなりやすいが，とくに火山灰土❶では吸着されやすく，肥効がわるい。

カリウム 肥料としては，酸化カリウム（K_2O）のかたちで利

❶火山灰を母材とする土壌で，黒色をしており，軽くてきめの粗い物理性を示すことから，黒ボク土ともいわれる。火山灰土は，鉄，アルミニウムが多く，リンはそれらと結合して不溶性のリン酸に変化し，作物に利用されにくくなる（この現象を**リンの固定**という）。

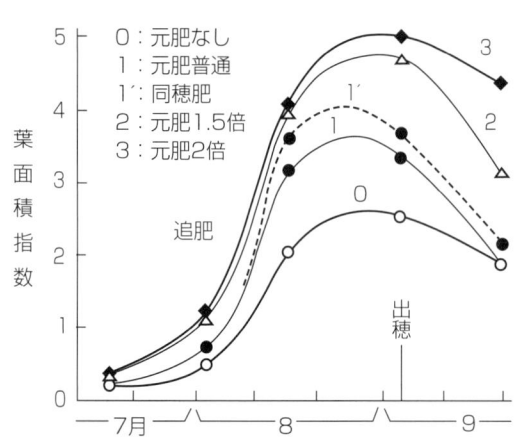

図11 施肥量を変えたイネの葉面積の変化
（図7と同じ資料による）

図12 動力散布機による生育前期の追肥

用される。体内では化合物として存在しないが，細胞の水分調節，光合成，タンパク質合成などに関与する。

欠乏すると，葉色は濃くなり，草丈は短くなる。また，下位葉から上位葉へのカリウムの移動がさかんになり，呼吸作用が高くなり，光合成は低下するので，体内の炭水化物量が低下し，茎は弱くなり倒伏しやすくなる。

ケイ素 茎葉中にケイ酸（SiO_2）として 10 〜 15％（乾物重当たり）と多量に含まれる。根から吸収されたケイ素は，葉身，葉しょうやもみの表皮細胞に蓄積し，ケイ化細胞を形成する。

葉に蓄積したケイ素が多いと，葉身を直立的に保ち，受光態勢をよくするとともに，病原菌や害虫の侵入を防ぐ役割を果たす。また，蒸散量が抑制され，光合成量が増加し，根の活力も高くなって倒伏にも強くなる。

施肥量，施肥時期 施肥量は，品種や栽培目的によって異なる（→ p.95）。窒素やカリウムは，元肥と追肥の割合や追肥時期によって生育や収量に影響する。窒素を元肥や生育前期の追肥（図12）に多く施用すると，収量構成要素（→ p.71）の穂数に，生育中期に施用すると1穂もみ数に，生育後期に施用すると登熟歩合や千粒重に影響する。

有機質肥料と肥効 水田に施用される有機質肥料としては，C：N比（炭素：窒素比）の低い順に①汚泥類，鶏ふん，油かす，②牛ふん，豚ぷん，③堆肥，きゅう肥，④稲わら，麦わらなどがあげられる。イネの作付け期間における窒素の放出量は，C：N比が低いものほど多く，①（C：N比が10以下）では窒素含有量の約50％，②では約25％，③の中熟堆肥（C：N比が16）では約15％である。

したがって，これらの有機質肥料を施用した場合には，元肥の化学肥料は，その分を減らして施す。しかし，C：N比が60〜180といちじるしく高い稲わらや麦わらでは，水田土壌中での分解にともなって，周辺の無機態窒素を取り込み，有機態窒素に変えるので，全体として窒素の供給量が低下する（窒素飢餓という）。このような場合には，元肥の窒素量を増加させる必要がある❶。

❶生育後半には，土壌有機物として分解が進むと，窒素の供給を始める。また，分解されずに土壌に残った分については，翌年以降の窒素供給源となる。

第3章
4 作期と品種の選び方

1 品種の特性と選び方

米の品質　米の品質は、玄米の外観、とう精歩留り（とう精歩合，→ p.111），貯蔵性，食味などによって決まる。これらは、品種，栽培方法，栽培年の気象条件，産地，収穫後の乾燥・調製・貯蔵方法，などによって変化する。

近年は、消費者がおいしい米を求める傾向が強く、各地域で**良食味品種**❶の栽培が奨励されている（図1）。また、多収で良食味の業務用品種，加工用品種，飼料用品種の開発・利用も進んでいる。

早晩性　イネ品種のたねまきから成熟（収穫）期までの生育期間の品種間差異，すなわち品種の早晩性は、おもに生育前半の栄養成長期間の長短によって決まり，後半の生殖成長期間の差は比較的小さい。イネは、一般に高温・短日条件下で育てられると、出穂がはやまる。

ある品種にとって、最もよい温度や日長条件が与えられたとし

❶コシヒカリ，あきたこまち，ひとめぼれ，ヒノヒカリ，ササニシキなどが代表的なものである。良食味品種は、市場で銘柄米に指定され、産地と品種を組み合わせて「新潟県産コシヒカリ」「秋田県産あきたこまち」などと称される産地銘柄で取引される。

良食味品種は、明治時代に農民の手によって選抜された，東（山形県）の亀の尾と、西（京都府）の旭とに起源するといわれている（図2）。

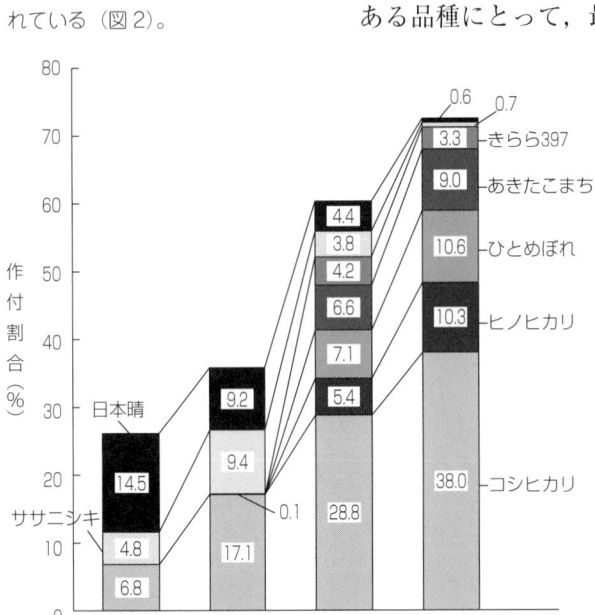

図1　水稲うるち米主要品種の作付面積の推移
注　平成29年産米の上位10品種の作付割合は，コシヒカリ35.6％，ひとめぼれ9.4％，ヒノヒカリ8.9％，あきたこまち7.0％，ななつぼし3.5％，はえぬき2.8％，キヌヒカリ2.4％，まっしぐら1.9％，あさひの夢1.7％，ゆめぴりか1.6％。

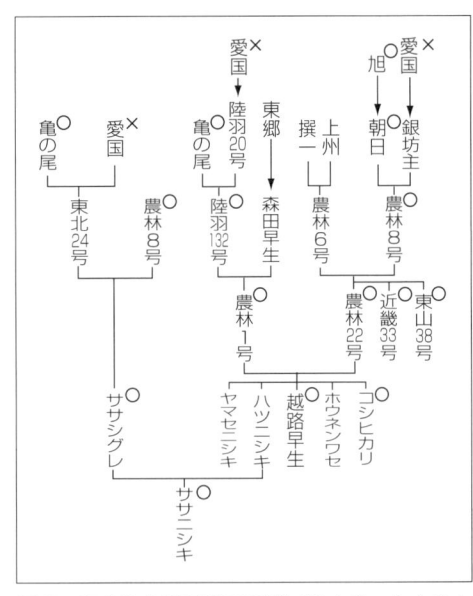

図2　良食味主要品種の系譜（堀末登・丸山幸夫『美味しい米第2巻』1996による）
注　〇は食味良好，×は食味不良といわれる品種。

ても、たねまきから幼穂形成期までには一定の日数を要する。この期間を**基本栄養成長**といい、その長さは品種によって異なる。栄養成長のうち、基本栄養成長を除いた残りの期間は可消栄養成長期間とよばれ、高温によってはやまる部分（**感温性**[1]）と短日によってはやまる部分（**感光性**[2]）とからなっている（図3）。

北海道や東北地方では、感光性が小さく、夏の高温で幼穂形成が促進される感温性の大きい品種が適する。これは、寒冷地では感光性の大きい品種を栽培すると、日長が短くなってから幼穂形成期にはいり、出穂するころにはすでに秋冷の時期となり、登熟が十分におこなわれないからである。

暖地では、寒冷地とは逆に、感温性が小さく、感光性の大きい品種が適している。感温性の大きい品種を暖地で栽培すると、夏の高温により、栄養成長が十分におこなわれないうちに幼穂形成期にはいり、穂数や1穂もみ数が十分に確保できないからである。

草型、耐倒伏性、耐肥性

草型 イネの収量構成要素である穂数と1穂もみ数（または1穂重）とは、逆の関係にあり、一般に穂数の多い品種は1穂重が軽く、1穂重の重い品種は穂数が少ない。

このようなイネ品種の性質を**草型**といい、前者のような品種を**穂数型品種**、後者のような品種を**穂重型品種**とよび、その中間的な品種を**中間型品種**とよぶ[3]。さらに、中間型と穂数型および穂重型品種のあいだにはいる品種は、偏穂数型および偏穂重型品種とよばれる。

耐倒伏性 穂数型品種は分げつが多く、葉や穂が小さく、葉身がよく立ち、稈は細いが稈長が短いために耐倒伏性[4]が一般に高

[1] 幼穂分化に有効な低限温度は15℃ていどとされている。

[2] 幼穂が分化するか、しないかの境の日長のことを限界日長といい、一般に寒冷地品種は長く、西南暖地の晩生品種は短い。また、幼穂分化が最もはやく起こる日長のことを最適日長といい、品種で異なるが、ふつう8〜12時間くらいである。

[3] 1950年代以降、半わい性遺伝子を導入した、短稈で十分な穂数と1穂もみ数をもつイネ品種が、わが国や中国、国際イネ研究所（IRRI）などで育成され、水稲収量の向上に貢献した（→緑の革命, p.57）。この方法で育成されたわが国の品種は、中間型の草型に属するものが多い。

[4] 倒伏は、その状態によってざせつ型、なびき型（わん曲型）、ころび型（→p.109）に分けられる。

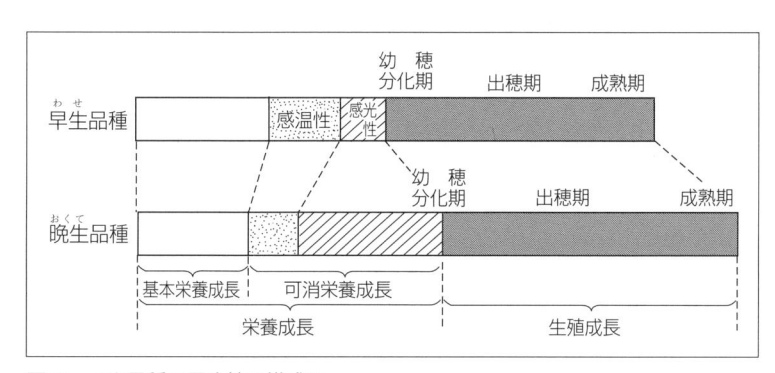

図3 イネ品種の早晩性の模式図

❶倒伏により登熟後期の穂が土に接したり，水中に没したりすると，穂発芽（図4）を起こすことがある。穂発芽のていどは，品種によって異なる。

❷窒素の施用量が比較的低い段階で収量が頭打ちとなり，それ以上施肥量が増すと過繁茂となり，倒伏などによりかえって低収となる。

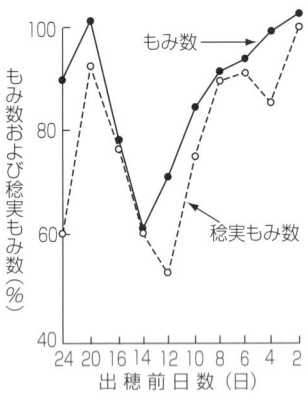

図5 幼穂発育期の低温の影響
（寺尾博ほか「日本作物学会紀事」第12巻3-4号，昭和17年による）
注 正常区を100としたときの割合で示す。幼穂発育期の各時期に17℃の低温に6日間あてた。図中の丸印は低温処理の開始日を示す。

い。これに対して，穂重型品種では分げつが少なく，葉や穂が大きく，葉身は水平型を示し，稈は比較的太いが長いために耐倒伏性が低い。イネが倒伏すると，個体群の光合成量が少なくなり，収量が落ちるばかりでなく，品質がわるくなり，さらには収穫作業がやりにくくなる❶。

耐肥性 多収をあげるためには，多くの養分（とくに窒素）が必要であるが，窒素の多施用により収量が上がる品種（耐肥性が高い品種）と上がらない品種（耐肥性が低い品種❷）とがある。

一般に，穂数型品種は，耐肥性が高く，肥よく地や多肥栽培での多収穫栽培に適しており，穂重型品種は，耐肥性が低く，やせ地や少肥栽培に適している。

耐病性 イネの病害（→p.103）では，いもち病，白葉枯れ病，しま葉枯れ病，い縮病などに，害虫（→p.103）ではニカメイチュウやイネカラバエなどに対して，品種間で抵抗性にちがいがある。とくに，全国的にみて被害の大きいいもち病については，多くの抵抗性品種が育成されている。

最近では，作期がはやくなることによって，紋枯れ病が西南暖地だけでなく北陸，東北地方にまで拡大し，わが国での最重要病害となっており，抵抗性品種の育成が望まれている。

耐冷性 北海道や東北地方のイネは，常に冷害の危険にさらされている。また，暖地においても，極早生品種や早生品種の栽培により作期がはやくなったため，幼穂発育期間に梅雨期の低温に遭遇して冷害を受けることがある。

図4 登熟期後期におけるイネのざ折型倒伏（左）と，それによる穂発芽（右）

冷害には**障害型冷害**（→ p.76）と**遅延型冷害**❶とがあるが，一般に，品種の耐冷性は障害型冷害に対する強弱であらわされる。障害型冷害は，花粉形成期ころに温度が20℃以下となると発生しやすい（図5）。

❶移植後から出穂期までのいろいろな時期の低温によって出穂が遅れたり，出穂期は正常であったが出穂期以降に低温にあったりして，登熟が十分におこなわれず，未熟粒が多くなって減収する。

2 作期と品種の選び方

イネの作期 作物のたねまきから収穫までの期間を作期という。図6には，わが国の水稲の多様な作期の例を示した。

イネの作期には，その地域で最も一般的な作期である**普通期栽培**（一般に中生(なかて)品種を栽培），普通期栽培よりも作期がはやい**極早期・早期栽培**，および作期がおそい**晩期栽培**がある。

極早期・早期栽培 西南暖地では，極早生品種や早生品種を用いて4月～5月上旬に移植し，7月下旬～8月中旬に収穫する。

この方法は，もともとは台風やニカメイチュウの被害，および**秋落ち**❷の回避などを目的として始められた。しかし，その後，多収穫栽培法❸として注目され，さらに最近では，早期出荷によって米を有利販売することを目的としておこなわれる。イネを収穫

❷前期の生育はおうせいであったが，中・後期の生育は貧弱となり，当初期待していたほど収量が上がらない現象をいう。暖地の砂質土壌で，鉄，マンガン，カリ，ケイ酸などの無機成分が不足した排水のよい乾田で発生が多い。根腐れやごま葉枯れ病（→ p.103）をともなうことが多い。

❸早期栽培水稲では，低温と多照により草丈が低く，分げつの発生が多くなるので，普通期栽培水稲に比較して穂数が増加し，多収となりやすい。

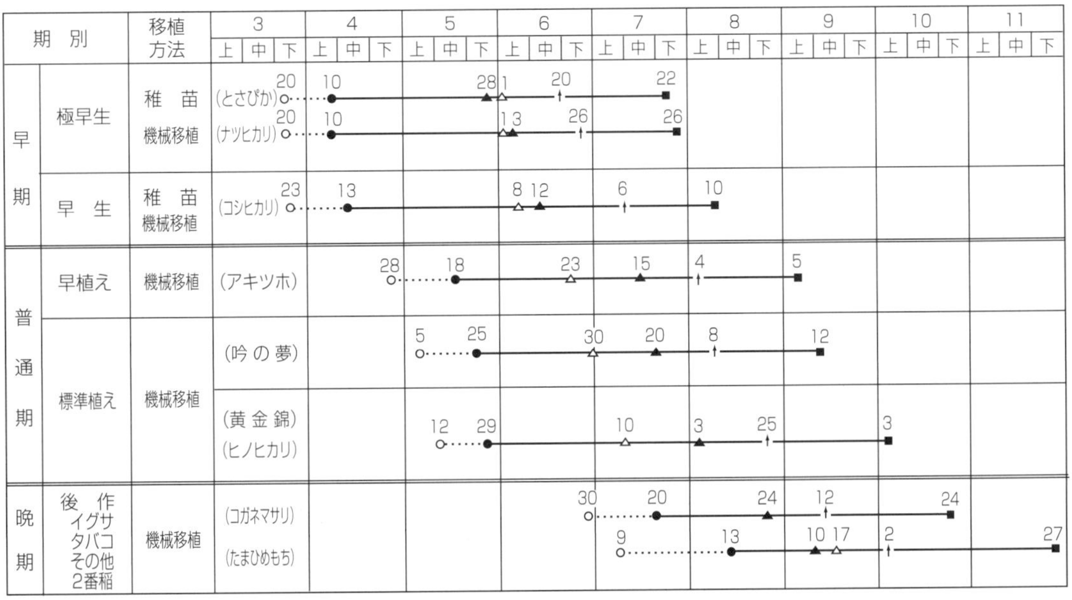

図6 イネの作期の例　　　　　　　　　　　　　　　（高知県「平成13年度水稲耕種基準」による）

注　○：たねまき期，●：移植期，△：最高分げつ期，▲：幼穂形成期，↑：出穂期，■：成熟期。（　）内は品種名。

した水田に，野菜や飼料作物などを栽培する二毛作が可能である。

晩期栽培 暖地の真夏に，野菜，タバコ，イグサ，飼料作物などを収穫したあとに遅植えする方法である。平均気温が23〜24℃以下になって出穂すると登熟が遅れて不十分となり，収量，品質が低下するので，出穂期をはやめるために葉齢の進んだ大苗を密植する。出穂期の限界は九州・四国地方では9月下旬，東海地方では9月中旬ころである。

二期作栽培 早期栽培と晩期栽培を組み合わせて，同じ水田でイネを1年に2回栽培する方法である❶。この栽培方法は，年間の平均気温が16℃以上の高知県，鹿児島県，宮崎県，沖縄県などでおこなわれていた❷が，国の減反政策の関係もあり，現在はほとんどおこなわれていない。

❶二期作栽培では，盛夏時に一期作水稲の収穫と二期作水稲の田植えをほぼ同時におこなうので，農家に過重な労力がかかる。そのために，省力栽培技術として，二期作水稲の田植えをせずに，一期作水稲の刈り株からの再生茎の利用による二期作栽培技術（図7）が開発され，第2次大戦後，一部に普及した。

❷高知県や鹿児島県の第2期作には，その地方在来の品種が用いられ，移植は8月上・中旬におこなわれ，9月下旬に出穂し，収穫期は11月中・下旬である。高知県の二期作栽培面積は，戦前には5,892ha（昭和7年），戦後には4,304ha（昭和36年）を記録した。

気象条件と作期の選択

作期の幅は，おもに気象条件，とくに気温によって決定される。イネは春にたねまきして移植し，秋に収穫する。イネ苗の活着最低温度は12〜13℃であり，登熟停止温度は約15℃である。したがって，平均気温がこの範囲の期間がそれぞれの地域での稲作可能期間となり，当然，寒冷地に比べて暖地で長い。たとえば，旭川市では約110日に対して，鹿児島市では約220日である。

また，この期間における日長の変化もイネの出穂期に影響を及ぼすために，作期の品種選定にあたっては注意を要する。安全出穂期間は，北海道では8月5〜15日と短く，東北地方では7月30日〜8月27日の約1か月にすぎないが，西南暖地では6月下旬〜9月下旬の3か月の長期にわたる（→図6）。

図7　早期栽培水稲からの再生茎を利用した二期作栽培（10a当たり200〜300kgの収量があげられる，高知県南国市）

第3章

5 栽培の実際

1 イネ栽培のあらまし

　イネの栽培法には,**移植栽培**と**直まき栽培**があり,わが国では,ほとんどが移植栽培である。一般的な移植栽培の流れは,春耕に始まり,たねまき・育苗→本田への元肥の施用→耕起・砕土→しろかき→移植→追肥→除草→収穫・脱穀→乾燥・調製→包装→出荷となり,本田の秋耕で終わる。また,本田期間をとおして水管理や病害虫の防除がおこなわれる。

　わが国の水稲栽培の特色の1つとして,主要作業について一貫した機械化体系がつくられていることがあげられる(図1)。

2 たねもみの準備

| 選　種 | たねもみは,玄米が充実して重いものほど発芽率がよく,素質のよい苗が得られる。

そこで,保存しておいたたねもみを,うるち種は 1.13g/cm^3 ,もち種は 1.10g/cm^3 の密度(比重)に調整した塩水や硫安溶液❶につけて選種をおこなう。この方法を**塩水選**あるいは**比重選**といい,不稔もみや登熟不良もみは浮くので,容易に取り除くことができ

❶溶液密度 1.13 (1.10) g/cm³ の溶液をつくるには,水 18ℓ に対して,食塩の場合には約 4.8 (3.8) kg,硫安の場合には約 5.1 (4.1) kg を溶かす。

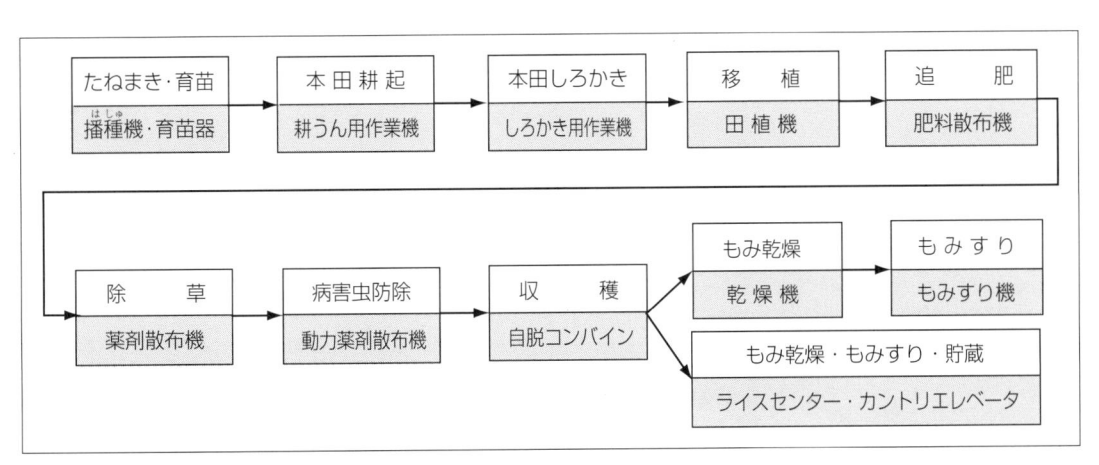

図1　水稲移植栽培の一貫機械化体系の例

たねまき・育苗	本田耕起	本田しろかき	移　植	追　肥
播種機・育苗器	耕うん用作業機	しろかき用作業機	田植機	肥料散布機

除　草	病害虫防除	収　穫	もみ乾燥	もみすり
薬剤散布機	動力薬剤散布機	自脱コンバイン	乾燥機	もみすり機

もみ乾燥・もみすり・貯蔵
ライスセンター・カントリエレベータ

❶有芒品種では，塩水選に先だって脱芒機などにかけて芒（のぎ）を除く。

❷たねもみの芽の長さが2mm以上になると，たねまきが不均一となる。

❸1日に1～2回水をくぐらせて湿気を与え，上下をときどき入れ替えるとともに，日中には温度が上がりすぎないように，ときどきビニルフィルムのすそを上げる。

❹このほかに，一定の大きさに育った苗を植えることにより，鳥害や雑草との競合を軽減できる。また，本田での栽培期間が短くなるので，土地利用率を高めることもできる。

❺稲作面積にしめる割合は，稚苗約60%，中苗約30%で，成苗は10%以下と少ない。また，近年，開発された乳苗は普及途上にある。

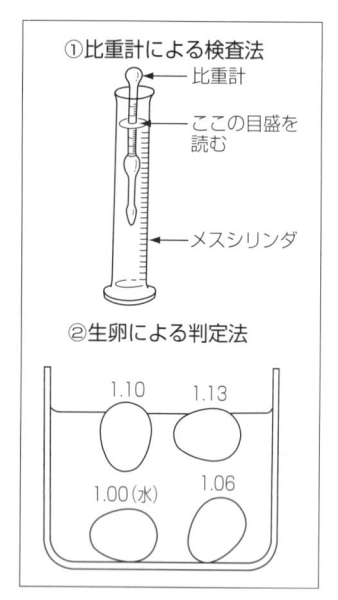

図2 塩水の密度の検査・判定法

る❶。溶液密度の調整は比重計でおこなうが，比重計がない場合には，新鮮な生卵によっても調整できる（図2）。塩水選が終わったたねもみは，よく水洗いする。

種子消毒 たねもみには，ばか苗病，いもち病，ごま葉枯れ病などの病原菌が付着している。また，イネシンガレセンチュウ病を引き起こすセンチュウが，たねもみの中にはいり込んでいる場合があるので，これらの病害虫を予防するために薬剤による種子消毒をおこなう。

浸種・催芽 消毒を終えたたねもみは，発芽そろいをよくするために浸種する。浸種は10～15℃の低水温で10～7日間，積算水温で100℃をめやすにおこなう。浸種の水温が高いと催芽が不ぞろいになりやすい。

浸種によって十分に吸水させたたねもみは，加温して，芽の長さ1mmていどまでいっせいに発芽させる❷。これを**催芽**という。催芽の適温は30～32℃で，催芽機を使用すると1日でできる。また，風呂の残り湯などを使用する場合には，約40℃の湯に10時間ほどつけたあと取り出し，日あたりのよい暖かい場所にビニルフィルムをかぶせて2～3日おく❸。

3 育　苗

苗つくりの目的 イネの苗は，小面積の均質な苗床で集約的な管理のもとで育てられるので，病害虫による被害や気象災害，雑草との競合を受けずによくそろって生育する。つまり，育苗によって，移植後の本田での苗の初期生育がよくそろう。

また，春先の気温や水温が低い場合には，保温や加温によって苗を順調に育てることができる。そのために，移植時期をはやめ，栄養成長をさかんにして収量を高めたり，寒冷地では出穂期をはやめ冷害を回避したりすることができる❹。

苗の種類と特徴 わが国の稲作に使用される苗は，おもに葉齢によって乳苗，稚苗，中苗，成苗に分類される❺（表1，図3）。一般に，葉齢の進んだ苗ほど，移植直後

に出る活着根の発根節が上位節となるために，新根数が多くなる（図4）。

移植後に新根を出して活着できる低温の限界（低限温度）は，葉齢が若い苗ほど低く12〜15.5℃の範囲にある（表2）。出穂期までの日数は，葉齢の進んだ苗ほど短くなるので，北海道や東北地方，標高の高い水田地帯などの冷害危険地域，さらには西南暖地の早場米地帯などでは，葉齢の進んだ苗が移植される。

床土の準備

床土の調整 床土には，水田や畑の表土や山土を用いることが多い。採集した土は乾燥し，砕土して5mmていどのふるいにかける。とくに，水田土や畑土を利用する場合には，土壌病原菌による苗立枯れ病や生理障害による蒸れ苗（表3）の発生を抑えるために，土壌を消毒するとともに，硫酸やpH調整資材を用いてpH5に調整する。

窒素，リン酸，カリの1箱当たりの成分量は，暖地では各1g，寒冷地では各2gていどとなるように，肥料を均一に混合する。

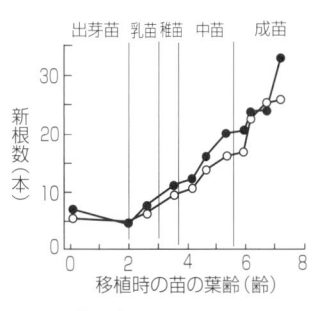

図4 苗の葉齢と発根（移植後7日目の新根数）(山本由徳, 1997)
注 移植後の昼間と夜間の温度を，●は25℃, 20℃, ○は20℃, 15℃にして生育させた場合。

表1 苗の種類と特徴

苗の種類	葉齢	草丈(cm)	胚乳残存率(%)	たねまき量(g/箱)	育苗日数(日)	植付け箱数(箱/10a)
乳苗	1.8〜2.5	7〜8	50	200〜250	5〜7	10〜15
稚苗	3.0〜3.5	10〜13	10以下	150〜200	15〜20	18〜22
中苗	4.0〜5.0	13〜18	0	80〜120	30〜35	30〜35
成苗1	5.0〜6.0	15〜20	0	35〜40	35〜50	45〜55
成苗2	6.0〜7.0	25〜30	0	(90g/m²)	約50	(20〜40m²/10a)

注 乳苗，稚苗，中苗は箱育苗マット苗。成苗1はポット苗。成苗2は苗しろ苗で，たねまき量は1m²当たり，植付け箱数は本田10a当たりの必要苗しろ面積で示した。

表2 苗の種類と活着可能低限温度 （星川清親, 1990）

苗の種類	葉齢	育苗条件	低限温度(℃)
成苗	6.5	水苗しろ	15.5
成苗	6.5	保温折衷苗しろ	14.5
成苗	6.2	畑苗	13.5
中苗	5.5	無加温	13.5
中苗	5.0	無加温	13.5
稚苗	3.2	加・保温	12.5
乳苗	1.4	加温	12.0

図3 葉齢による苗の分類（左から，乳苗，稚苗，中苗，成苗〈畑苗，折衷苗〉）
注 乳苗はロックウール成型培地使用苗，稚苗は山土によるマット苗，中苗はポット苗である。

表3 苗立枯れ病と蒸れ苗の症状のちがい

(星川清親『稚苗・中苗の生理と技術』1976を改変)

項　目	苗立枯れ病	蒸れ苗
発生時期	出芽期から4齢	硬化初期から
発生の原因	フザリウム菌やピシウム菌などの土壌病原菌	生理障害
症状	葉が針状に巻き，ゆっくり黄変し，のちに褐変 地ぎわが腐り，葉をもってかるく引くと地ぎわから上が抜けてくる 土中のたねもみの周囲に赤や赤紫色のカビが生え，甘酸っぱいにおいがする	葉が急に巻き，灰色から黄褐色に変わる 地ぎわは腐らず緑色を保つ。引き抜くと力があり，根とともに抜ける
発生様相	小部分に局所的に始まり，しだいに周囲に伝染して広がる	小部分に発生するが伝染性はなく拡大しない。多発するときは患部が連続して広面積となる
発生環境	天候が変わりやすく，おもに低温で成長が停滞気味の場合	高温のあと急にいちじるしい低温にあった場合。その後に高温がくると発生が多い

参考　苗つくりの歴史

　わが国でのイネの移植栽培は，奈良時代に始まり，平安時代にはほぼ直まき栽培にとって代わったと推定されている。したがって，苗つくりの歴史は，奈良時代にまでさかのぼる。

　古来の苗は，水田の一部に水をためてつくった水苗しろで育苗された。江戸時代に干ばつ対策として畑苗しろがつくられ，その後，水苗しろと畑苗しろの長所を取り入れた折衷苗しろがつくられるようになった（図5）。

　戦後には，ビニルフィルムやポリエチレンフィルムなどの保温資材の普及により，育苗の前半を低温から守ることができるようになった。保温折衷苗しろ，ビニル畑苗しろ，冷床苗しろなどの保護苗しろが，寒冷地や，暖地の早期栽培地帯を中心に広まり，健苗の早植えを可能にし，収量の安定多収化に大きく貢献した。

　昭和45（1970）年ころからは，田植機が急速に普及し，箱育苗方式のマット苗が主流になり，育苗方法はかなり画一化された。

図5　苗しろの種類（左から，畑苗しろ，水苗しろ，折衷苗しろ）
注　折衷苗しろには，育苗前半はみぞかんがいとし，後半は水田状態とする水田式と，前半はたん水またはみぞかんがいとし，後半は畑状態とする畑式とがある。

田植機用育苗箱の1箱当たりの必要床土量（覆土を含む）は，約3.5kg（約3*l*）である❶。

人工床土・成型培地　近年では，床土の準備の手間を省くために，山土に有機物を添加し，pHを5に調整し，さらに肥料を混入して，粒状に固めて乾燥させた人工床土が販売されており，広く利用されている。

また，ロックウール材やパルプ材などを利用し，土壌の酸度や養分を調整し，育苗箱の大きさにあわせて加工した成型培地も開発・販売されている。これらの成型培地は土に比べて軽く，大規模稲作経営で多量の育苗を必要とする場合には労力が軽減される。

❶たとえば，稚苗移植で10a当たり20箱を使用する場合は，約70kgの床土が必要となる。

稚苗の育苗

稚苗の育苗手順を図6に示す。

育苗箱の準備　水洗いして殺菌した田植機用のプラスチック製育苗箱（長さ60cm，幅30cm，深さ3cm，底面は有孔）に新聞紙を敷き，調整した床土あるいは市販の人工床土を約2cmの深さに入れる。成型培地を利用する場合には，新聞紙を敷いて成型培地をその上にセットする。

たねまき・かん水・覆土　催芽させて水切りしたたねもみを，1箱当たり風乾もみで150～200gを均一にまく。催芽もみの水切りが不十分な場合には，たねまきが不均一になりやすいので，もみを手のひらでかるく握って離したときに，ばらけるていどまで

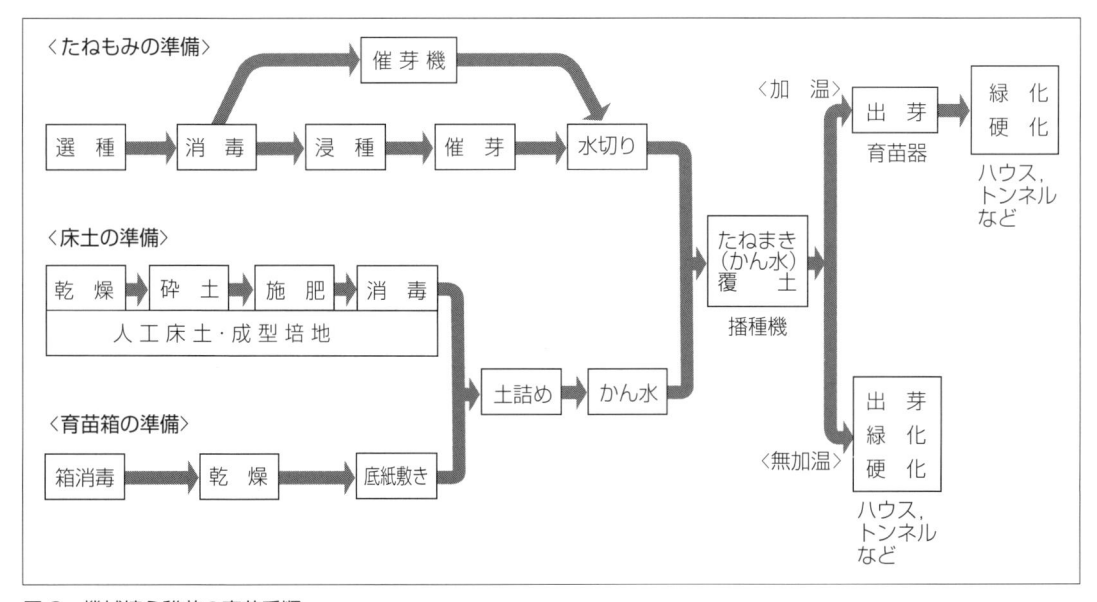

図6　機械植え稚苗の育苗手順

❶ 床土の充てんから，かん水，たねまき，覆土までの一貫した流れ作業をおこなう播種プラント（図7）が販売されており，大規模育苗に利用されている。

❷ 育苗器を使用しない場合には，育苗箱をビニルハウスに積み重ねたり，ビニルハウスやトンネル内に平置きしたりして，ビニルフィルムなどでおおって出芽させる。この場合には，育苗器よりも出芽期間を長く要する。

❸ 葉緑素が形成されずに白色となった苗で，胚乳養分の消耗とともに枯死する。

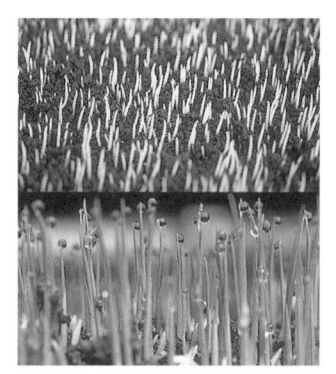

図8 出芽期（上）と緑化期（下）の苗の状態

水切りする。たねまきが不均一になると，欠株や1株苗数のばらつきが大きくなるので注意する。手まきよりも播種機などを使用するほうが均一になりやすい。

かん水は，たねまき前あるいはたねまき後におこなう。いずれの場合にも，育苗箱の底面から水がもれ出るまで十分かん水する。かん水が不十分だと，苗の生育が不ぞろいとなる。

たねまき，かん水後，厚さ約0.5cmに覆土する❶。

出芽 出芽適温の30〜32℃に調節した育苗器に，育苗箱を積み重ねて2〜3日間入れておき，しょう葉の長さが約1cmになるまで出芽させる❷。育苗箱を積み重ねると根のもち上がりが少なくなる。出芽が終わった時点で，覆土むらがいちじるしい場合には，かん水して覆土を均一にし，出芽むらを調整する。

緑化 出芽後の育苗箱を多段式の育苗棚や，ビニルハウスまたはトンネル内に並べて，直射日光を避けるために寒冷しゃや不織布などでおおいをして，2〜3日間弱光下で育て，葉緑素を形成させる。出芽後，すぐに強光にあてると白化苗❸となりやすい。緑化期間中の温度管理は，昼間20〜25℃，夜間15〜20℃ていどとし，とくに夜温の急激な低下に注意する。

出芽期と緑化期の苗の状態を図8に示す。

硬化 緑化が終わったら，おおいを取り除き，昼間25℃以下，夜間10〜15℃をめやすにして温度管理をおこない，苗を徐々に外気温にならし，最後の約10日間は自然温度下で生育させる。

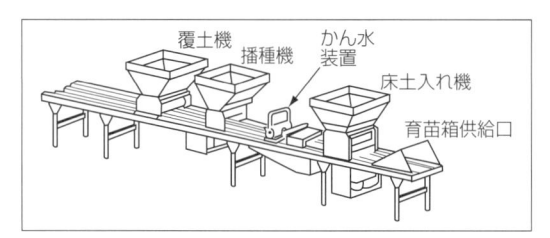

図7 播種プラント

図10 箱育苗した苗のルートマットの形成

図9 プール育苗のようす

緑化終了後には，かん水作業の省力化，健全な苗の育成などをねらいとして，たん水状態で管理するプール育苗❶もある（図9）。

葉齢が3.0〜3.5となり，ルートマット（図10）が形成されると，育苗箱から取り出して田植機に装着して移植できる。

| 中苗，成苗，乳苗の育苗 |

中苗 育苗方法は基本的には稚苗（マット方式）と同じであるが，たねまき量は1箱当たり80〜120gと少なくする。また，育苗日数が長いので，稚苗と同じ元肥量に加えて，第3および第4葉齢期に窒素，リン酸，カリを成分量で各1g追肥する。

成苗 機械移植用の成苗には，いくつかの育苗方法があるが，成苗ポット苗が広く利用されている。育苗箱は薄いプラスチック製の箱で，円筒形のポット（ふつう，上径16mm，下径13mm）が等間隔に並んでいる（図11）。

床土量はマット方式の約5分の2，施肥量は成分量で窒素，リン酸，カリを各0.5gである。1ポット当たり2〜4粒（1箱当たり35〜40g）ずつたねまきする❷。ポットが小さく独立しているので，乾燥に注意する。各ポットの底には，Y字型の切り込みがあり，育苗中に根の一部が置き床に伸長して，養水分を吸収する。

移植時には，ポットの土を巻き込むように根が生育しており，移植による断根が少ないので，植え傷みが少なく，活着がよい。

乳苗 乳苗は葉齢が1.8〜2.5で，発根数は1苗当たり4〜6本と少ないために，ルートマットの形成が不十分となりやすく，床土のかわりに専用のロックウール成型マット（無肥料）を使用するほうが安全である。

たねまき量は1箱当たり200〜250gで，稚苗と同様に覆土する。積み重ね出芽後，多段式の育苗器に移して，25〜27℃で2〜4日間育苗する。出芽後に弱光（100〜500ルクス）をあてて育苗する場合（緑化乳苗）と，暗黒下で育苗する場合（黄化乳苗）とがあるが，前者のほうが活着がよい。

なお，乳苗は，胚乳養分を多量に残しているために，低温下で一定期間の貯蔵が可能で，育苗施設の効率的利用や移植時期の変更・拡大に対応できる。貯蔵適温は10℃前後❸であり，約20日間の貯蔵が可能である。

❶ハウス内や屋外に設けたプールに，育苗箱を並べて，水深0.5〜3cmくらいで管理することが多い。

❷たねまき後は，苗箱の取り上げを容易にするために，置き床に寒冷しゃなどを敷き，その上に育苗箱を密着して並べ，シルバーポリエチレンフィルム，有孔ポリエチレンフィルムなどで被覆して出芽させる。置き床には，1m²当たりの成分量で窒素10〜30g，リン酸20〜50g，カリ10〜30gを施用する。

❸10℃以下の温度で貯蔵すると，移植後の枯死苗が多くなり，10℃以上では徒長苗となり，胚乳養分の消耗も大きい。

図11 成苗ポット苗の育苗箱とたねまき後の状態

4 本田の準備

整　地　耕地を作物の栽培に適する状態にすることを整地という。水田の整地には，耕起，砕土，しろかきなどの作業が含まれる❶。

耕起・砕土　耕起は，プラウ（すき）で作土（→ p.79）をできるだけ深く掘り起こし，反転させる作業である。土と空気の接触面が多くなり，土壌微生物の活動が活発となって有機物の分解をうながす。また，雑草やその種子を土中に埋め込み，雑草の発生を抑制する。耕起は秋（秋耕）と春（春耕）におこなわれるが，植付けまでの期間が長く，有機物の分解が進む秋耕のほうが望ましい。

耕起に続いて土壌をこまかくする砕土作業がおこなわれる。この耕起と砕土を同時におこなうことを耕うん（かくはん耕またはロータリ耕）という（図12）。耕うん作業の運行法は図13のとおりである。耕うんは砕土性にすぐれ作業能率は高いが，耕起に比べて土壌の反転効果は小さく❷，また土塊がこまかくなるので有機物の分解はおとる。

しろかき　水田での砕土作業は，耕起あるいは耕うん後に水を入れておこなわれるのが一般的であり，これをしろかきという。しろかき作業の運行法は図14のとおりである。

しろかきは，ふつう，1～2回おこなわれ，砕土とともに土壌を均平にし，田植え作業を容易にする。また，漏水を防止する，肥料の分布を均一にする，雑草の発生を抑える，などの効果があ

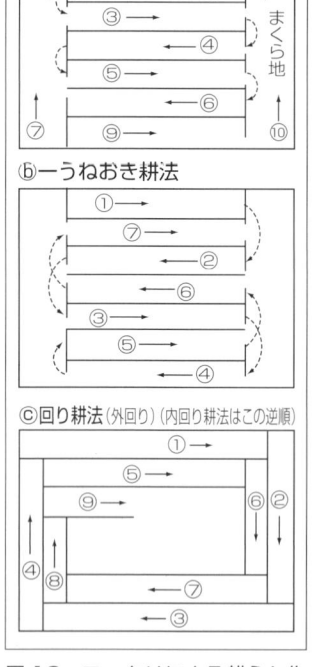

❶近年，耕起・砕土やしろかきを省略して移植する不耕起移植栽培が一部でおこなわれている。

❷刈り株や雑草のすき込みがわるく，作土の下層に沈積した鉄やマンガンなどを表層に戻すことが困難である。

図13　ロータリによる耕うん作業の運行

図12　プラウ耕（左）とロータリ耕（右）

る。しかし，しろかきをあまりていねいにしすぎると，土がしまりすぎ，通気が妨げられて土壌の還元が促進され，移植された苗の根の生育がおとり，活着や初期生育がわるくなる。

施肥設計と施肥 **施肥量の求め方** 施肥量の決定には，多くの条件が関与するが，理論的には次の式で求められる。

$$施肥量 = \frac{ある要素の必要成分量 - ある要素の天然供給量}{ある要素の利用率❶}$$

まず，必要成分量は，目標玄米収量と玄米100kg当たりのその成分の含有量によって求められる。3要素❷についてみると，玄米100kg当たり窒素は2.12kg，リン酸0.78kg，カリ2.31kgである。したがって，10a当たり600kgの玄米収量を目標とすると，窒素12.72kg，リン酸4.68kg，カリ13.86kgが必要である。イネの玄米収量100kg当たりの窒素，リン酸，カリの必要量は，コムギやトウモロコシに比べて，やや少ない。

天然供給量は，土やかんがい水などから供給される成分量のことで，イネを無肥料で栽培したときの吸収量で示される。一般に，10a当たり窒素4.2〜7.2kg，リン酸1.1〜4.9kg，カリ3.4〜6.0kgである。

各地域では，都道府県の農業試験場などの試験結果をもとに，それぞれの品種，作期および栽培方法に応じた施肥基準が定められている。じっさいには，この基準に水田の土性や地力，気象条件，目標収量などを考慮して修正を加えて決定する。

❶水田に施肥された肥料は，すべてイネに吸収されるのではなく，一部は流失したり，一部は土壌に吸着されて利用できなくなる。利用率とは，施肥した肥料成分の吸収率を示したもので，窒素30〜40%，リン酸5〜20%，カリ40〜70%とされている。

❷肥料の3要素（窒素，リン酸，カリ）のうち，1成分のみを含む化学肥料を単肥といい，2種類以上の成分を含むものを化成肥料という。後者は複合肥料の一種である。肥料袋の10−15−10などの表示は，N−P_2O_5−K_2Oの含量をあらわし，窒素10%，リン酸15%，カリ10%が含まれていることを意味している。

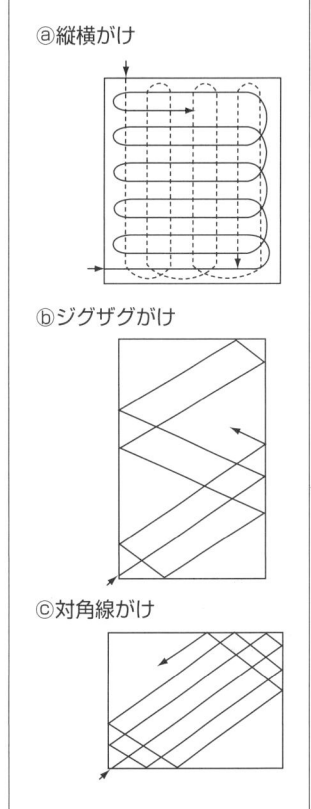

図14 しろかきとその運行法

ⓐ縦横がけ
ⓑジグザグがけ
ⓒ対角線がけ

❶近年は，良食味米生産地帯を中心に，幼穂期発育以降の窒素施用量が減少傾向にある。

❷可吸性ケイ酸が20％以上のほかに，石灰，苦土，マンガン，鉄分などを含む。

❸分解を促進するために，秋耕や春耕時に施用される。

わが国の平均的な3要素の施肥量は，10a当たり窒素6〜10kg，リン酸5kg，カリ8〜10kgていどである❶。このほかに，ケイ酸石灰❷を100〜200kg施用する場合がある。また，地力の低い水田では，堆肥が1〜2t施用される❸。

〈施肥量の計算例〉

10a当たり玄米600kgを目標収量とした場合の施肥量は，次のようにして求める。

①玄米600kgを生産するのに必要な窒素量は

$600 \div 100 \times 2.12 = 12.72$ kg

②天然供給量を6.0kgとすると，必要な肥料の窒素成分量は

$12.72 - 6.0 = 6.72$ kg

③窒素肥料の利用率を40％とすると，必要施肥窒素量は

$6.72 \div 0.4 = 16.8$ kg

④施用する硫安の窒素成分を21％とすると，必要な硫安の量は

$16.8 \div 0.21 = 80.0$ kg　　となる。

元肥と追肥　窒素は，一度に多量に与えると生育に害を及ぼし，また脱窒現象や流亡による損失割合が高いので，元肥と追肥に分

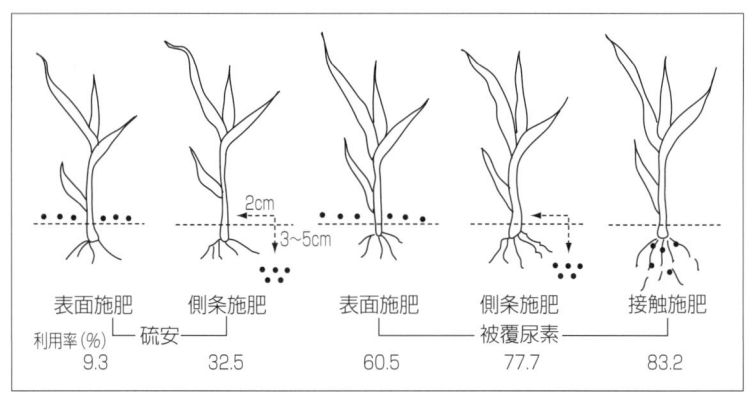

図15　元肥の窒素肥料の種類と施肥位置による窒素利用率のちがい

（金田吉弘『新農法への挑戦』1995を一部改変）

参考　緩効性肥料の利用

緩効性肥料は，尿素などの速効性肥料を樹脂で被覆して，肥料成分の溶出期間や溶出方法をコントロールするために開発された肥効調節型肥料である。

25℃の水中での溶出期間の長さや溶出開始時期，溶出パターンなどを調節した種々の製品が開発されており，この肥料を使用すると追肥の必要がなく，省力化できる。また，窒素の利用効率がきわめて高く（図15），おおはばな減肥が可能である。

けて施す。追肥の割合は全施肥窒素量の30～70％とし，暖地ほど，生育期間が長い晩生品種ほど高くする❶。追肥の割合を高くしたら，追肥回数も1～4回と多くする。

リン酸やカリは，窒素に比べて損失割合が小さいので，ふつう，全量を元肥として施用する❷。ケイ酸石灰も全量を元肥とする。

施肥の方法

元肥の施肥方法には，**全層施肥**，**表層施肥**，および**側条施肥**などがある。

全層施肥　耕起前に施肥する方法で，肥料が全層にいきわたるので，初期生育はややおとるが，その後の生育はさかんになる。

表層施肥　しろかきの直前あるいは直後に施肥する方法で，肥料が表層に分布するので，初期生育はさかんで分げつ数が多くなるが，その後の生育はおとろえやすい。

側条施肥　田植えと同時に施肥をおこなう省力栽培技術として開発された方法である。側条施肥田植機により，植付け株の横2cm，深さ3～5cmの位置にすじ条に施す（図15）。

側条施肥は，肥料を土中に埋め込むので表面水への溶出・流亡が少なくて環境保全的である，初期生育が促進されると肥効が長続きする，などの利点が認められている。

また，近年開発された施肥法として，緩効性肥料を苗箱に施用し，田植えと同時に施肥を完了する全量苗箱施肥移植栽培法があり，省力化が図られている❸（図16）。

追肥は，表層施肥が一般的である。

❶有機物含量の少ない砂質漏水田などでも高くする。

❷カリの一部を窒素とともに追肥することもある。

❸被覆尿素の全量苗箱施肥移植栽培法は，窒素の利用効率が高く，水田外への流出が少ないので，環境保全的な施肥法としても注目されている。

図16　全量苗箱施肥した育苗箱の断面のようす
（金田吉弘『新農法への挑戦』1995）
注　下から，化成肥料混和育苗土層，催芽もみ（あきたこまち）層，肥効調節型肥料（LP-S100）層，覆土層，となっている。苗質は慣行育苗法よりまさっている。

5 移植（田植え）

移植の方法

移植には田植機による**機械植え**と**手植え**があるが，現在はほとんどが機械植えである。田植機には歩行型2条植えから乗用型8条植えのものまであるが，乗用型4〜6条植えが多く利用されている❶（図17）。田植機の運行法は図18のとおりである。

水田の土は，しろかき後は時間の経過とともにしまってきて，植え付けた苗がしっかりと固定されるようになる。したがって，移植の1〜2日前にしろかきをすませて，適度なかたさ❷となった状態で移植する。

土がやわらかすぎると埋没苗が発生したり，田植機のフロートで泥を押し流したりする。また，土がかたすぎると浮き苗やころび苗❸が多くなる。

機械植えでは，条間30cm，株間15〜20cmの長方形植えが一般的である。植付け株数は株間の距離により，1m²当たり17〜22.5株である。

1株苗数は，たねまき密度やたねまきの均一性，苗マットの形成の良否，田植機の植付けつめのかき取り量，などによって異なる❹。一般には，1株苗数は2〜4本が適当である。

苗の植付け深度は，ふつう，2〜4cmであるが，しろかき後の

❶ 10a当たりの移植時間は，歩行型で20分〜1時間，乗用型で15〜25分である。

❷ 下げ振り（図19）を高さ1mの位置から落下させ，水田への貫入の深さが8〜13cmのときが，移植に最もよいかたさとされている。

❸ 浮き苗は，移植された苗が土中に固定されずに浮き上がったもの。ころび苗は，植付け深度が浅く，横に倒れた状態となったもの。

❹ 1株苗数は，0（欠株）から十数本と大きくばらつく場合がある。欠株間距離が24〜36cm（欠株1〜2株）までであれば，収量への影響はほとんどない。

図17　乗用型田植機による移植作業

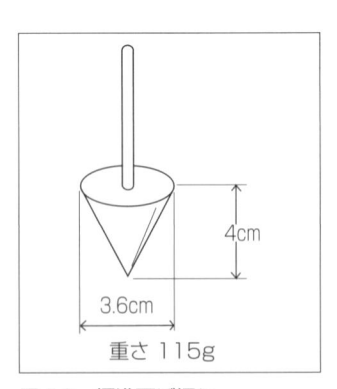

図19　標準下げ振り

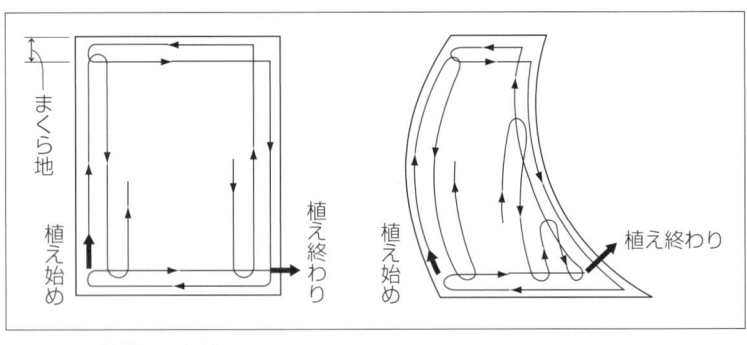

図18　田植機の運行法
①出口を考え，植え始めの位置を決める。
②まくら地の幅は2行程分とり，必ずあぜぎわから植える。
③まくら地を植える前の最終行程での植付け条数が，田植機の条数分となるよう，1つ前の行程で調節する。
④変形したほ場の場合は，長いあぜに沿って植え付け，手植えの面積が少なくなるようにする。

田面の均平度や土のかたさによって大きく影響される。凹部や土がかたいところで過度の浅植えになると，苗が浮き上がり，欠株となる。

また，凸部や土がやわらかすぎるところで深植えになると，下位節分げつが休眠しやすくなり，初期生育がおとる（図20）。

移植時の水深は，田面の2割ていどが露出するくらいの浅水とし，移植が終わったら4～6cmのやや深水とする。

活着

イネの苗は，移植されるときにかなりの根が切断される。そのために，移植直後の養水分の吸収が一時的に停滞するので，出葉速度や分げつの発生など，苗地上部の成長速度が一時的に低下する。これが植え傷みである。

その後，移植された苗の基部から新根が発生・伸長するとともに，養水分の吸収が回復し，苗地上部の成長速度も回復する。これが活着である。

図20 浅植え（左）と深植え（右）の初期生育

活着をはやめると初期生育がよくなり，出穂期がはやくなる。とくに，寒冷地のように冷害の危険のある場合や，暖地の晩期栽培のように栄養成長期間が短い場合などには，活着をはやめる必要がある。

活着は，苗の素質や移植後の環境条件，とくに気温（水温）に影響される。移植後の苗の活着可能な低限温度（気温）は，葉齢や育苗方法によって異なる（→ p.89）が，移植後の気温が低い場合には，あるていどの深水にして苗を低温から保護する必要がある。

図21 手植えの方法（鹿野田司郎ほか『図解作物』1987による）

参考 手植えの方法

田植えの前日や当日の早朝に苗しろで苗取りし，根についた土を洗い落として苗をそろえ，1～3握りていどの束にする。そして，苗束をかごに入れて本田に運ぶ。

本田は田植え前2日から当日にしろかきし，植付け縄や，わく，定規あるいは線引きによって植付け位置を決めて田植えをおこなう。ほとんどが，正方形植えか長方形植えである。

植付け時の水深は2～3cmとし，植付け株数は1m²当たり15～24株で，1株3本前後の苗を深さ約3cmに植え付ける（図21）。

苗取りから植付けまでに要する時間は，10a当たり26～30時間である。

6 本田の管理

本田期間のおもな管理作業は，水管理，追肥，除草および病害虫防除などである（図22）。

水管理 かんがい水を多く必要とする時期は，移植期から活着期と幼穂発育期から出穂期である。そのなかでも，とくに穂ばらみ期は水を必要とする。生育時期別の水管理は以下のとおりである。

移植期から活着期 移植によって苗の根がかなり断根されて吸水能力が低下し，植え傷みが発生するので，新根が発生して活着するまでの数日間は4〜6cmの深水とする。

分げつ期 深水は分げつの発生を抑制するので，できるだけ浅水（2〜4cm）管理とする。気温の上昇とともに土壌中の微生物の活動が活発となり，土壌中の酸素が消費されて土壌の還元化が進むので，ときどき田面を露出させて土壌中に酸素を送り込み，有機物の分解を促進する。

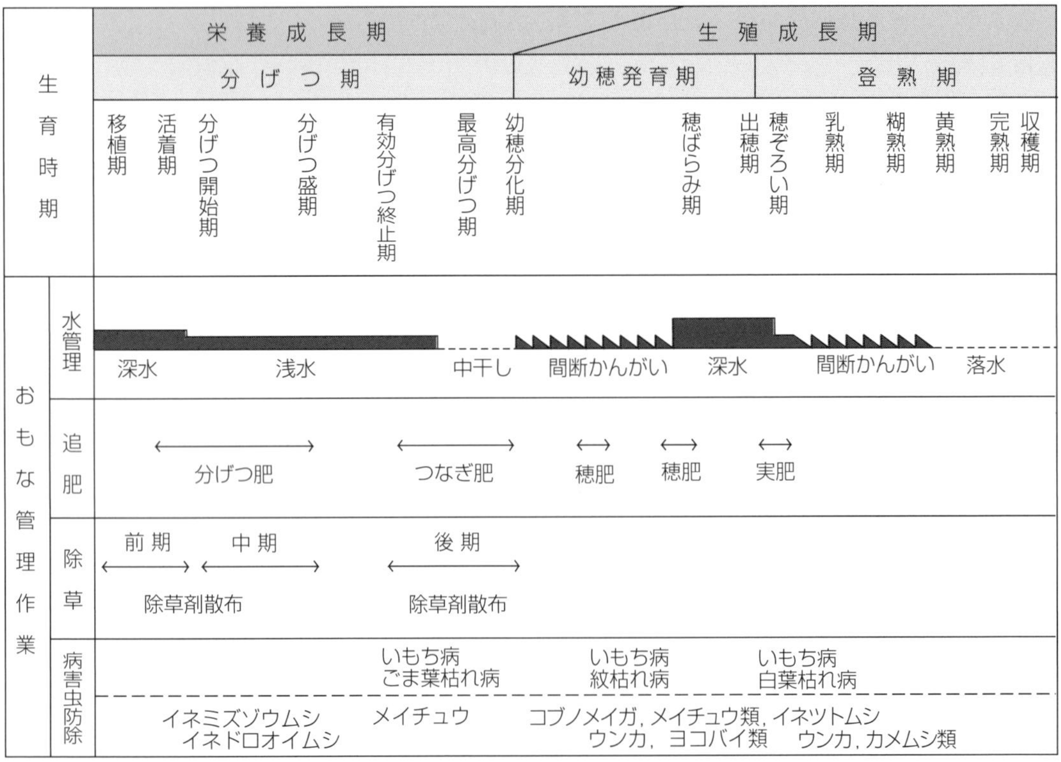

図22 本田期間のおもな管理作業

幼穂分化期の 15 〜 10 日前から幼穂分化期までは，**中干し**❶（図23）をおこなうことが多い。中干しは，土壌中に十分に酸素を送り込み，還元によって発生する硫化水素や有機酸などの有害物質の生成を防ぎ，根を健全に保つ効果がある❷。

幼穂発育期　中干し後の幼穂発育期には，3 日〜数日おきにかんがいと落水を繰り返す**間断かんがい**をおこなう。この方法は，土壌中に適当に酸素を送り込み，根の活力を高く保つために有効である。

穂ばらみ期から出穂期にかけては，水を最も必要とする時期なので，この時期はたん水する（**花水**という）。また，寒冷地や暖地の早期栽培で，穂ばらみ期に 20℃以下に気温が下がるおそれがある場合には，約 15 〜 20cm の**深水**❸たん水して，幼穂を冷害の危険から保護する。

登熟期　出穂期以降は，ふたたび間断かんがいをおこなう。ふつう，出穂後約 30 日が過ぎて，ほとんどの穂が垂れ，もみが黄色になると落水する。コンバインで収穫する場合は，落水時期をかなりはやめる傾向にある。しかし，落水がはやいと登熟不良となり，玄米の収量と品質の低下をひき起こすおそれがあるので十分に注意する。

追肥

追肥の目的は，イネのいろいろな時期において，栄養状態を改善し，養分吸収や光合成などの生理作用を高めて，収量構成要素の向上を図ることにある。追肥の時期や回数，追肥量は，品種，気象条件，作期，土性，目標収量などによって異なる。その一例を表 4 に示す。

分げつ期　元肥だけでは分げつ数の確保が不十分な場合には，分げつ数を確保し，葉面積を増大させて初期生育を促進するため

❶この時期は一般に盛夏にあたり，水を落として田面にき裂がはいるくらいまでおこなう。

❷このほかに，無効分げつを抑え，土壌中の養分を有効化して吸収しやすいかたちに変える効果もある。

❸幼穂が水中に位置する深さを目標とする。

図 23　中干しを開始した水田
注　みぞ切りもおこなっている。

表 4　追肥とその効果　　　　　　　　　　　　　　　　　　　　　（鹿野田司郎ほか『図解 作物』1987 を一部改変）

	施用時期	10a 当たり施肥量（成分量）	効　果
分げつ肥	移植後 15 〜 30 日。分げつ最盛期ごろ	窒素 1 〜 2kg	元肥の肥効を見きわめて，活着後すぐに少量を施し，さらに，つなぎ肥を加える場合もある。有効茎の確保が目的だが，多すぎると過繁茂となる
穂肥	出穂前 25 〜 15 日。幼穂発育期ごろ	窒素 2 〜 3kg　カリ 2 〜 3kg	2 回に分けて施されることもある。1 穂のもみ数を多くする
実肥	出穂後と穂ぞろい期ごろ	窒素 1 〜 2kg	登熟期の葉の枯れ上がりを防ぎ，粒を充実させて収量増加を図る

に，分げつ肥を施す。また，目標茎数を確保したのち，分げつ茎の成長がわるくなったり，枯死したりしないように，つなぎ肥を施すこともある。

幼穂発育期 えい花の分化をうながし，さらに分化したえい花の退化を防ぎ，1穂えい花数を確保するために穂肥を施す（図24）。追肥の中心をなすもので，ほとんどの場合に施される。施肥時期がはやすぎたり，施肥量が多すぎたりすると，下位節間が伸長して倒伏しやすくなるので注意を要する。

登熟期 一般に，穂ぞろい期に，出穂期後の葉色の低下と葉の枯れ上がりを防ぎ，光合成能力を高く維持して，登熟歩合，千粒重の向上を目的として実肥を施す❶。

登熟期間は根の機能が低下しやすいので，実肥の吸収利用をよくするためには，間断かんがいなどによって根の活力を高く保つ必要がある。

■病害虫の防除

水田は，イネだけが栽培される人工生態系であり，自然生態系に比べて単純で，特定の病気や害虫の発生に好都合である。また，わが国の稲作では多くの化学肥料が投入されることが多いので，イネが過繁茂・軟弱となりやすく，病害虫におかされやすい❷。おもな病害虫とその防除法を表5に示す。

防除の基本 病害虫の被害を少なくするためには，イネの耐病性・耐虫性品種を選んだり，イネを適切な栽培管理によって健全に育て，病害虫に対する抵抗力をつけさせたりすることが重要で

❶実肥は，玄米中のタンパク質含有量を高め，食味の低下につながるので，最近では良食味米生産の必要上，銘柄米などでは施用されないことも多い。

❷イネの病害は200種以上，害虫は百数十種にのぼる。そのうち，被害がいちじるしく，防除を要するものは，病害では約20種，害虫では30～40種である。

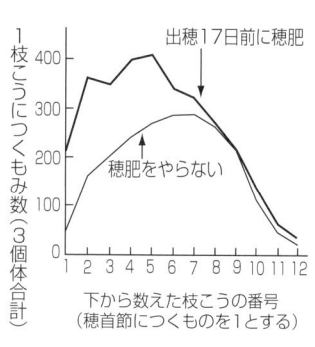

図24 幼穂発育期の肥料条件（穂肥）による枝こう別もみ数のちがい　（松尾孝嶺による）
注　穂肥を2回に分けて施し，そのうちえい花退化防止をねらいとした2回目の施用例。穂肥の時期については，→p.101表4。穂肥を施した場合は，下位の枝こうのもみ（とくに2次枝こうもみ）数が増加している。

図25　薬剤防除作業（左：液剤，右：粉剤の散布）

ある。また，常に天候の変化やイネの生育状態に注意して，病害虫の発生をできるだけはやく予知・発見し，薬剤❶散布（図25）などによって適期防除に努めるようにする。

なお，薬剤（殺菌剤や殺虫剤）は，法律によってその使用時期や回数，場所などが制限されており，使用法を厳守する必要がある。

環境保全的な防除 病害虫を防除するために農薬を散布することは，駆除を目的とする病原菌や害虫のみならず，水田生態系に生息する微生物や小動物を同時に殺生することになる。また，水田外に飛散あるいは流出した農薬は，みぞや小川，河川の生態系を破壊する要因となる。近年，自然生態系との共生をめざした持続的・環境保全的稲作をおこなうために，天敵利用による生物的防除法や耕種的防除法❷などの技術が開発されている。

雑草の防除 水田雑草には，種子だけで繁殖する1年生雑草，種子のほかに地下茎などによって繁殖する多年生雑草，ウキクサなどの浮遊性雑草や藻類，などがある❸（図26）。一般に，1年生雑草に比べて多年生雑草のほうが，また，イネ科，カヤツリグサ科，広葉雑草の順に，除草が困難である。

❶液剤は，イネや害虫への付着がよく，持続性などの点ですぐれている。粉剤は，散布がかんたんであるが，風によって飛散しやすく効果がおとる場合がある。粒剤は，即効性には欠けるが，効果が液剤や粉剤と比べて長期にわたる利点がある。

❷病害虫の発生が多い時期を避けて作物を栽培したり，病害虫の越冬場所を取り除いたりして，病害虫による被害を少なくする方法である。

❸約90種が知られているが，そのうち，とくに防除を必要とする種は約30種である。

表5 イネのおもな病害虫とその防除法

病害虫	①発生・被害の部位 ②時期 ③助長条件	防除法
苗立枯れ病	①全体，おもに地ぎわ，根 ②苗しろ ③低温にともなった過湿	土壌消毒，温度・水管理に注意
いもち病	①葉身，葉しょう，稈，穂 ②苗しろ～登熟期 ③多窒素，高温，日照不足，多湿，干ばつ，冷水，密植	抵抗性品種の使用，薬剤散布
ごま葉枯れ病	①葉，穂，もみ ②苗しろ～登熟期 ③窒素・カリの不足や根腐れ水田	種子消毒，窒素，カリ，ケイ酸の多用，抵抗性品種の使用，薬剤散布
紋枯れ病	①葉しょう，葉身 ②生育中・後期 ③高温・多湿，密植・多肥，早植え	窒素の制限，落水，薬剤散布
しま葉枯れ病，い縮病，黄い病	①葉または全体 ②苗しろ～本田初・中期 ③暖地	ヒメトビウンカ，ヨコバイ類の駆除
白葉枯れ病	①葉 ②出穂期 ③暖地，風水害	抵抗性品種の使用，薬剤散布
センチュウ心枯れ病	①葉の先端 ②分げつ期～穂ばらみ期 ③発病田からの採種	種子消毒
ニカメイチュウ・サンカメイチュウ	①葉しょう，茎を食害 ②分げつ期～出穂期 ③多窒素	薬剤散布，回避栽培，誘ガ灯
ウンカ，ヨコバイ類	①茎葉の液を吸う ②苗しろ～登熟期 ③前年暖冬，高温・多湿	薬剤散布
ハモグリバエ，ヒメハモグリバエ，ドロオイムシ	①葉身を食害 ②苗しろ～本田初期 ③東北～北陸，低温	薬剤散布

防除の基本 除草剤による方法と除草機による方法とがある。

除草剤の散布時期は，①移植の前後，②活着後から分げつ盛期まで，③有効分げつ期の終期から幼穂発育期まで，の3つの時期に分けられる❶。除草剤の種類には粒剤のほかに，近年，投げ込み式のフロアブル剤，流し込み式の液剤などが開発され，いちじるしく省力化されている❷。

除草剤の使用にあたっては，添付の使用方法を熟読のうえ，薬害が発生しないように，施用時期，対象雑草，施用時の水深や水温などに注意する必要がある。

除草機は，中耕をかねて，植え条に沿って土壌を反転して雑草を埋め込むもので，同時に土壌中に酸素を送り，有機物の分解をうながすことにより，生育促進効果も期待できる。

除草剤を使わない防除法 環境保全型農業の1つとして，深水栽培，再生紙マルチ栽培❸，アイガモ水稲同時作，ジャンボタニシ共生栽培，水田養鯉栽培，有機資材・有機肥料（米ぬか）表面施用，などが注目されている。

ここでは，アイガモ水稲同時作，および米ぬか表面施用による除草について紹介する。

❶この3時期の処理をそれぞれ初期，中期，後期処理とよんでおり，初期処理と中期または後期処理を組み合わせて防除する場合が多い。

❷最近では，持続性がよく，適用雑草の範囲が広い除草剤が開発され，移植後5～15日の1回の施用で防除が可能となった（「一発除草剤」という）。

❸段ボール古紙などからつくった再生紙で田面をおおってから田植えをおこない，雑草の発生をおさえる栽培法。再生紙の敷設と田植えが同時にできる再生紙マルチ田植機も実用化されている。

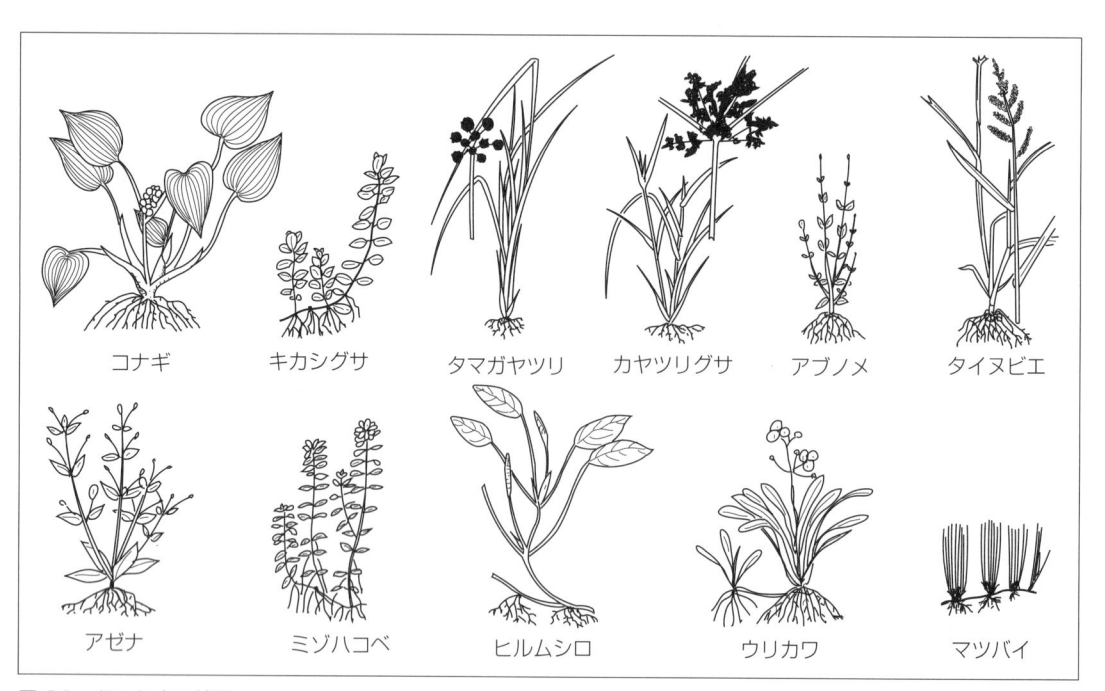

図26 おもな水田雑草　　　　　　　　　　（星川清親『食用作物』1980による）

注　ヒルムシロ，ウリカワ，マツバイは多年生雑草，ほかは1年生雑草。

コナギ　キカシグサ　タマガヤツリ　カヤツリグサ　アブノメ　タイヌビエ
アゼナ　ミゾハコベ　ヒルムシロ　ウリカワ　マツバイ

〈アイガモ水稲同時作〉

　アイガモ❶は,水田の雑草をえさとして食べるために,除草効果が期待できる。また,かくはんによって雑草が浮き上がり根づかない,水が濁って光がはいりにくくなる,ことも除草効果の要因としてあげられる。

　ひなを販売業者から購入して,2～3週間飼育する。田植え後苗が活着したら,できるだけはやい時期に水田に放飼する❷。水田には,えさ場と雨よけ場所を設け,放飼1週間目ころからえさを与える(図27)。放飼密度は10a当たり10～20羽(標準は15羽)である。イネが出穂したらアイガモを水田から引き上げ,食肉用に飼育して販売する。

〈米ぬか表面施用〉

　移植当日または翌日に,1m²当たり100～200gの米ぬかを,水深を3～5cmにして施用する(図28)。米ぬかは,水面によく広がり,数分で沈下して土壌表面を被覆する。雑草抑制効果は,土壌表面の被覆による遮光と,施用直後からの土壌表面の異常還元による発芽阻害による。

　米ぬかを1m²当たり100g以上施用すると,異常還元によって腐敗臭が出たり,イネに生育障害が起きたりする場合があるが,追肥によりかなり回復するので,米ぬかの表面施用は,農薬を使用しない除草方法として期待できる❸。

❶マガモとアヒルを交配したもので,その組合せによって成鳥重は1.2～3.5kgくらいのものまである。

❷野犬やイタチ,キツネ,ネコなどの外敵から守るために,水田の周囲を電気牧柵で囲い,幅1mの網を張りめぐらす。

❸米ぬかは有機質肥料であり,生育中・後期には肥料効果も期待できる。

図27　えさ場に集まった大きくなったアイガモ

図28　米ぬかの散布のようす

7 収穫と調製

収穫・調製作業は，ふつう，刈取り→乾燥→脱穀→もみ乾燥→調製→玄米包装の順におこなわれるが，機械の装備によって工程は異なる。大きくは，コンバイン利用によるものと，バインダ利用あるいは手刈りによるものとに分けられる（図29）。

収穫時期の判断　刈取り適期は，1枚の水田のほとんどの穂が穂軸の先端から約3分の2まで黄化し，基部には緑色が残っているころである。刈取りがはやすぎると，未登熟粒や青米が多くなる（図30）。また，登熟が進むほど粒重は増加するので，遅刈りのほうが有利であるが，おそすぎると胴割れ米や茶米が多くなったり，脱粒や倒伏による損失が多くなったりするので，適期に刈り取ることが大切である。

出穂から刈取りまでの日数は，栽培法，品種，出穂期後の気象条件（気温と日照時間）などによって異なり，短い場合には約30

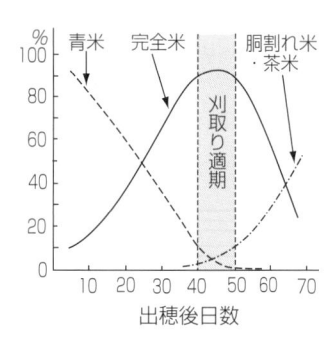

図30　完全米と青米・胴割れ米の割合
（図29と同じ資料による）

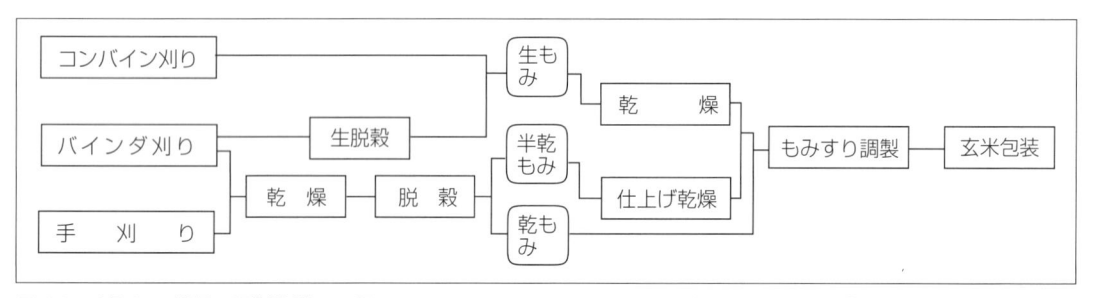

図29　刈取り，乾燥・調製作業の工程
（鹿野田司郎ほか『図解 作物』1987による）

参考　有機栽培の試みと可能性

地球規模での環境汚染が進むなかで，消費者のあいだでは安全な食品への志向が高まっている。また，生産者においても，水田生態系の保全・修復，農薬散布による健康への影響，安全性の高い農産物への消費者の要望，などに対応するために，化学合成資材を多量に使用する現代農業への反省が広がりつつある。

有機栽培とは，基本的には，農薬や化学肥料など，化学合成資材を使用しないで農作物を栽培する方法である。一般栽培と比べて労力が多くかかり，収量水準が低いために，化学肥料や農薬の使用量を減らして栽培する，減（低）化学肥料・減（低）農薬栽培も試みられている。

有機栽培では，化学肥料にかわって堆肥や緑肥などの有機質肥料を投入する。また，雑草の防除は，再生紙マルチやアイガモ，コイの放飼，米ぬか施用などでおこなう。

化学肥料による一般栽培に比べて，イネ体内の窒素含量が低く，過繁茂となりにくいので病害虫の発生は少ない。一般栽培米と比べて食味が向上するといわれ，高価格で販売される。

収穫方法

わが国では、従来のかまによる手刈りは、ほとんどみられなくなり、作付面積の約90%は**自脱コンバイン**によって収穫されている❶。残りの10%ていどは**バインダ**（動力刈取り結束機）による収穫である❷。

自脱コンバインは、刈取りと脱穀を同時におこなう（図31左）。また、脱穀後のわらを結束・放出したり、切断・散布したりする装置をそなえたものもある。含水量の高い生もみを収穫するので、玄米が割れたり、傷ついたりするおそれがあるので注意する。

バインダや手で収穫された稲束は、ふつう、脱穀を容易にするために天日乾燥される❸。乾燥によって、もみの水分含量は15〜20%まで低下し、脱穀が容易となる。脱穀は動力脱穀機でおこなうが、この作業で、しいなや未熟粒、わらくずなどが除かれる❹。

乾　燥

自脱コンバインで収穫した生もみは、20〜27%の水分を含んでいる。また、バインダや手刈りで収穫し、乾燥・脱穀したもみは15〜20%の水分を含んでいる。これを長期貯蔵したり、もみすり機にかけたりするために、もみの水分含量を14〜15%になるように火力通風乾燥機（図31右）で乾燥あるいは仕上げ乾燥する❺。

高温（40℃以上）で急速に乾燥させると乾燥むらができたり、粒の表面と中心部に水分の差が生じたりして、胴割れ米、くだけ米などが増加するので注意を要する。循環式のテンパリング❻乾燥機を使用すると、もみの乾燥むらは少なくなる。

---

❶刈り幅は0.55（2条）〜1.7m（6条）で、作業能率は7〜40a/時間である。草丈が60cm以下では、脱穀部に穂が十分に届かず、脱穀がうまくおこなえない。

❷刈り幅は0.2（1条）〜0.8m（3条）で、作業能率は7〜20a/時間である。

❸乾燥の方法には、はざかけ（→p.112図37）、棒かけ、束立て、地干しなどの方法がある。乾燥期間は、暖地では約1週間、寒冷地ではこれよりも長く、1か月を要することもある。

❹こき胴の回転は500〜550回/分が標準であるが、たねもみの脱穀は、もみに傷をつけないようにするために400回/分以下でおこなう。

❺水分含量が20%以上のもみを火力乾燥する場合は、ふつう、乾燥速度を0.8%/時間とする。

❻乾燥と中断を繰り返しながら、粒の表面と中心部の水分を平衡させて徐々に乾燥していく方法。

図31　自脱コンバインによる収穫作業（左）と火力通風乾燥機による乾燥作業（右）

また，13％以下まで乾燥しすぎると，精米のときにくだけ米が発生しやすくなる。

| 調　製 | 乾燥を終えたもみのもみがらを除く作業を**もみすり**といい，玄米を完全米と不完全米

（くず米）に分ける**選別**作業とあわせて**調製**という。

　全自動もみすり機は，回転速度の異なる2本のゴムロールのすき間にもみを通すことによって，もみがらをはぎ取るしくみになっている（図32）。ゴムロールのすき間が広すぎると作業能率が落ち，せますぎると米が砕けたり，玄米に傷がついたりして品質が悪化する。

　もみすりによってもみが玄米になる割合を，**もみすり歩合**といい，重量で80～85％，容量で50～60％である。

　調製の終わった玄米は，紙袋，麻袋，樹脂袋などに30kgずつ包装され，産地，品種，生産者名を記入して出荷される。

8 直まき栽培

| 直まき栽培の目的 | 直まき栽培は，育苗・移植をおこなわずに，直接，水田にたねもみをまいて栽培する方法である。したがって，育苗や移植作業に要する資材や労力が不要で，省力・低コスト栽培技術として位置づけられる。

　とくに近年は，米の生産過剰が続き，生産者米価が低迷し，ま

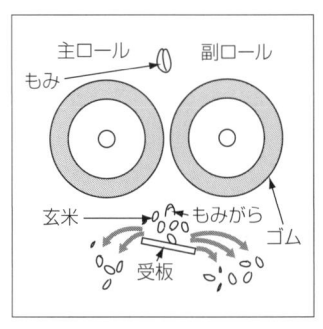

図32　もみすり機のゴムロール脱稃部　　（山下律也，1995）

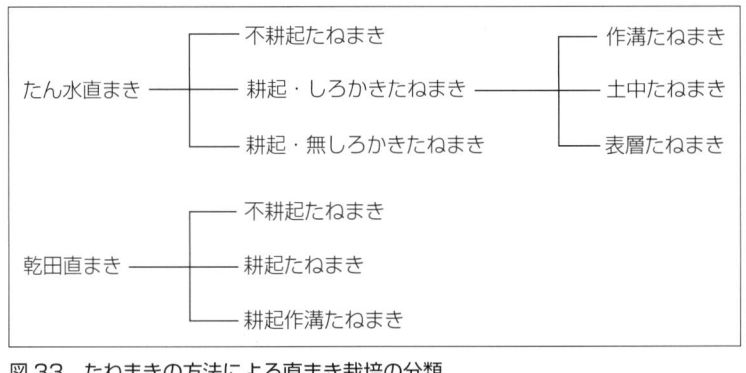

図33　たねまきの方法による直まき栽培の分類
（桃木信幸「農業および園芸」第72巻第1号，1997）

注　作溝たねまき：しろかき後に落水し，あるていど土壌が固まったのちにみぞをつくってまく。みぞ内の表面たねまきなので出芽がよく，また，自然覆土による倒伏抑制効果が期待できる。
　　表層たねまき：たん水してまく方法と落水してまく方法とがある。

た，安い輸入米が増加するなかで，米の低コスト化が求められている。一方，米の生産者の老齢化や，それにともなう市町村の中核農家への農地の集積により，稲作は大規模化する方向にあり，省力化技術が求められている。

このようなわが国の稲作を取り巻く情勢から，直まき栽培は注目され，近年，わが国特有の直まき栽培技術が，あいついで開発されている（図33）。

生育の特徴と注意点

直まき栽培では，春先の本田に直接たねまきするので，一般に，低温発芽性，低温出芽・苗立ち性，土中出芽性，ころび型倒伏❶の耐性，などの特性をそなえた品種を選択する必要がある。また，出芽・苗立ちをよくするために，砕土をていねいにおこない，地面を均平にすることが大切である。

❶根が土から浮き上がって，株もとから倒伏する。

直まき栽培は，次のような生育の特徴をもつ。

①同時期の移植栽培に比べて生育が遅れ，出穂期・収穫期がおそくなる。

②密まきである。

③育苗期間の過密状態による生育の停滞や移植による植え傷みはないが，分げつが下位節から発生する（図34）ために，穂数が多く過繁茂となり，1穂もみ数は少なく，倒伏しやすい。

このような特徴があるので，直まき栽培では，早生で密まき適応性があり，強稈で耐倒伏性のある品種を選択する。

直まき栽培では，移植栽培に比べて，雑草との競合が大きいために，雑草の防除には，とくに注意をはらう❷。

❷乾田直まき栽培では，たねまき前（非選択性除草剤の散布），たねまき直後，入水直前，たん水後の合計4回除草剤を散布する除草体系が多い。

また，幼植物の時期には鳥害や小動物の害への対策も大切である。

直まき栽培の方法

直まき栽培は，水田に水を張ってたねまきするたん水直まき栽培と，乾田状態でたねまきし，生育の途中からたん水する乾田直まき栽培とに大きく分けられる（図33）。

たん水直まき栽培 土中たねまきでは，耐ころび型倒伏性は高くなるが，酸素が不足して出芽・苗立ちが不良となる。そのために，たねもみを酸素供給資材で被覆（コーティング）してたねま

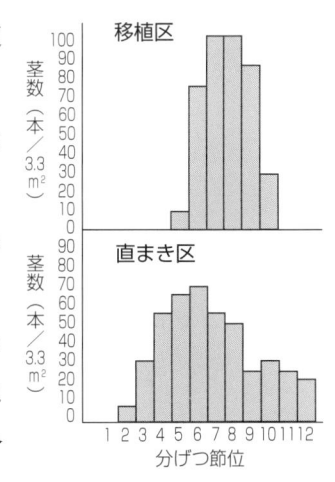

図34 移植と直まきの分げつ節位のちがい　　（片山佃による）
注　移植区は3.3m²当たり約200gまき，40日苗，3本植え。直まき区は5月15日まき，1株3本立て。

❶過酸化カルシウム16％と焼石こうなどの鉱物質84％の混合物の粉剤を，専用のコーティングマシーンを使用して，乾燥もみ重の2倍となるように被覆する。被覆後，30分〜1時間乾燥してたねまきする。コーティングは催芽したたねもみにおこなう。

きすることが多い❶（図35）。粉剤中の過酸化カルシウムは，土壌中で吸水して徐々に分解し，酸素を発生してたねもみに供給する。

乾田直まき栽培 一般に，4〜6葉期にたん水するが，耕起作溝たねまきでは，作溝機でうね立てし，みぞにたねまきした直後にたん水する。しろかきしていないので，漏水防止が必要な場合がある。

たん水直まき，乾田直まきのいずれの栽培方法についても，専用の播種機が開発されている。たねまき量は乾燥もみで10a当たり3〜6kgである。たねまき様式にはばらまき，すじまき，点まきがあるが，すじまきが多い。

耕起しろかき表面たねまきには，散粒機や無人ヘリコプタなども利用されている。また，たん水耕起・しろかき土中たねまきでは，打ち込み式の点まき専用播種機が開発されており，イネは移植栽培に近い生育相を示す。

施肥量は，たん水直まき栽培では移植栽培に準ずるが，乾田直まきでは移植栽培より20〜50％多くする。

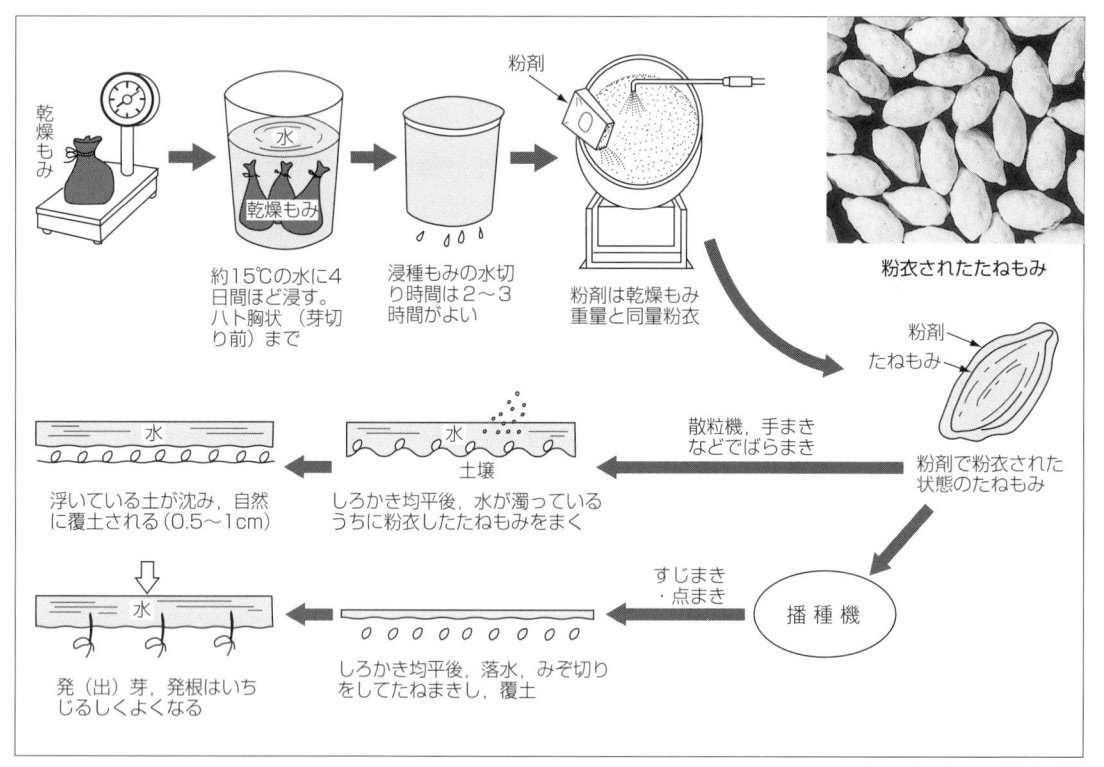

図35 粉剤によるコーティングの仕方とたねまき方法　　　　（中山正義『作物Ⅰ』1990を一部改変）

9 米の品質・規格と貯蔵

米の品質と品質検査

米は主食として毎日食べるものであるから、まず安全性に問題のないこと、デンプン、タンパク質、脂質、無機成分やビタミン類などの栄養分に富んでいることが望ましい。玄米の品質（米質）としては、検査規格に反映される1次的品質（狭義の品質）と、利用上の品質である、**とう精歩留り**（とう精歩合）、食味、貯蔵性などの2次的品質とがある。

1次的品質 玄米の水分、容積重（1ℓ当たりの重量）、整粒歩合、粒形、透明度、光沢、および粒の外観である死米や腹白、心白、乳白などの多少、被害粒や異物の混入割合などである。

これらについては、表6に示したように、等級によって最低限度値や許容最高限度値の基準が定められており、生産者が出荷するさいの米穀検査に反映される。

2次的品質 とう精歩留りとは、玄米を白米にしたときの重さの比率をいい、一般に90～92%であり、ぬかと胚の部分が除かれる。胴割れ米や心白、死米などは、とう精のさいにくだけ米となりやすく、とう精歩留りを低下させる。

食味は、近年の消費者の良食味指向を受けて、市場価格を決定する重要な特性となっている。

米の食味

米の食味には玄米や炊飯の物理的および化学的性質が関与し、これらの性質によって食味の約70%が説明できる。しかし、一般には、食味検査は**官能検査**（→ p.129）によっておこなわれている。

表6 米の検査規格の例（水稲うるち玄米及び水稲もち玄米） （農林水産省「農産物規格規程」による）

等級	最低限度			最高限度						
	整粒(%)	形質	水分(%)	被害粒, 死米, 着色粒, 異種穀粒及び異物						
				計(%)	死米(%)	着色粒(%)	異種穀粒			異物(%)
							もみ(%)	麦(%)	もみ及び麦を除いたもの(%)	
1等	70	1等標準品	15.0	15	7	0.1	0.3	0.1	0.3	0.2
2等	60	2等標準品	15.0	20	10	0.3	0.5	0.3	0.5	0.4
3等	45	3等標準品	15.0	30	20	0.7	1.0	0.7	1.0	0.6

規格外―1等から3等までのそれぞれの品位に適合しない玄米であって、異種穀粒及び異物を50%以上混入していないもの。
附：水分の最高限度は、各等級とも、当分の間、本表の数値に1.0%を加算したものとする。

食味に関与する要因としては，品種が最も大きいが，同じ品種でも栽培される地域や栽培方法，，栽培年の気象条件，さらには収穫後の乾燥方法や貯蔵方法などによっても異なる（表7）。

コシヒカリに代表される良食味品種は，玄米のアミロース❶含量やタンパク質含量が少なく，Mg/K 比が高いといわれている❷。近年，各産地の品種の食味を相対的に評価するための食味計が開発されているが，これにはアミロースやタンパク質の含量，Mg/K 比などが利用されている。

アミロース含量は品種特性の影響が大きいが，栽培条件としては低温下で登熟すると高くなりやすい。また，タンパク質含量は，窒素施肥の影響を受けやすく，窒素施肥総量が増加すると高くなる。とくに穂肥や実肥によって増加しやすい（図36）。

❶米の主成分であるデンプンは，おもに，粘性の低いアミロースと粘性の高いアミロペクチンからなり，その含有割合は食味に影響を与える。うるち米の一般品種のアミロース含量は 20% 前後であるが，良食味品種はアミロース含量が少ない。もち米のデンプンには，アミロースは含まれていない。

❷玄米のアミロースやタンパク質の含量が高く，Mg/K 比が低いと炊飯米がかたく，粘りがおとり，食味評価が低下する。

表7　米の食味要因と食味に影響する度合

（大坪研一『美味しい米　第2巻』1996 による）

要因	荷重	食味を左右する性質
品種	最大	食味のよい品種・銘柄と食味不良品種銘柄がある
産地	大	産地と銘柄の関係は，気候，土壌の条件などを含む
気候	大	登熟温度など，その年の日照，温度
栽培方法	大	早期栽培や施肥技術は，収量のみならず食味を左右する
農薬	中?	農薬の影響は明らかではないが，関係する場合もある
収穫（生脱穀）	中	機械化によるコンバインなどによる損傷，脱稃粒の混在
乾燥	大	多水分もみの火力乾燥は，食味低下と関係がある
貯蔵	大	貯蔵中の玄米水分・温湿度，貯蔵期間は，食味低下，古米化に大きく関係する
くん蒸	大?	食味の良否に関係するていどは明瞭でない
とう精	大	生産地・消費地のとう精法の差，とう精度の差
浸漬	中	吸水率の差
炊飯器	中	自動調節器の設計，火力源
蒸らし	中	蒸らし時間とその方法

図37　はざかけによる乾燥

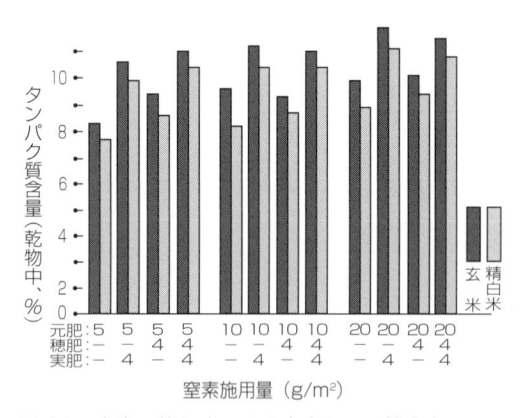

図36　窒素の施し方による玄米とその精白米のタンパク質含量のちがい

（平宏和『稲と米，品質を巡って』1988 による）

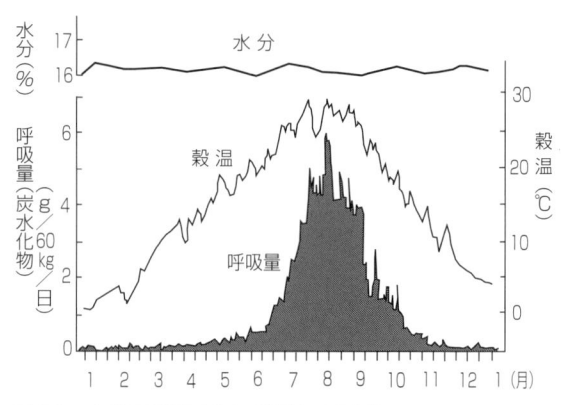

図39　玄米の呼吸量および穀温の日変化

（山下律也『農業技術大系 作物編2』1995 による）

収穫したもみの乾燥方法との関係では，急激に乾燥すると，はざかけ（図37）などによってゆっくりと乾燥させた場合に比べて，食味が落ちるといわれている。また，貯蔵により玄米の水分含量が13％以下に低下したり，脂肪が変化してアルデヒド類が生成して古米臭が強くなったりすると，食味は低下する。

完全米と不完全米 完全米は，デンプンの蓄積が十分で，その品種の特性である粒形に発達した米粒である。不完全米は，粒の形，大きさ，色などが異常な米粒で，表8のようなものがある。

米の貯蔵 米は，もみ，玄米，精米などで貯蔵されるが，世界的には，もみや精米で貯蔵されることが多い。わが国では，米穀検査を受けた玄米が，包装のまま，政府倉庫や国の指定した農業倉庫，集荷商人倉庫，官業倉庫など

図38 カントリエレベータ

表8 不完全米の種類　　　　　　　　　　　　　　　　　　　　　　　　　　　　　（星川清親，1983）

不完全米	特徴
しいな	受精後初期に発育を停止したもので，ほとんど玄米が発達していない。穂のうちでは下部の2次枝こうなどの弱勢えい花（→ p.69）に発生しやすい
腹白米 心白米 乳白米	米粒のなかで部分的にデンプンの蓄積が不十分で白っぽく見える。登熟期の異常気温（高温，低温），水不足，日照不足，台風などの影響で発生する。とくに近年では，イネの作期が全国的にはやまって登熟期が高温となるので，発生割合が多くなっている。また，心白米は粒の大きい品種に出やすく，酒米用の大粒品種*では遺伝的特性となっている
死米	米粒の登熟がかなり進んだ段階で登熟を停止したもので，光沢がなく不透明となる。干ばつや台風によるもみの脱水によって発生する
青米	果皮に葉緑体が残っているために緑色をした粒で，早刈りしたときのもみや，遅れ穂など出穂・開花が遅れたもみがなりやすい
茶米	台風などでもみに傷がつき，そこから菌が米粒の果皮に繁殖して粒の表面が褐色となる。とう精しても白米の色は汚れ，品質はおとる
焼け米	刈取り後の稲株の堆積や生もみの貯蔵で，菌が胚乳内部にまで侵入・繁殖し，褐色，赤黒色などに変色したもので，とう精しても色はとれない
胴割れ米	米粒にき裂がはいったもので，高温で乾燥しすぎたり，完熟後に雨にあったりすると発生する。とう精のさいに砕けやすい

しいな　腹白米　心白米　乳白米　死米　青米　茶米 焼け米　胴割れ米

注　＊食用品種の玄米千粒重20～24gに対して，酒米用品種は23～31gの範囲にある。

5　栽培の実際

に保管・貯蔵される。しかし，最近は，**カントリエレベータ**（図38，→ p.133）の普及により，産地ではもみで貯蔵されるようになった❶。

貯蔵中の米の変質には，米の水分，貯蔵温度・湿度が影響する。米は収穫後も呼吸しており，成分の分解が進行している。貯蔵温度が高いほど穀温が上昇し，呼吸量が増大して（図39），食味などの品質の劣化が進みやすい。また，米の水分が高いと空気湿度も上昇し，カビや細菌，害虫（コクゾウムシ，ココウゾウムシ，バクガなど）が発生しやすい。したがって，貯蔵前に十分乾燥し，貯蔵環境を低温，低湿に保つことが重要である❷。

❶もみの貯蔵は，玄米に比べて約2倍の容積を必要とする。

❷温湿度管理基準では，6〜9月の期間，低温倉庫は15℃，相対湿度75％，準低温倉庫は20℃，相対湿度80％としている。

❸品種は地域の奨励品種が望ましい。

図40　もみがらくん炭の製造

10 栽培計画と評価

栽培計画の立て方　栽培計画を立てるにあたっては，まず，その地域で栽培されている品種，作期，用水の利用可能期間，気象条件や土壌条件など，地域の稲作の実態を十分に知ったうえで目標を定めることが大切である。

目標の設定　玄米の収量や品質，出荷期などについての目標を定める。そして，それに応じた収量構成要素の目標を定める。

品種，栽培方法の決定　目標を達成するために，適した品種を選択し❸，気象条件，用水の利用可能期間，土壌条件や労働力な

参考　イネの副産物とその利用

イネは，玄米や精白米以外に，わら，もみがら，ぬかなどの副産物も，多様な用途に利用される。

わら　縄，むしろ，畳床，いすの詰めもの，しめ飾り，野菜畑の敷きわら，家畜の飼料や敷きわら，堆肥などに利用される。かつては，ぞうりやわらじ，雪ぐつなどのはきものやがん具，米を入れる俵などもつくられた。

もみがら　まくらや荷物の充てん剤として利用されるほか，育苗床の被覆資材に，また炭化したもの（もみがらくん炭，図40）は育苗資材，吸着剤などに利用される。

ぬか　多量の脂肪を含み，栄養的に良質な食用油（米油）が得られる。また，ビタミンB_1を多く含み，つけもの床の資材や，飼料，肥料としても広く利用される。

近年，米の生産調整が進むなかで，わが国の低い飼料の自給率を上げるために，ホールクロップサイレージ（茎葉だけでなく子実も含めて，サイロまたは適当な容器に詰め込み，主として乳酸発酵させたもの）用の多収性飼料イネ品種が育成され，普及する傾向にある。

どの経営条件をよく考慮して栽培方法を決定する。

栽培計画の作成　栽培する品種の特性が十分に発揮できるように，具体的な作業計画を立てる❶。計画の作成にあたっては，使用する資材や機械，施設を確認する。また，労働力の確保や配分についても考慮する。

調査・実験などの計画　苗の生育，苗の素質，移植後の草丈，茎数，葉齢の変化，収量および収量構成要素，玄米の品質，作業実施に要した時間，などについての調査・実験を計画する。

記録　作業日誌をつけるとともに，調査結果や実験の方法，そのときの天気や実施状況などは野帳にくわしく記録して保存する。

❶おもな作業には，①育苗，②本田準備，③施肥設計，④移植，⑤雑草防除，⑥病害虫防除，⑦水管理，⑧施肥，⑨収穫，⑩調製，⑪出荷，などがある。

イネつくりの評価

栽培計画にしたがって実施したイネつくりの結果がどうであったかを，調査結果にもとづいて明らかにすることは，翌年の栽培計画を立てるうえからも重要となる。目標は達成されたのか，達成されなかった場合にはどのような原因が考えられるか，それを改善するためにはどのような対策を立てればよいか，などを調査結果から考察する。

評価の手順　作業日誌や野帳の記録をもとに，作業の実施状況やイネの生育経過，収量構成要素や収量，玄米の品質などについての調査結果をまとめる。また，稲作期間の気象について，観測データや各地の気象台のデータでまとめる。パソコンなどを利用して調査結果を表にまとめるとともに，できるだけ図にして理解を容易にする。

結果と考察　まとめたデータをもとに，栽培管理は計画どおりにおこなえたか，イネの生育ぐあいや収量および収量構成要素は目標どおりであったか，また玄米の品質はどうであったか，などを明確にするとともに，実施結果についての問題点やその原因について，気象データや教科書，参考書などを活用して考察する。

まとめ　栽培管理や調査の結果から，計画の目標と異なった点について，原因や対策をまとめる。

6 生育の調査と診断

1 育苗期の生育調査と診断

(1) たねもみの診断

育苗の基本は,よいたねもみ選びにある。よいたねもみとは,次のようなものである。

(1)異品種や雑草の種子が混じっていない。
(2)もみが病害虫におかされていない。
(3)充実がよく,もみがらに傷がついたり玄米になったりしていない。
(4)貯蔵(保存)状態がよく,高い発芽率を示す。

イネでは,充実のよいたねもみを塩水(比重)選(溶液密度:うるち種 1.13g/cm³,もち種 1.10g/cm³)によって選ぶ。このさい,沈んだたねもみのなかで,傷もみや玄米の割合に注意する。これらの割合が高い場合には,採種時の脱穀のこき胴の回転速度が速すぎたことを示している(→ p.107)。充実がよく,密度の高いたねもみほど発芽率や初期生育がまさる。

● やってみよう

(1)塩水(比重)選によって沈んだもみと,浮き上がったもみのなかで水に沈んだもみを,それぞれ催芽してたねまきし,出芽率やその後の生育を比較してみよう(図1)。

出芽率(%)=出芽したたねもみ数÷たねまきしたたねもみ数×100

生育調査のようす

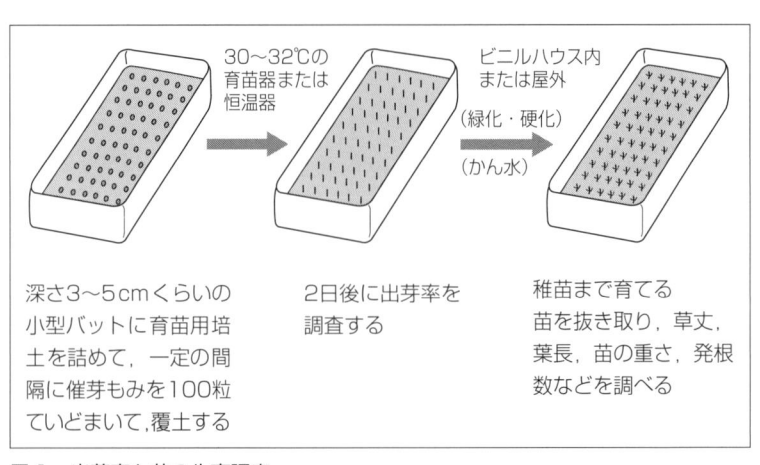

図1 出芽率と苗の生育調査

30〜32℃の育苗器または恒温器

ビニルハウス内または屋外
(緑化・硬化)
(かん水)

深さ3〜5cmくらいの小型バットに育苗用培土を詰めて,一定の間隔に催芽もみを100粒ていどまいて,覆土する

2日後に出芽率を調査する

稚苗まで育てる苗を抜き取り,草丈,葉長,苗の重さ,発根数などを調べる

(2)消毒したたねもみと消毒しないたねもみの出芽率，およびその後の生育を比較してみよう。また，病害の発生ていどを比較してみよう。

(3)玄米ともみの出芽率，およびその後の生育を比較してみよう。

(2) 床土のpHの測定

育苗用の床土の土壌酸度（pH）は，pH5〜6が望ましい。pHの測定は，次のようにおこなう（図2）。

①水田土，畑土，山土などを採取し，風乾して粉砕した土10gを50mlのビーカーにとる。

②蒸留水25mlを加えて，ガラス棒でときどきかき混ぜて1時間放置する。

③pHメータを標準液❶で調整する。

④ビーカーの中をガラス棒でかき混ぜて，濁り水状態とし，pH測定電極を液中に入れる。

⑤30秒以上経過して指示値が安定したら，pHを小数点第1位まで読み取る。

pH試験紙による方法　pHメータを使わなくても，上記④の液に市販のpH試験紙を浸して，色の変化をみることによって，おおよそのpHを知ることができる。

❶ pH7とpH4の標準液を使用する。

(3) 田植機用苗の診断方法

田植機用の苗としては，次のような素質をもっていることが重要である。

(1)生育がそろっており，目的とする葉齢の苗である。

(2)葉齢に応じた適正な草丈や葉，根の成長量である。

(3)ルートマット（→ p.92）の形成がよく，苗の取り出しや移動が容易におこなえる。

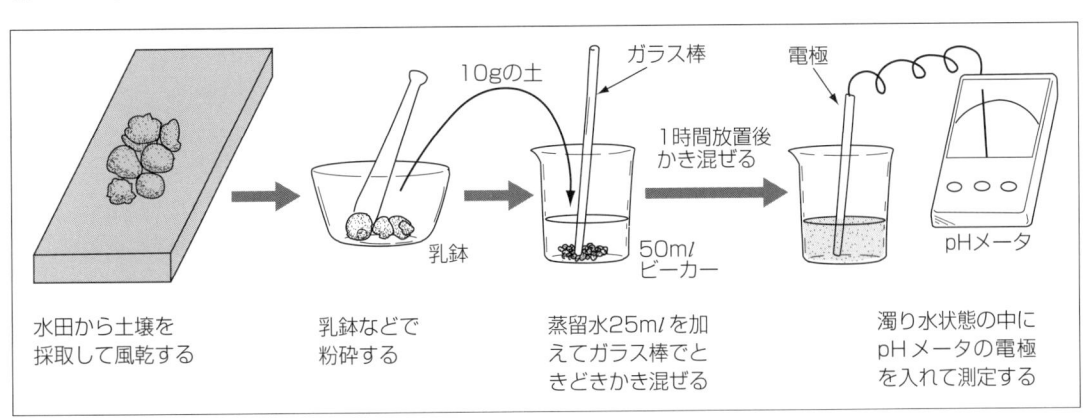

図2　土壌pHの測定

❶苗の充実度は，地上部重/草丈比によってあるていど知ることができる。

(4) 病害虫におかされていない充実した苗❶で，移植後の新根の発生に必要な養分をもっている。

(5) 乳苗では草丈が7～8cmで，胚乳養分が約50％以上残っている。

稚苗や中苗では，それぞれの葉齢に応じて，図3に示すような素質が求められる。

● やってみよう

実際に育苗した葉齢の異なる苗について，田植機用の苗としてよい素質をそなえているか，図3と比較して診断してみよう（図4）。

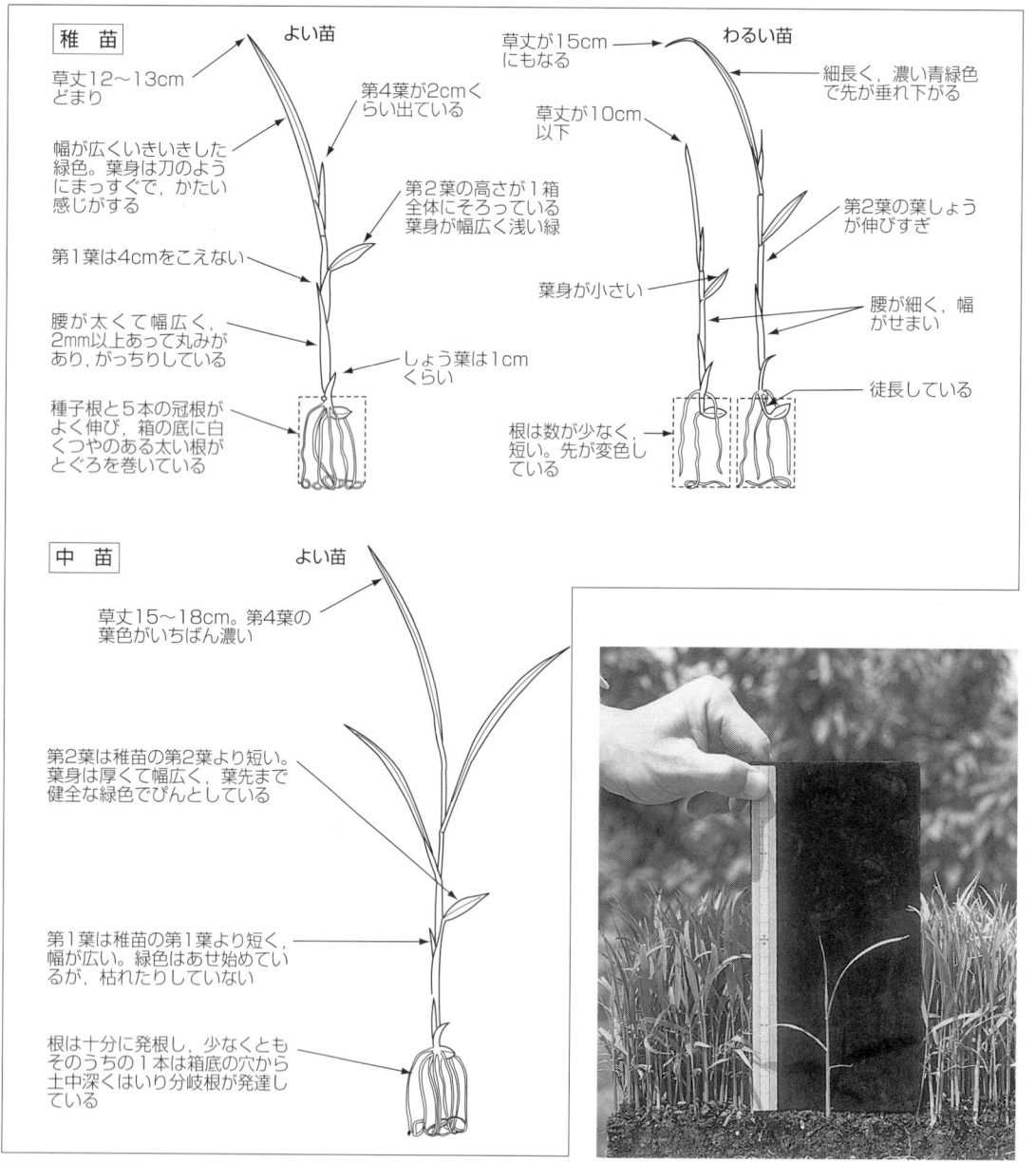

稚苗　よい苗
- 草丈12～13cmどまり
- 幅が広くいきいきした緑色。葉身は刀のようにまっすぐで，かたい感じがする
- 第1葉は4cmをこえない
- 腰が太くて幅広く，2mm以上あって丸みがあり，がっちりしている
- 種子根と5本の冠根がよく伸び，箱の底に白くつやのある太い根がとぐろを巻いている
- 第4葉が2cmくらい出ている
- 第2葉の高さが1箱全体にそろっている　葉身が幅広く浅い緑
- しょう葉は1cmくらい

わるい苗
- 草丈が15cmにもなる
- 細長く，濃い青緑色で先が垂れ下がる
- 草丈が10cm以下
- 第2葉の葉しょうが伸びすぎ
- 葉身が小さい
- 腰が細く，幅がせまい
- 徒長している
- 根は数が少なく，短い。先が変色している

中苗　よい苗
- 草丈15～18cm。第4葉の葉色がいちばん濃い
- 第2葉は稚苗の第2葉より短い。葉身は厚くて幅広く，葉先まで健全な緑色でぴんとしている
- 第1葉は稚苗の第1葉より短く，幅が広い。緑色はあせ始めているが，枯れたりしていない
- 根は十分に発根し，少なくともそのうちの1本は箱底の穴から土中深くはいり分岐根が発達している

図3　稚苗と中苗のよい苗の見分け方　　（星川清親による）

図4　苗の診断のようす

(4) 苗の発根力の調査

苗の発根力は，苗の充実度や移植後の環境条件などによって異なる。発根力を高めることは，活着をよくし，健全な生育をうながすうえで重要である。発根力は，以下のような方法で知ることができる。

(a) 葉齢の異なる苗の発根力の比較（図5）

①葉齢の異なる苗の根を基部からすべて切り取り，バットあるいはポットに，植付けの深さ2～3cm，かんがい水の深さ3～4cmで移植する。

②移植後7～10日目に根を切らないように苗を洗い出し，それぞれの苗の新根数，新根長❶などを測定して比較する。

❶総新根長（苗1本当たりの新根長を合計した値），平均新根長（総新根長／新根数）などを算出する。同じ葉齢の苗では，総新根長が長い苗ほど素質がよい。

(b) 植付けの深さのちがいによる発根力の比較

①生育のそろった稚苗または中苗を，深さ20cmくらいのバットまたはポットに，植付けの深さを1,3,5,10cmにして移植する。

②移植後7～10日目に根を切らないように苗を洗い出し，発根の状態を調査して比較する。

● **やってみよう**

かんがい水の深さのちがいによる発根力を比較してみよう。

①生育のそろった稚苗または中苗を，植付けの深さを3cmで一定にして移植する。

②かんがい水の深さを0,1,3,6,10（冠水状態）cmにして，移植後7～10日目の発根の状態を比較する。

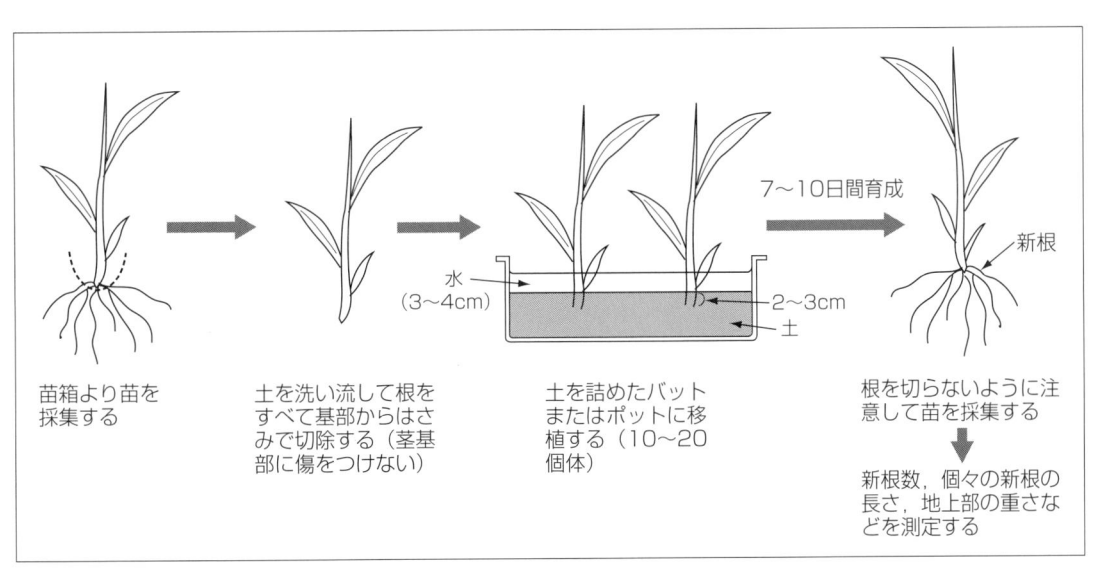

図5　苗の発根力の調査法

2 本田での生育調査と診断

(1) 生育調査の方法

移植の終わった本田では，イネが健全に育っているかどうかを知るために，さまざまな生育調査がおこなわれ，それにもとづいた診断から判断して，施肥などの管理がおこなわれる。その生育調査は，次のような方法でおこなう。

調査株の選定　①水田の対角線上に3か所を選び，同じ植付け条の連続する10株，合計30株を調査株❶とする（図6）。

②各調査株について，苗の本数を数える。調査株やそれと隣りあう株が欠株となっている場合は，植付けの深さに注意しながら補植する。調査株の周囲2条，2株には欠株がないようにする。

③各調査株の苗1本の葉身（最上位展開葉，稚苗では第3葉）に速乾性の油性ペン（黒）で印をつける❷。この苗を調査株の代表個体として，葉数や葉長の調査個体とする。草丈，茎（分げつ）数，葉身長などについて，1週間から10日ごとに調査する❸。

調査項目　①草丈は，株の葉身（出穂期後は穂も含めて）を茎に沿ってまっすぐにして，地上からその先端までの長さをはかる（図7）。葉身長については，第n葉身が抽出中のときは，第n−1葉の葉身長と第n葉の葉身長を測定する。第n葉身長については，第n−1葉の葉身と葉しょうの境を基点として，長さを測定する❹。このようにして，出穂期まで調査を継続する。

②最高分げつ期が近づくと，定期調査に加えて茎（分げつ）数の調査を2〜3日ごとに4〜5回おこない，分げつ数が最高となった時期（最高分げつ期）を記録する。

③調査株の止葉展開日，出穂開始期，出穂期，穂ぞろい期，および水田全体の出穂期，穂ぞろい期を調査する。

❶調査株の条および株は，必ず外側から3条目および3株目より内側とする。

❷生育とともに葉が次々出るので，2週間ごとくらいに新たに印をつける。葉位が上がり葉身の幅が広くなったら，葉位を示す数字を記入すると便利である。

❸草丈や葉身長の測定には，扱いやすく曲がりやすい竹製のものさしを使用するとよい。

❹イネでは，葉身が展開するとそれ以上は伸長しないので，展開後は測定の必要はない。

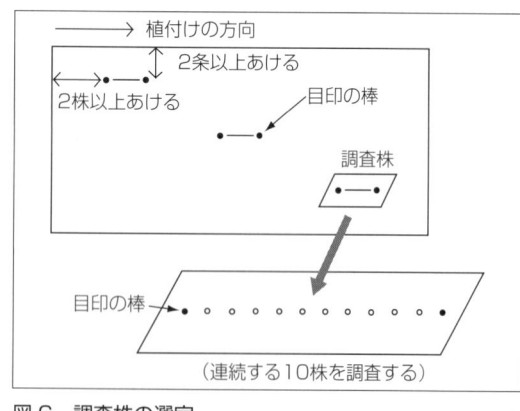

図6　調査株の選定

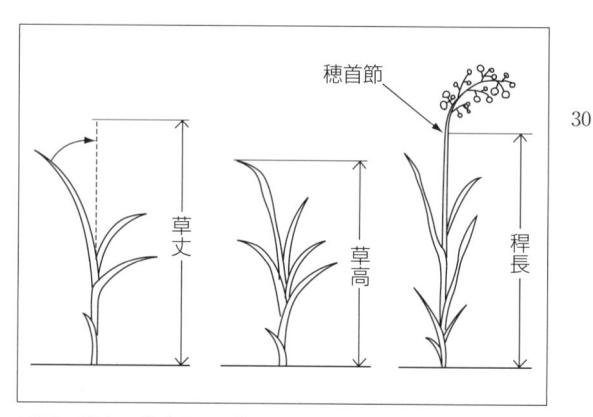

図7　草丈，草高および稈長の測定法　　（鯨幸夫，1995）

④出穂期後7〜10日をへて、稈が伸長を停止した時期に、稈長（調査個体の稈長と株当たりの最長稈長）を測定する。稈長は地上から穂首節までの長さである（図7）。

⑤生育調査日には、調査株を中心に病害虫の発生状況も記録する。

(2) 葉による栄養診断

イネの葉の出葉速度や形（長さ、幅、厚さ）、葉色などは、生育しているイネの栄養状態や栽培環境を診断するうえで重要である。

(a) 葉の形、葉色による診断

生育中のイネの栄養状態は、イネの葉身の形態や葉色にはっきりあらわれる。したがって、葉身の長さや幅、葉色❶や葉のかたさによって、栄養状態を診断し、施肥などの管理に生かすことができる（図8）。

● **やってみよう**

新鮮な葉を採取し、図8をもとに診断してみよう。

なお、葉位別にみた葉身は、葉位が上がるほど長くなり、止葉から第3〜4番目の葉位で最も長くなる（→p.65）。したがって、ある葉位の葉身長が、その葉より1枚下の葉より短くなったとすれば、なんらかの障害を受けたことを示している。

(b) 出葉速度による診断

出葉速度とは、1枚の葉の葉身が抽出を始めてから展開するまでに要する日数のことである。上位の4〜5枚目は7〜8日であるが、それ以下の葉では4〜6日と短い❷。したがって、生育前期の分げつ期における出葉速度が4〜6日よりもおそくなると、栽培環境になんらかの不都合が生じていることになる。

❶株の葉色は、上位第2葉の中央部を葉色板にあてて、同じ色の番号を読み取る（→カラー口絵p.4）。ふつう、10株以上をはかり、その平均値を出す。

群落の葉色は、茎葉で田面がかくれるていどの距離（生育初期は約7m、後期約3m）において、太陽を背にして立って測定する（表1）。できるだけ曇天・無風の午前中におこなうようにする。

❷このように、出葉速度が変化する時期を出葉転換点という。

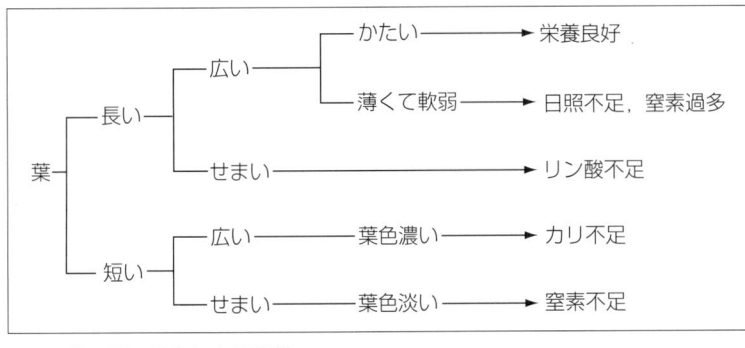

図8 葉の形、葉色による診断
（松島省三・角田公正『最新稲作診断法』1969より作図）

葉
- 長い
  - 広い
    - かたい → 栄養良好
    - 薄くて軟弱 → 日照不足、窒素過多
  - せまい → リン酸不足
- 短い
  - 広い → 葉色濃い → カリ不足
  - せまい → 葉色淡い → 窒素不足

表1 イネ群落の葉色の基準値の例（品種：コシヒカリ）

生育段階	葉色
最高分げつ期	4.0〜4.5
出穂 35日前	3.0〜3.5
出穂 25日前	3.0
出穂 15日前	3.0〜3.5

（福島県農業試験場による）

出葉速度は，葉の栄養状態，とくに葉色（窒素含量）と関係が深く，葉色が濃い（窒素含量が高い）ほど出葉速度がはやい。

分げつ期の出葉速度の低下は，分げつ発生数の低下をもたらす（→p.63「同伸葉同伸分げつ理論」）。

(3) 分げつによる診断

移植された苗から分げつが出始める時期や節位は，苗の葉齢によって異なる。また，同じ葉齢の苗でも，苗の素質や移植後の栽培環境によって異なる。移植された苗から最初に分げつが出た日（初発分げつ日）は，活着に要した日数の判定に利用できる。

(a) 初発分げつ日による診断

素質のよい乳苗，稚苗，中苗を移植すると，葉齢の若い苗ほど一般に分げつの発生がはやく，初発分げつ節位は乳苗2～3節，稚苗3～4節，中苗4～5節となる。しかし，同じ葉齢でも素質のわるい苗ほど初発分げつ日が遅れ，発生節位が高くなる[1]。

● **やってみよう**

(1) 葉齢の異なる苗を育成して移植し，初発分げつ日とその分げつ節位を比較してみよう。

(2) 稚苗を用いて，植付けの深さや移植後のかんがい水深などをかえて栽培し，移植後の初発分げつ日とその分げつ節位を比較してみよう。

(b) 分げつ盛期における診断

分げつ盛期ころに，水田から根をできるだけ切らないようにして調査株を数株採集する[2]。採集した株の根についた土を水道水で洗い流し，株の苗を1本ずつに分ける（図9）。そして，それぞれの苗につい

[1] 苗の植付けの深さや移植後のかんがい水深，温度（水温），日照時間などによっても，初発分げつ日や節位は影響を受ける。

[2] 調査株を採集するときに，水深や周囲の欠株の有無，水口からの距離などを記録しておく。

表2　分げつ調査表

株番号－個体番号	草丈(cm)	葉齢	1次分げつ発生節位	分げつ数			発根数
				1次	2次	合計	

図9　分げつの調査

て，表2の項目を調査し，調査表を作成する。

　これらの調査結果から，主茎葉齢と1次分げつの発生節位の関係が，「同伸葉同伸分げつ理論」に従って出現しているかどうかを調べる。「同伸葉同伸分げつ理論」より分げつの出現が遅れている場合には，肥料不足や苗の深植え，深水，日照不足などが考えられる。栽培環境と分げつ出現の関係について考察してみよう。

(c)有効分げつと無効分げつの診断

　分げつ発生数は，収量構成要素の穂数を決める重要な要因である。しかし，発生した分げつがすべて有効分げつ（→ p.64）となるのではなく，かなりの割合の分げつは無効茎として枯死する。株当たりの有効茎，すなわち穂数がどれくらいになるかをはやく知ることは，目標収量を実現するための栽培管理を適正におこなうためにも必要である。

　有効分げつと無効分げつを最もはやく診断できる時期は，最高分げつ期から10日ほど過ぎたころである。次のような方法で診断してみよう。

(1)調査株の草丈に対して，3分の2以上の草丈をもつ分げつは有効分げつ，以下の草丈をもつ分げつは無効分げつとなる（図10）。

(2)青葉数が4枚以上ある分げつはすべて有効分げつとなり，2枚以下のものはすべて無効分げつとなる。青葉数が3枚の分げつでは，葉が大きくて葉色が濃いものが有効分げつとなる。

● **やってみよう**

①最高分げつ期後10日目ころに，生育が平均的な株を調査株として選び，その株の草丈とすべての茎（分げつと主茎）の長さと青葉数を調べる。

②各分げつの草丈や青葉数から，有効分げつ（茎）歩合を推定してみよう❶。

（4）ヨウ素デンプン反応による栄養診断

　葉しょうにはデンプンが蓄積されるので，これをヨード・ヨードカリ液で染めてみると，その染まり方によってデンプンの蓄積ていどを知ることができる。

　また，デンプン含有率が高くなると窒素含有率は低くなるので，体内のデンプンの蓄積ぐあいを知ることによって，窒素栄養の状態を知ることもできる。

　これを利用して，幼穂発育期の追肥（穂肥）の施用時期や施用量を判断するめやすとすることができる。また，穂肥の施用時期は下位節

❶推定有効茎歩合（％）
$= \dfrac{\text{推定有効茎数}}{\text{1株の全茎数}} \times 100$

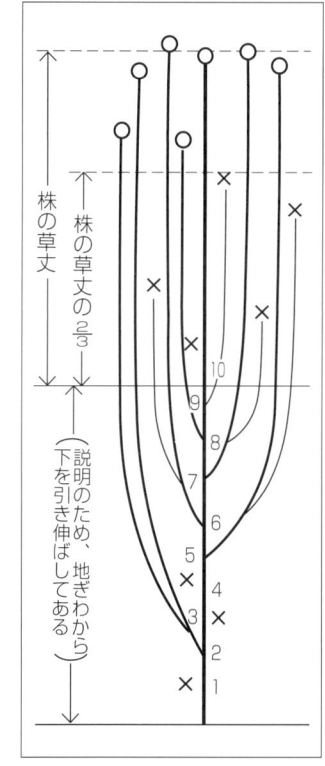

図10　草丈による有効分げつと無効分げつの診断の仕方
（星川清親『イネの生長』1983を一部改変）
注　成苗手植えの場合。○：有効分げつ，×：無効分げつ。

間の伸長時期でもあるので，栄養状態の的確な判断は，下位節間の伸長による倒伏を防止するうえからも重要である。

ヨウ素デンプン反応による栄養診断は，次の手順でおこなう（図11）。

①穂肥の施用時期に，水田のなかから平均的な10株を選び，主茎またはそれに近い太い茎を各株から1本選ぶ。

②上から3番目の葉しょうを基部から取り出し，手でもむか，木づちでたたいて組織をやわらかくする。

③1％ヨード・ヨードカリ液❶を50倍くらいに薄めた液に，5〜10分間つける。

❶ヨード1g，ヨードカリ3gを100mlの水に溶かしたもの。

④葉しょうを取り出し，水洗いして，葉しょうが黒紫色に染まっている部分の長さ（a）と葉しょうの長さ（b）を測定する。

⑤染色率（％）＝ a ÷ b × 100 を10本の茎について求め，平均値を算出する。

染色率が50％以上では，デンプンの蓄積が多く，葉色がさめているので，穂肥の効果が大きい。染色率が10％以下では，デンプンの蓄積がほとんどなく，葉色は濃いので，穂肥の効果は少なく，かえってマイナスとなる。染色率が20％ていどでは，デンプンの蓄積が少ないので，穂肥の施用時期を遅らせる。

● やってみよう

①幼穂発育期（出穂30，20，10日目）に穂肥（窒素）を施用し，施用日と施用後約1週間目に，ヨード・ヨードカリ液による葉しょうの染色率の変化を調べてみよう。

②成熟期に茎の長さ，各節間長を比較するとともに，穂肥の施用時期によって収量構成要素や収量がどのような影響を受けたかを調査してみよう。

図11 ヨウ素デンプン反応

(5) 根の調査と診断

移植されたイネの苗が分げつし，成長するのにともない，多数の冠根が発生・伸長し，根群を形成する❶。

冠根は，発生後の齢が進むと白色の根の基部に分岐根が発生し，やがて根の先端部の数 mm を残して酸化鉄が沈着し，褐色となる。さらに，生育中・後期以降には土壌が還元状態となり，硫化水素や有機酸が生成すると，いろいろな障害にあった根が出現する。

根の張り方や分岐根，根毛の発生ていどは，土壌の酸素供給量が多いほど良好となる。

❶根群は発生時期，すなわち齢を異にする多数の根から構成されている。

(a) 根の新旧と活力の診断

根群を構成する根の新旧の見分け方にはいくつかの方法があるが，図12に一例を示す。この基準では，Ⅰ根からⅣ根となるにしたがって根の活力は低下する。また，出穂期以降はⅠ根やⅡ根はみられない。

● **やってみよう**

幼穂形成期から出穂期ころの株を，根をできるだけ切らないように抜き取り，根の新旧や不健全な根を観察してみよう。

(b) 健全な根と不健全な根の診断

生育中期以降には，図13のような不健全な根がみられる。これらの異常根は，いずれも健全根に比べて活力がおとる。

(c) 出液速度による根系の活力診断

水田において，根系を掘り出さずに茎基部の切り口からの出液速度

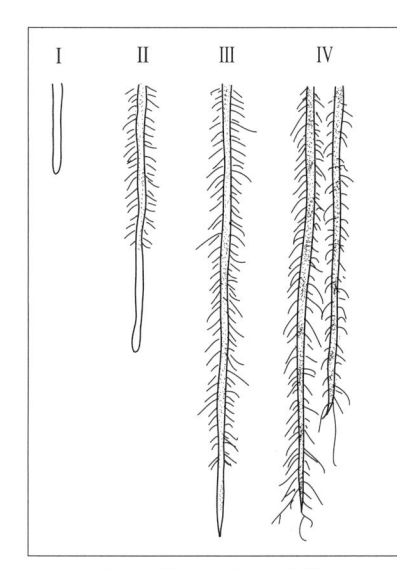

Ⅰ根　乳白色でまだ分岐根の発生がみられず，一見して新根と思われる根で，根長は約10cm以下である。
Ⅱ根　根全体の40～60％にあたる先端部は全くⅠ根と同様であるが，基部は黄色ないし淡褐色をおび，分岐根を発生している。根長は10～20cmのものが多い。
Ⅲ根　先端2～5cmはⅠ根と同様であるが細い。他の部分は分岐根の発生が多く，一般に黄褐色ないし赤褐色を呈する。根長はⅡ根より長い。
Ⅳ根　全体的に汚れた褐色を呈し，分岐根が先端部まであるが，基部では分岐根の脱落した形跡がみられる。根の多くは，もろくなって途中で切れてしまって黒化していたり，腐敗して透明になっていたりする。

図12　根の新旧を見分ける基準　　　　　　（馬場越・稲田勝美，1958）

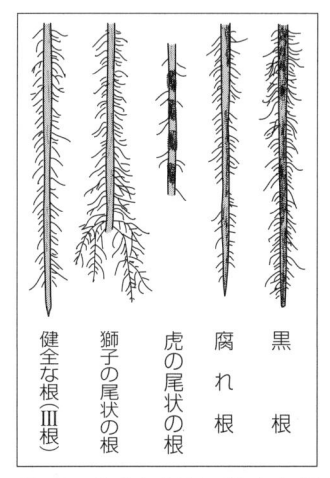

図13　健全な根と不健全な根
（稲田原図）

注　獅子の尾状の根：先端部が障害を受けて成長を停止し，そこから多数の分岐根が発生している。虎の尾状の根：ところどころに酸化鉄の膜がついている。腐れ根：腐って半透明となり，根の中心柱組織が外側からみられる。黒根：赤褐色の根のところどころが黒くなっている。

を測定することによって、根系の活力をかんたんに診断できる（図14）。

● **やってみよう**

①幼穂形成期、出穂期、登熟中期ころの平均的な10株について、図14のような手順で出液速度を測定してみよう。

②測定後に根株を掘り取り、根の新旧や外部形態を観察してみよう。

(6) 幼穂の診断

(a) 幼穂の発育と出穂期の予測

幼穂の分化や発育のようすを知ることは、出穂期を予測し、冷害などの気象災害への対応や穂肥の施用時期の決定など、適正な栽培管理をおこなううえで重要である。

幼穂の分化期や発育期は、葉齢指数❶、幼穂の長さ、出穂前日数などで知ることができる。幼穂の長さは図15の方法ではかる。葉齢指数、幼穂の長さ、出穂前日数のあいだには、表3のような関係がある。

❶葉齢指数＝主茎葉齢÷最終主茎葉齢×100で求められ、主茎の葉齢が、その品種の主茎の最大葉数の何％まで進んでいるかを示す指数。

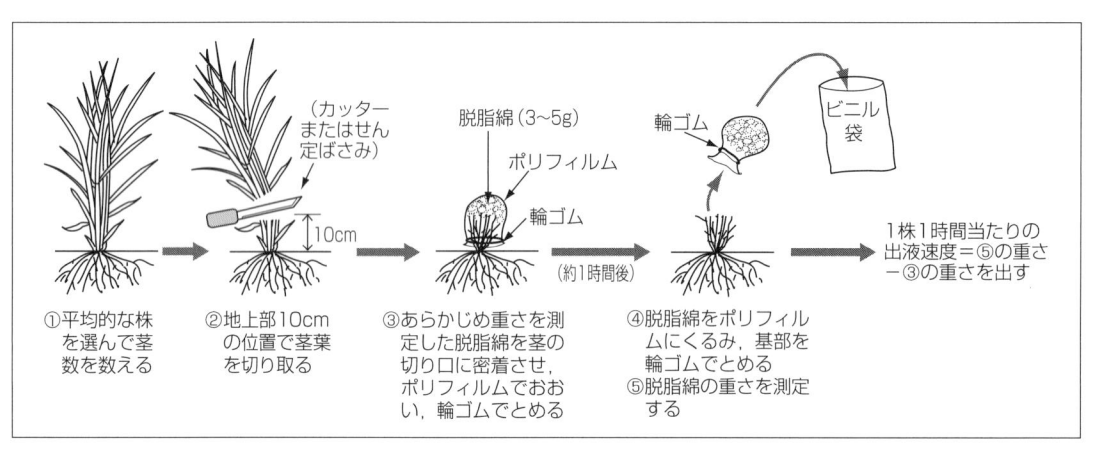

図14 出液速度の調査手順

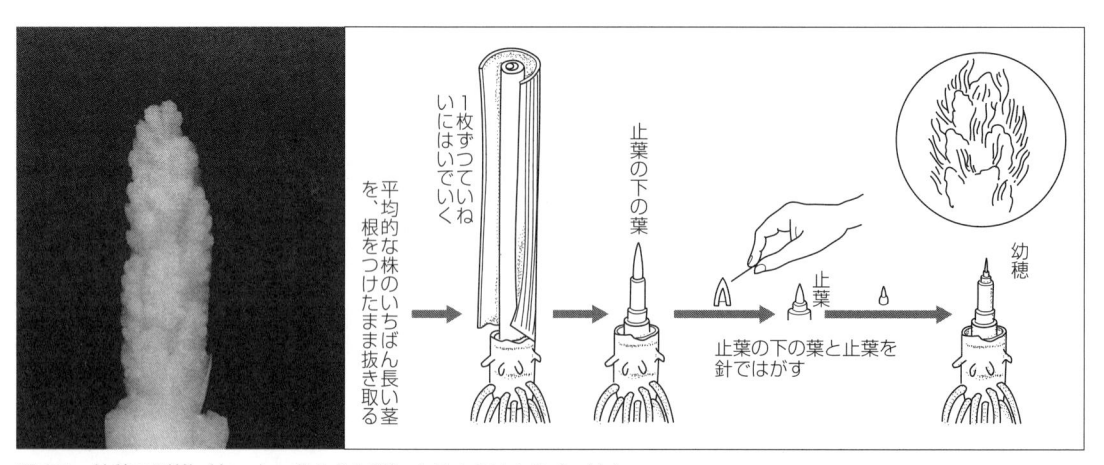

図15 幼穂の形態（左、えい花分化初期）と長さのはかり方（右）

また，減数分裂期は葉耳間長❶によって知ることができ，葉耳間長 − 10cm のころに減数分裂期が始まり，0 のとき最盛期となり，+ 10cm のころに終了する（図16）。

● **やってみよう**

　出穂25日前（止葉の1枚下の葉の抽出開始期）ころから，幼穂の長さや葉耳間長を測定して，出穂期を予測してみよう。

(b) **1穂えい花数の予測**

　イネの第1伸長節間（図17）の太さと1穂えい花数とのあいだには，相関（比例）関係❷がある。この関係をあらかじめ求めておくと，その品種について第1伸長節間（最下位に位置する伸長節間❸）の太さが決定する時期（出穂期20日前くらい）に，1穂えい花数を予測することができる❹。

● **やってみよう**

　出穂期に1株のすべての茎について，第1伸長節間の太さと1穂えい花数を調べてグラフにし，その関係を求めてみよう。

3 収量調査と栽培の評価

(1) 収量調査の方法
①代表株の選定と調査

　水田のなかで生育が中ていどの場所を選び，さらに平均的な株を20株刈り取る。刈り取った株を1週間ていど乾燥し，穂数を数えて1株当たりの平均穂数を算出する。ついで穂首直下から穂を切り離し，穂重を測定し，平均1株穂重を算出する。

❶止葉の葉耳と，その下の葉（第2葉）の葉耳との間隔をいう。

❷第1伸長節間の太さ（長径と短径の平均，mm）を x，1穂えい花数を y とすると，たとえば，$y = 4.7x + 13$，$y = 4.87x + 6.4$ といった関係が得られている。

❸節間長が5mm以上に伸長した節間。

❹第1伸長節間の太さが6mm以上（6mm以下は無効茎とみなす）の茎の太さの和を求め，同じ方法を適用しても予測できる。

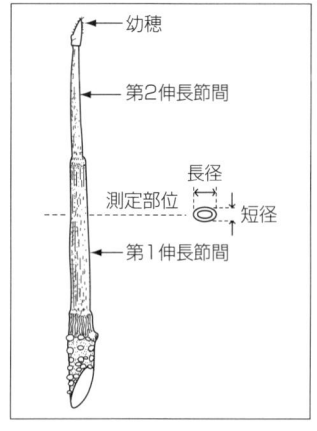

図17　えい花分化期での第1伸長節間とその太さの測定位置
（角田公正・松島省三，1957）
注　葉しょうと根を除去したもの。

表3　葉齢指数，幼穂の長さ，出穂前日数と幼穂の発育段階との関係

幼穂の発育段階		葉齢指数（%）	幼穂の長さ（mm）	出穂前日数（日）
幼穂形成期	幼穂分化期	77	−	32
	1次枝こう分化期	81〜84	−	
	2次枝こう分化期	85〜86	0.9	
	えい花分化初期	87	1.0〜1.5	25
	えい花分化期	88〜92	1.5〜15	
穂ばらみ期	減数分裂初期	97	40〜60	15〜13
	減数分裂後期	98	100〜200	10
	花粉形成開始期	100	全長	

（松島省三『水稲収量の成立と予察に関する作物学的研究』昭和32年，星川清親『イネの生長』昭和50年により作成）

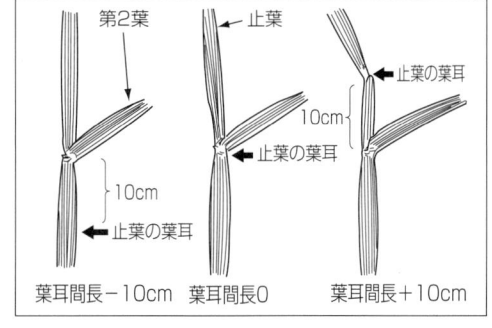

図16　葉耳間長の見方　（松島省三による）
注　止葉の葉耳が，第2葉の葉耳と同じ位置にあるときは0，上に出ているときはプラス，第2葉の葉しょう内にあるときはマイナスとする。

そして，1株当たりの穂数と穂重が平均値に最も近い3株を選び，平均1穂もみ数，登熟歩合，玄米1粒重の測定をおこなう代表株とする。この代表株のわら重を測定する。代表株3株のもみを1株ごとに手で脱穀し，枝こうや芒を除き，もみ数を数える。

②収量構成要素の算出

1m²当たりの穂数＝調査株の平均1株穂数×1m²当たりの株数❶

平均1穂もみ数＝代表株3株の全もみ数÷全穂数

登熟歩合 脱穀した代表株3株のもみを，1株ごとに溶液密度$1.06g/cm^3$（もちでは$1.03g/cm^3$）の塩水に入れてよくかき混ぜる。浮き上がったもみや，塩水の途中に浮かんでいるもみ（しいなやくず米）を除き，沈んだもみ（精もみ）をざるに移す。十分に水洗いしたのち，乾燥してもみ数を数える。

登熟歩合（％）＝沈んだもみ数÷全もみ数×100　として求め，3株の平均値を出す。

また，浮き上がった不受精もみ❷の割合を求める。

玄米1粒重　精もみ200〜300粒を簡易もみすり器で玄米にして重さをはかる。水分計で測定し，水分含量15％に補正した値を求める。

玄米1粒重＝玄米重÷測定粒数　として求め，3株の平均値を出す。

③収量の算出

上記の②で求めた各収量構成要素をかけあわせて，収量を算出する。

● **やってみよう**

(1) 学校農場の水田1枚ごとに収量調査をおこなってみよう。

(2) 代表株を選定する場所や時期を変えて収量を算出し，その値に差がみられるか調べてみよう。

---

❶水田の対角線上に沿って，植付け条の総数の 1/4, 1/2, 3/4 番目の条と交わる3地点で，連続する11条および11株の距離を測定し，それぞれを10で割って条間および株間の平均値を算出する。

1m²当たりの株数＝10,000cm²（1m²）÷［平均条間（cm）×平均株間（cm）］

❷受精をしなかったもみで，内容物がほとんどなく，指でさわって判定できる。

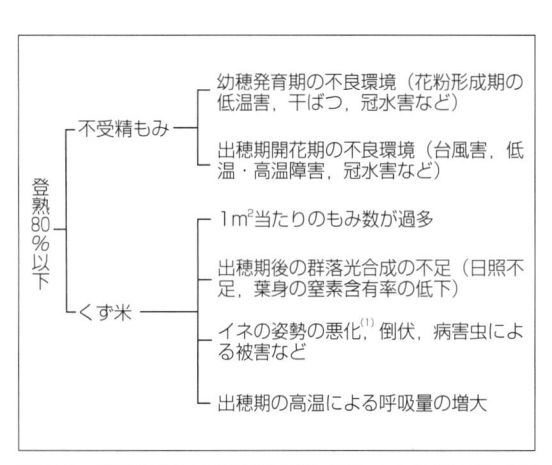

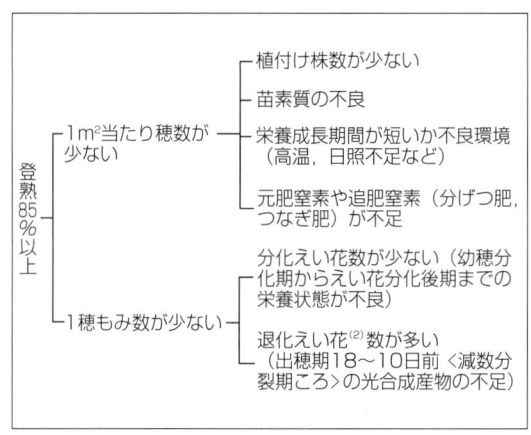

図18　登熟歩合による登熟不良（左）ともみ数不足（右）の原因

登熟歩合80％以下
- 不受精もみ
  - 幼穂発育期の不良環境（花粉形成期の低温害，干ばつ，冠水害など）
  - 出穂期開花期の不良環境（台風害，低温・高温障害，冠水害など）
- くず米
  - 1m²当たりのもみ数が過多
  - 出穂期後の群落光合成の不足（日照不足，葉身の窒素含有率の低下）
  - イネの姿勢の悪化(1)　倒伏，病害虫による被害など
  - 出穂期の高温による呼吸量の増大

登熟歩合85％以上
- 1m²当たり穂数が少ない
  - 植付け株数が少ない
  - 苗素質の不良
  - 栄養成長期間が短いか不良環境（高温，日照不足など）
  - 元肥窒素や追肥窒素（分げつ肥，つなぎ肥）が不足
- 1穂もみ数が少ない
  - 分化えい花数が少ない（幼穂分化期からえい花分化後期までの栄養状態が不良）
  - 退化えい花(2)数が多い（出穂期18〜10日前〈減数分裂期ころ〉の光合成産物の不足）

注(1) 上位3葉の葉身長が長く，湾曲する。
　(2) 枝こうやえい花が途中で発育を停止し，えい花が形成されなかったり，えい花が十分に発育しなかったりしたもの。

(2) 栽培の評価―結果と考察

収量は，とくに1m²当たりのもみ数の多少と登熟歩合の高低に影響されるが，もみ数が多くなると登熟歩合が低くなる関係にある。

登熟歩合80%以下の場合 登熟不良の原因を明らかにする（図18左）。一般に，次のような登熟歩合を上げる栽培方法の改善が必要である。

(1)登熟に必要な出穂15日前から出穂後25日目の気象条件が最適となるように，品種，作期を選定する。

(2)出穂期後の群落光合成量をさかんにするために，穂肥や実肥を施用して葉色の低下を抑えるとともに，病害虫の防除や倒伏に注意する。

登熟歩合が85%以上の場合 もみ数が不足していることが多いので（図18右），次のような，もみ数を増やす栽培方法の改善が必要である（図19）。

(1)植付け株数が適正であったかどうかを見なおすとともに，苗の素質の向上に努める。

(2)元肥の施用量や追肥（分げつ肥，つなぎ肥，穂肥）の時期および施用量を改善する。

4 食味の官能検査の方法

官能検査（財団法人日本穀物検定協会による）による米の食味評価方法は，表4のとおりである。標準的な食味官能試験は，次のようにおこなう。

①滋賀県湖南産の日本晴（検査等級1等品）を基準米として，各地で生産された水稲品種の米を，同じタイプの電気がまを使用して，同一の方法で炊飯する。

②検定米の外観，香りを基準米と比較する。

③基準米を1口食べて味，粘り，かたさを確認し，口を水ですすいだのち，検定米を1口食べて，基準米と味，粘り，かたさを比較する。

④検定米の各項目について，基準米と比べて評価する（表5）。

⑤5項目を総合しての評価（総合評価）によって，相対的な食味評価をおこなう。

食味評価にあたる人は，年齢構成や男女比がかたよらないように12名選定される。

各地域で実施する場合には，その地方の標準的な方法で栽培された一般品種を基準米として，新品種や新栽培方法で栽培した米の食味を，同じ方法で検定するとよい。

図19 植付け株数，施肥が適性で，登熟歩合が高く収量の多いイネのすがた

● **やってみよう**

(1) 自分の住んでいる市町村でつくられている米の代表的な品種の食味を比較してみよう。

(2) 現在栽培されている品種と古い品種の食味を比較してみよう。

(3) 標準栽培米と無肥料栽培米の食味を，実肥を施用した米としない米の食味を比較してみよう。

(4) 新米と古米の食味を比較してみよう。

表4 （財）日本穀物検定協会の食味評価法の概要　（大坪研一，1996を一部改変）

対象米[1]	各道府県の主要品種について産地および品種を選定
基準米	コシヒカリと日本晴をブレンドした協会独自の基準米
加水量	精米600gに水798g（精米重量の1.33倍）。米の水分は13.0%を基準とし，水分0.1%につき1.2gを増減する 米の質による補正は，硬質米はそのまま，超硬質米（四国，九州）と北海道産米は12g増（水分13.0%），軟質米は12g減（水分13.0%）とする
炊飯	電気がまを使用する
評価項目	外観，香り，味，粘り，かたさ，総合評価の6項目 評価は基準米を0点とし，基準米とわずかにちがう　±1 　　　　　　　　　　　　　　　　すこしちがう　±2 　　　　　　　　　　　　　　　　かなりちがう　±3
食味ランク[2] 特A	基準米と比較してとくに良好なもの
A	基準米と比較して良好なもの
A′	基準米と比較しておおむね同等のもの
B	基準米と比較してやや劣るもの
B′	基準米と比較して劣るもの

注 (1) 毎年，生産状況に応じて評価の対象を入れ替えている。
　 (2) 5段階に分けて評価し，毎年「食味ランキング」として発表している。

表5　米飯の食味試験評価用紙

注
● 外観：米粒がくずれず白くつやのあるもの（図20）がよい。
● 香り：新米特有のかすかな香りが好まれる。
● 味：粘りやかたさ，米の成分含量によっても左右されるが，あきずに長期間食べられることが米飯のもち味である。
● 粘り：あるていどまでは強いほうが好まれる。
● かたさ：好みによるちがいが大きい。
● 総合評価：以上を総合して評価する。

No.	色										
	基準より不良				基準と同じ	基準よりよい				
	きょくたんに不良	たいへん不良	かなり不良	少し不良	わずかに不良		わずかによい	少しよい	かなりよい	なかなかよい	きょくたんによい
評点	-5	-4	-3	-2	-1	0	1	2	3	4	5
外観											
香り											
味											
粘り			粘りが弱い					粘りが強い			
かたさ			やわらかい					かたい			
総合評価											

（記入上の注意）該当箇所に○印をつける。

図20　米粒がくずれずつやのある米飯

7 稲作経営, 米流通の特徴と改善

1 稲作経営の特徴と課題

経営形態と経営規模　イネは北海道から沖縄まで,すべての都道府県において栽培されている。わが国の水田面積は約240万haであるが,米(主食用米)の消費量の減少や生産調整の影響などにより,作付面積は約160万haである(平成29年)。水稲の販売農家数は約82万戸(平成29年)であり,販売農家1戸当たりの平均水田面積は2ha前後である。

作付面積の規模別農家戸数をみると,1ha未満の農家が全農家戸数の70%近くをしめ,5ha以上の農家割合は4.7%である(表1)。

作付規模の大きい稲作農家は,北海道,東北・北陸地方に多く,これらの農家では水稲だけを栽培する**単一経営**が多い。一方,作付規模の小さい農家では,水稲と野菜や畜産などとを組み合わせた**複合経営**が営まれていることが多い(図1)。

水田の利用形態　水田の利用方法には,**イネ単作**のほかに,イネ—ムギ,イネ—野菜,イネ—飼料作物,イネ—葉タバコなどの多様な**二毛作**がある。また,西南暖地の一部ではイネ—イネの二期作栽培が可能である(→ p.86)。近年は,米の生産調整のために水田の乾田化を図り,転作作物としてダイズなどの畑作物が栽培されることも多い。

労力と生産費　わが国の稲作は,多くの資材と家族労力を投入して,集約的に営まれてきた。しかし,

表1　水稲の作付面積規模別農家数　　　　(単位:1,000戸)
(「平成29年農業構造動態調査」による)

収穫面積	合計	1ha未満	1.0～2.0	2.0～3.0	3.0～5.0	5.0～10.0	10.0ha以上
農家数	817	552	144	48	35	25	14
(%)	(100)	(67.5)	(17.6)	(5.8)	(4.3)	(3.0)	(1.7)

図1　水稲の単一経営地帯(上)と複合経営地帯(下)の水田
注　上は水稲だけが栽培されている平地の水田,下は水稲と野菜(雨よけトマト)などが栽培されている中山間地域の水田。

近年，米の内外の価格差が問題になったり，生産米価が低迷したりするなかで，稲作の省力・低コスト化が望まれている。

労働時間 昭和30年以降のトラクタや耕うん機，昭和40年以降の田植機，バインダ，コンバイン，防除作業機，火力乾燥機，などの開発・普及による作業の機械化や，高度な除草剤や化成肥料の普及などにより，平成28年の稲作農家の10a当たりの総労働時間は平均22.6時間となっている（表2）。これは昭和35年の総労働時間（173.9時間）の7分の1以下である。また，作付規模が10ha以上の農家の総労働時間は，14.3時間と平均時間の約2分の1となっている❶。

生産費 10a当たりの生産費（平成28年）は，約11万円で労働費，農機具費の比率が高い（表3）。この生産費はアメリカ合衆国の約10倍である❷。1日当たりの家族労働報酬（平成28年）は平均4,933円であるが，作付規模が大きい農家ほど高く，5ha以上の規模では15,885円となっている。

機械・施設の利用

わが国の稲作は機械化によって省力化が図られてきたが，作付規模が小さいために過剰投資となり，労働費のしめる割合も高い。今後，さらに生産費を少なくするためには，あわせて生産費の50％以上をしめる労働費と農機具費を削減する必要がある。

これを解決する方策には，作付規模の拡大と，農業機械や施設

❶現在の労働時間の作業別内訳をみると，育苗，耕起・整地，移植，水管理，収穫作業などに，相対的に多くの時間を要している。

❷米の商業的生産がおこなわれているアメリカ合衆国のカリフォルニア州では，10a当たりの労働時間は2〜3時間である。

表2 作業別米生産労働時間（10a当たり）
（「平成28年産米及び麦類の生産費」による）

作業区分	昭和35年	昭和50年	平成28年
育苗いっさい(1)	9.9	7.1	3.1 (2.9)
本田耕起・整地	17.0	9.2	3.3 (1.9)
田植え(2)	33.4	15.7	3.7 (2.6)
除草	26.7	8.4	1.2 (0.7)
水管理	22.0	9.9	6.0 (2.7)
刈取り・脱穀	57.4	21.8	2.9 (1.9)
乾燥・もみすり	5.8	5.1	1.2 (1.0)
生産管理(3)	1.7	4.0	1.2 (0.6)
合計	173.9	81.2	22.6 (14.3)

注 (1) 種子予措を含む。(2) 元肥施用を含む。(3) 追肥＋病害虫防除＋その他。
（ ）内は10.0ha以上の栽培農家。

表3 米生産費（10a当たり）
（表2と同じ資料による）

項目	金額（円）	比率（％）
物財費	77,127	69.1
種苗費	3,695	3.3
肥料費	9,313	8.3
農業薬剤費	7,464	6.7
光熱動力費	3,844	3.4
その他の諸材料費	1,942	1.7
土地改良および水利費	4,313	3.9
借損料および料金	11,953	10.7
物件税および公課諸負担	2,297	2.1
建物費	4,146	3.7
自動車費	3,862	3.5
農機具費	23,872	21.4
生産管理費	426	0.4
労働費	34,525	30.9
費用合計	111,652	100.0

の共同利用による利用効率の向上とが考えられる。前者については，水田の賃貸借や受委託などによる大規模化が進行している。

後者については，地縁的な共同作業化や集団栽培化による，組織的な農業機械・施設の共同利用がおこなわれるようになった。共同利用される農業機械は，大型トラクタ，乗用田植機，コンバイン，薬剤散布機などであり，共同利用施設は，育苗施設❶，もみの共同乾燥調製施設❷，共同乾燥調製貯蔵施設❸などがおもなものである。

2 米の生産と消費・流通の特徴

生産と消費

生産　わが国の米の生産量は，明治10年代には400万～500万tていどであったが，その後開田や土地改良により作付面積が増加し，生産量は増大した。また，10a当たりの収量は，明治時代中ごろには200kg前後であったが，昭和初期には300kg台となり，さらに昭和40年代にかけて400kgとなり，現在は約530kgとなっている（図2）。

❶出芽室，緑化室，硬化室をそなえ，専任の管理者をおいて，田植機用の苗を緑化または硬化終了時まで育苗する。農家は緑化苗あるいは完成苗を購入して移植をおこなう。共同施設の採算性を考えると，施設の反復利用が高く，施設面積が少なくてすむ緑化までの育苗が有利である。最近では，施設の効率化を図るために，乳苗が注目されている。

❷農家が収穫・乾燥したもみを，仕上げ乾燥，もみすり，選別，包装して検査をおこなう。ふつう，農協が所有・運営しており，ライスセンターとよばれる。

❸収穫したもみを乾燥・調製後，乾燥貯蔵庫に，もみのまま貯蔵しておき，要請に応じて出荷直前にもみすりをおこなうもので，カントリエレベータとよばれる。

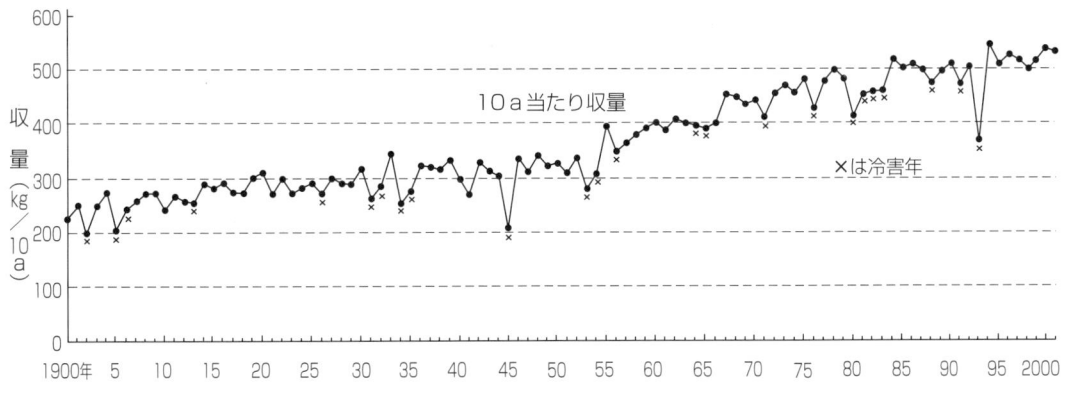

図2　水稲の10a当たり収量，および労働時間，時間当たり収量の推移

とくに戦後のめざましい収量の向上は，育苗技術の進歩，耐冷性，耐肥性品種の育成，化学肥料の進歩と施肥量の増加，施肥技術の改善，農機具や新農薬・除草剤の開発，かんがい設備などの土地改良，などによるところが大きい。その結果，昭和30年以降は，年間1,000万t以上の生産を上げるようになった。

消費 米の国内消費仕向量（平成28年度864.4万t）は，主食用，加工用，種子用，飼料用などとして消費されるが，このうち主食用が約88%をしめている。主食用の消費量は昭和37年をピークに，その後は経済成長にともなう食の高度化・多様化によって低下した（→p.56）。その結果，生産量，在庫量が消費量を大きく上回るようになり，昭和46年からは，政府による生産調整（減反政策）が半世紀近くにわたって続いた（平成29年産まで）。

加工用としては，みそ，しょうゆ，酒，菓子類などに消費量の数%が使用されているが，平成7年度からのミニマム・アクセス❶にもとづく輸入米が，かなり使用されている。種子用，飼料用は消費量のいずれも1%以下である。

❶ガット（関税と貿易に関する一般協定）のウルグアイ・ラウンド農業合意にもとづき，米の輸入制限を平成7年から6年間免れるかわりに，その間，最低これだけは輸入するという約束。平成28年度の輸入量は91.1万tである。

| 米の流通と販売 | わが国の米は，長いあいだ食糧管理法（食管法，昭和17＜1942＞年公布）にもとづ

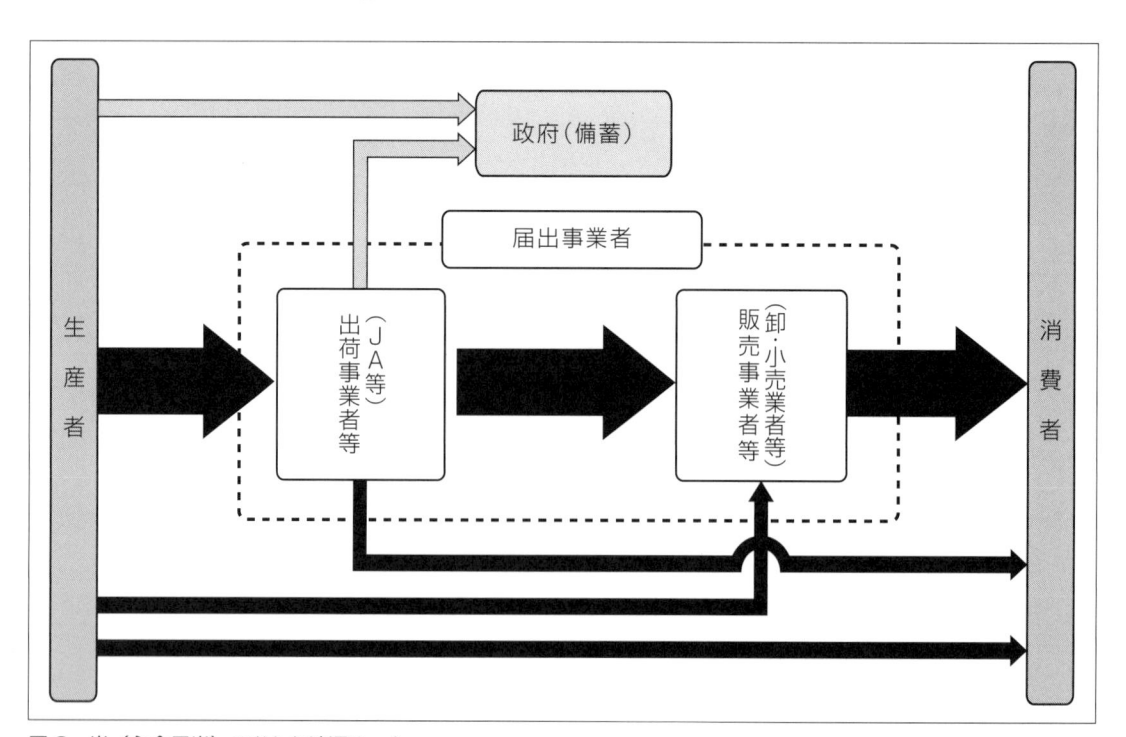

図3 米（主食用米）のおもな流通ルート
注 政府の備蓄米は，通常は主食用としての売却はしないで，大不作などの緊急時にのみ主食用にも供給。

き，流通と価格が政府によって管理されてきた。しかし，昭和44年には，米の在庫増加などを背景として自主流通米❶制度が導入され，さらに平成7（1995）年の食管法廃止，**食糧法**❷の施行によって，わが国の米流通は市場原理にゆだねる方式へと大きく転換した。食糧法では，生産者による米の直接販売も認められた❸。その後，平成16年には食糧法が改正され，従来の計画流通米（政府米，自主流通米）と計画外流通米という区分から，政府により備蓄される政府米とそれ以外の民間流通米という区分のみになり，そのおもな流通ルートは図3のようになっている。

こうしたなかで，近年では，消費者のおいしい米や安全・安心な米への要求が高いことから，有機栽培や適正施肥，減農薬・無農薬栽培（→ p.15）などに取り組み，その生産履歴を公開するとともに，消費者を栽培現地に招いて交流を深めたり，米の地場消費の拡大に力を注いだりして，産地直送（産直）や地産地消を中心とした販売ルートを開拓している生産者も少なくない。

世界の米生産と輸出入

世界の米の生産量 2000年における世界の米の生産量（もみ）は，約6億tで（表4），トウモロコシ，コムギについで多い❹。とくに，中国とインドは，それぞれ世界の米の32％，22％を生産しており，両国で50％以上に達する。また，1960年の米の生産量（もみ）は2.15億tであったので，この間の米の生産量の増加がいちじるしいことがわかる（図4，→ p.57「参考」）。

❶政府が流通や価格決定に介入しないで，指定集荷業者の自主性に任せて流通させていた米で，昭和44年産米から制度化された。一般に，政府米と比べて食味のよい品種を扱い，価格は自主流通米価格形成センター（現米穀価格形成センター）によって決定された。

❷正式名称は「主要食糧の需給及び価格の安定に関する法律」。

❸従来，食管法に違反して流通していたいわゆる「ヤミ米」は食糧事務所長に届出をすれば，計画外流通米として流通が認められた。

❹近年の精米ベースの生産量は，約4.8億t（2015／16年）に達している。

表4 米の国別生産状況（2000年）（FAO 'Production Year Book' 2002による）

順位	国名	生産量（もみ，1,000t）	収穫面積（1,000ha）	収量（kg/ha）
1	中国	190,168 (31.8)	30,503 (19.8)	6,234
2	インド	134,150 (22.4)	44,600 (29.0)	3,008
3	インドネシア	51,000 (8.5)	11,523 (7.5)	4,426
4	バングラデシュ	35,821 (6.0)	10,700 (7.0)	3,348
5	ベトナム	32,554 (5.4)	7,655 (5.0)	4,253
6	タイ	23,403 (3.9)	10,048 (6.5)	2,329
7	ミャンマー	20,000 (3.3)	6,000 (3.9)	3,333
8	フィリピン	12,415 (2.1)	4,037 (2.6)	3,075
9	日本	11,863 (2.0)	1,770 (1.2)	6,702
10	ブラジル	11,168 (1.9)	3,672 (2.4)	3,041
	世界	598,852 (100)	153,766 (100)	3,895

注 生産量が上位10位までの国について示した。

図4 増加する世界の米生産（焼畑でのイネ栽培，ラオス）

❶ふつうの固定品種と異なり、雑種第1代（F_1）の種子を利用する。一般に、1穂もみ数が多く、多収となる（中国では普通品種に比べて15〜30%多収）が、収穫した種子を栽培する（F_2）と形質が分離するために、毎年、種子を購入する必要がある。F_1種子の生産には、花粉が不稔の系統（雄性不稔系統）が利用される。

❷生産量に占める輸出量の割合で、ダイズ42%、コムギ24%、トウモロコシ12%、米9%（2015／16年の数値）である。

❸わが国の米の輸入量は、近年では90万t前後となっている。おもな輸入先は、アメリカ合衆国、タイ、中国、オーストラリアなどである。

1ha当たりの収量（もみ）は約3,900kgである。現在、イネの収量はオーストラリア、エジプト、韓国、アメリカ合衆国、日本、中国などで高く、いずれも1ha当たり6,000kg（もみ）をこえている。中国では、近年、インド型のハイブリッドライス❶の育成と普及により、収量を大きく伸ばしている。

米の輸出入　アメリカ合衆国やオーストラリアなどのように米の輸出を目的に栽培される一部の国を除くと、米は自国で消費される割合が高く、貿易率❷は9%ていどと小さい。この点は、ダイズやコムギと対照的である。おもな輸出国は、インド、タイ、ベトナム、パキスタン、アメリカ合衆国、ミャンマー、カンボジアなどである。

一方、おもな輸入国は中国やバングラデシュ、インドネシア、フィリピン、中近東諸国、アフリカ諸国などである❸。

3 新しい稲作経営をめざして

（1）水田の機能を生かした複合経営へ

水田の土壌は、たん水されるため大気と遮断され、酸素の補給はきわめて少なく、還元状態となる。一方、畑の土壌は、大気の拡散が自由なので、酸化状態に保たれる。このような土壌条件の差によって、水田と畑に生息する微生物や雑草は大きく異なる。

したがって、水田状態と畑状態とを繰り返して耕地を利用すると、土壌病害や雑草を抑えることができ、また土壌の理化学性が改善される。さらに、野菜栽培などで塩類が土壌中に多量に蓄積した畑では、水田にすることで除塩効果が期待できる。この土地利用方式を**田畑輪換**といい、このような作物栽培を田畑輪換栽培（→p.15）あるいは水田輪作という。

近年、農業従事者の高齢化や後継者不足から、稲作の共同作業化や集団栽培化、さらには水田の賃貸借などによる大規模化が進みつつある。このような稲作形態では、いずれも機械化が進められるので、余剰となった労力や農業機械の効率的利用を図るために、土地利用型作物である麦類、ダイズ、飼料作物を組み込んだ田畑輪換による複合経営が可能である❸。田畑輪換栽培は、病害

❸田畑輪換栽培では、畑から水田状態としたときに、土壌窒素の無機化量が増加し、さらに根域が拡大して生育後半の根の活力が高く保たれるために、イネは増収することが多い。

虫や雑草を農薬によらずに抑制できる環境保全型の栽培法であり，消費者の求める食の安全性の点からも評価できる。

(2) 収量と品質・食味の両立

　米の需給バランスがくずれ，過剰生産が続くなかで，わが国の稲作農家は，収量を増やすことではなく，いかに高品質な良食味米を生産するかが求められている。しかし，今後のわが国の稲作経営の方向としては，省力・低コスト化による高品質・良食味米の生産とともに，品質を低下させることなく収量の向上を図ることも，労働生産性や土地生産性向上のうえから重要である❶。

　多収化を図るためには，良食味・耐肥性品種の選択とともに，窒素の施用量を増やすことが必要である。しかし，耐肥性品種は一般に食味評価が低く，窒素の多施用は，玄米中のタンパク質含有量を増加させ，食味を低下させる。

　高収量性と高品質・良食味を両立させるためには，それぞれの産地の立地条件によく適合し，窒素の玄米生産能率❷の高い品種育成とともに，深耕，堆肥の施用による地力の向上や，水管理法などの栽培管理面からの検討が必要である。

❶現在のわが国の10a当たりの平均収量は約500kgであるが，いままでに1,052kg（昭和35年，秋田県工藤雄一氏）の多収が記録されている。

❷10a当たりの玄米収量を吸収全窒素量で割った値で，吸収された窒素が玄米を生産する能率を示す。

(3) 付加価値を高めた生産・加工販売

　米の減反政策が進むなかで，水田の機能を生かし，新しい米の需要を開発し，消費者の多様な要求にこたえ，米の消費拡大を図ることが求められている（図5）。農林水産省のプロジェクト研究（平成元〜6年）としておこなわれた，**新形質米**の開発もその1

図5　米の加工の工夫例（各種の作物を生かした白がゆ）

● **やってみよう**

米こうじは清酒，みそ，みりんなどの製造に広く用いられている。ここでは，天然の甘味飲料である甘酒をつくってみよう。
①うるち米5カップに水20カップを加えて，電気炊飯器でかゆをつくる。
②かゆができたら，ふたをあけて電気炊飯器の中で70℃くらいまで冷まし，米こうじ8〜10カップを加えてかき混ぜる。
③電気炊飯器を保温にして，10〜12時間そのままにして糖化をうながす。その間4〜5時間おきにかき混ぜる。
糖化の進み方を数時間おきに糖度計で測定して，グラフにしてみよう。

つである。

　そのなかで，形，大きさ，色，香り，成分，物性など，さまざまな形質をもつ品種が開発された。低アミロース米，高アミロース米，低タンパク質米，巨大胚米，香り米，有色素米，大粒米，小粒米，糖質米などである。これらは，目的に応じて，加工米飯，食事療法用飯米，酒や菓子の原料などに利用される。また，巨大胚米の胚芽中のビタミン類やアミノ酸化合物，有色素米のポリフェノール類などには，医学的利用が期待されている。

　これらの新形質米のうち，香り米や有色素米などは気象的に中山間地に適することから，中山間地農業の振興のために，地域の特産品としてさまざまに加工されて販売されている。

● **やってみよう**

　ちまきは，もち米，ササやマコモの葉，イグサなどを利用したもちの一種である。地域の植物資源を活用して，ちまきをつくってみよう。

　①もち米をといでよく水を切り，三角に折り曲げたササの葉に大きなさかずき1杯分くらいの米を入れて口を折り，もう1枚のササの葉を三角にかぶせて包み，水でぬらしたイグサなどで縛る（図6）。ゆでると米がふくれて破れることがあるので，ゆるめに結んでおく。

　②1晩水につけておく。翌日なべに水をたっぷり入れて，水のうちからちまきを入れ，火にかける。

　③2時間くらいゆでると，米が三角のもちのようにむっちりとする。きな粉やしょうゆをつけて食べる。

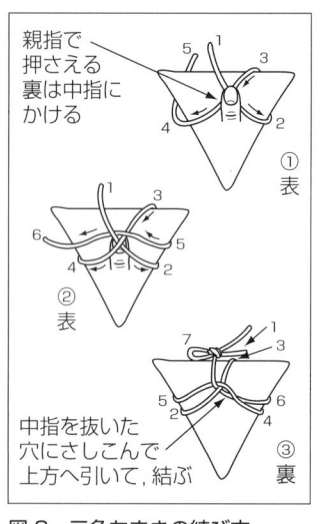

図6　三角ちまきの結び方

参考　新形質米の香り米と有色素米

香り米　ポップコーンに似た独特の香り（主成分はアセチルピロリン）を有する米。香りが強く，ふつうのうるち米に混米して利用される種類と，香りが弱く，それだけで利用される種類とがある。

世界的に，パキスタンやインド北部・北西部で生産されるバスマティなど，値段の高い米として有名である。

わが国では高知県が主産地であり，栽培面積は324ha（平成12年度）である。

有色素米　タンニン系の赤米とアントシアニン系の紫黒米とがある。

色素はともにぬか層にあるので，完全にとう精すると白米となる。したがって，色素を含むぬか層の部分を少し残してとう精するなどして，赤飯，赤もち，赤酒，あるいは菓子の原料などに利用される。

第4章

麦　類

各種コムギ（下：左からエンマコムギ，デュラムコムギ，一粒コムギ），普通コムギの穂発芽（上）

第4章

1 麦類の特徴と利用

学名：表1参照
英名：コムギ wheat，オオムギ barley，
　　　ライムギ rye，エンバク oat
原産地：西アジアもしくは地中海周辺
利用部位：子実，茎
利用法：食用（製粉），醸造など食品加工，飼料
主成分：炭水化物，タンパク質
主産地：コムギ＝北海道，福岡県，群馬県
　　　　2条オオムギ＝佐賀県，栃木県
　　　　6条オオムギ＝福井県，宮城県
　　　　ハダカムギ＝愛媛県，香川県

コムギ（左）とビールムギ（右）の穂

❶イネ科作物の先祖は，いまから約1億3,500万年前に出現し，イネが高温・多湿地帯に適応していったのに対し，麦類は冷温地帯に適応していった。

表1　麦類の分類

コムギ
1粒系　1粒コムギ
（*Triticum monococcum* L.）
2粒系　デュラムコムギ
（*Triticum durum* Desf.）
普通系　普通コムギ
（*Triticum aestivum* L.）
｛硬質コムギ
軟質コムギ
チモフェービ系
（*Triticum timopheevi* Zhuk.）
オオムギ
（*Hordeum vulgare* L. emend. Lam.）
カワムギ（皮麦）
｛6条種（オオムギ）
2条種（ビールムギ）
ハダカムギ（裸麦）
｛6条種（ハダカムギ）
2条種　まれである
ライムギ（*Secale cereale* L.）
エンバク（*Avena sativa* L.）

1 種類と特徴

　麦類とは冬作のイネ科食用作物の総称で，コムギ，オオムギ，ライムギ，エンバクが含まれる（図1，表1）。わが国では，コムギと，3種のオオムギ（6条オオムギ，ハダカムギ，2条オオムギ〈ビールムギ〉）とを統計上，**四麦**（よんばく）として取り扱っている。

　コムギ，オオムギ，ライムギ，エンバクの原産地は，いずれも西アジアもしくは地中海周辺の冬雨地帯にあり，一般に生育の初期に冷涼な気温にあわないと出穂しない❶。

図1　おもな麦類（左から，コムギ，6条オオムギ，2条オオムギ，ライムギ，エンバク）

麦類の生産は，コムギが世界の穀物生産量（約21億t）の約29％をしめており，オオムギ，エンバク，ライムギを含めると約38％に達し，麦類が非常に重要な食用作物であることがわかる。
　わが国では，コムギとオオムギの生産が中心であるが，その自給率は10％に満たず，生産の拡大が求められている（→ p.14）。

2 栄養と利用

　麦類は，米と同様に炭水化物や良質のタンパク質が豊富で，脂質やビタミンB，各種のミネラルなどの供給源ともなり（表2），世界の多くの地域で主食用穀物となっている。
　麦類の用途は，種類によっていろいろに分かれている。
　普通コムギ　製粉したときの，粗タンパク質の含有量（とくにグルテン含有量）と粉の性質とによって，用途が表3のように異なる。グルテン含有量の多い小麦粉を**強力粉**，少ないものを**薄力粉**，両者の中間のものを**中力粉**という。また，コムギ粉は**硬質粉**と**軟質粉**および**中間質粉**に分けられる❶。
　2粒系のデュラムコムギは，スパゲッティなどに利用される。
　オオムギ　6条オオムギ（カワムギ，ハダカムギ）は精麦し，米と混ぜて食用とされてきたが，最近は加工用の利用が増えている。2条オオムギは**ビールムギ**といわれ，粒が大きく，ビール醸造用原料❷やウイスキーの原料として用いられる。
　ライムギ　黒パンの原料，醸造用原料として利用される。
　エンバク　オートミールなど食用とするほか，飼料用となる。
　また，麦作には風食防止，土壌改善などの多様な効果（→ p.157）がある。さらに，麦類のわら（麦わら）は，野菜や果樹のマルチ材料，わら加工などにも用いられる。

表3　小麦粉の種類と用途

区別	種類	粗タンパク質含有量	硬・軟質別	用途
普通系	薄力粉	7.0％以下	軟質	菓子，料理
	中力粉	8.0％以上	中間質	めん，菓子
	準強力粉	11.5％以上	半硬質	食パン，菓子パン
	強力粉	11.8％以上	硬質	食パン
2粒系	デュラム	−	−	スパゲッティ，マカロニ

❶小麦粉を顕微鏡でみた場合，透明なガラス破片に似た結晶状のタンパク質が多数みられるものを硬質粉，小さい丸いデンプン粒が多数みられるものを軟質粉，両者の中間のものを中間質粉という。硬質粉となるコムギを硬質コムギ，軟質粉となるものを軟質コムギという。

❷醸造用原料としては，大粒で発芽がよくそろい，タンパク質含有量の少ないことが求められる。ビールムギは，ビール会社によって品種が決められ，契約栽培とするのが一般的である。

表2　麦類（コムギ）の食品成分
（可食部100g中）

エネルギー	337kcal (1,410kJ)
水分	12.5g
炭水化物	72.2g
タンパク質	10.6g
脂質	3.1g
灰分	1.6g
カリウム	470mg
カルシウム	26mg
マグネシウム	80mg
食物繊維総量	10.8g

（「七訂日本食品標準成分表」による）

2 麦類の一生と成長

1 種子と発芽

種子　麦類の子実（図1）は，イネと同じように外側をえいに包まれている。コムギ，ハダカムギ，ライムギは容易にえいがはがれる（脱稃という）が，カワムギ，エンバクははがれにくい。

種子は，胚と胚乳からできている（図2）。胚には葉と根の原基（幼芽と幼根）がある。胚乳には，発芽のさいに幼芽と幼根が成長するための素材やエネルギー源となる養分がたくわえられている。

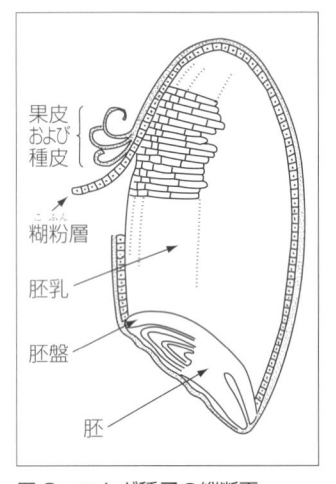

図2　コムギ種子の縦断面（Akhroydj ほかによる）

図1　麦類の子実（左から，コムギ，6条オオムギ〈カワムギ〉，6条オオムギ〈ハダカムギ〉）

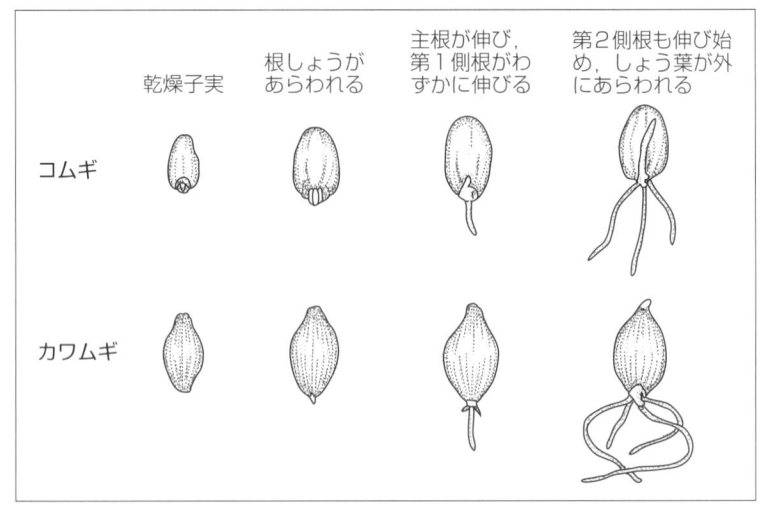

図3　出芽の状態（左）と種子の発芽過程（右）

■ 発 芽　　麦類の種子は，水分を吸収し適度な温度になると，胚が活動を始め，果皮を破ってまず根しょうがあらわれ，ついで主根が伸び，しょう葉❶があらわれる。

　根しょうがやや伸びると，これから主根（種子根）が発生し，つづいて胚軸の両側から一対の第1側根が出てくる（図3）。この主根と側根は，種類によってちがうが，ふつう3～6本である。

　発芽の適温は25℃前後で，最高40℃，最低0～2℃である（表1）。水分条件は，コムギでは種子の約40％（風乾重比）の水分を吸収したときに発芽がよく，過湿❷になると発芽率が低下する。発芽時の酸素要求度はイネよりも大きく，麦類が畑作物であることの特徴を示している。

❶子葉しょう，幼葉しょう，幼芽しょうともいう。

❷カワムギは，子実とえいとのあいだに水の被膜ができると呼吸が抑えられるため，とくに過湿の影響を受けやすい。

2 葉・茎・根の成長

■ 葉・茎の成長　　麦類（コムギ）の生育経過とおもな作業を図4に示す。発芽時には，まずしょう葉が伸び，ついで第1葉が出る。第1葉はイネとちがって葉身と葉しょうをもっている。その後，第2葉，第3葉と出葉するが，葉の出方にはイネと同様の規則性がある（→ p.63）。

表1　生育に適した環境

発芽温度	最低 0～2℃ 最高 40℃
生育温度	最低 3～4.5℃ 最適 25℃ 最高 30～32℃
好適土壌	壌土 pH6～7.5

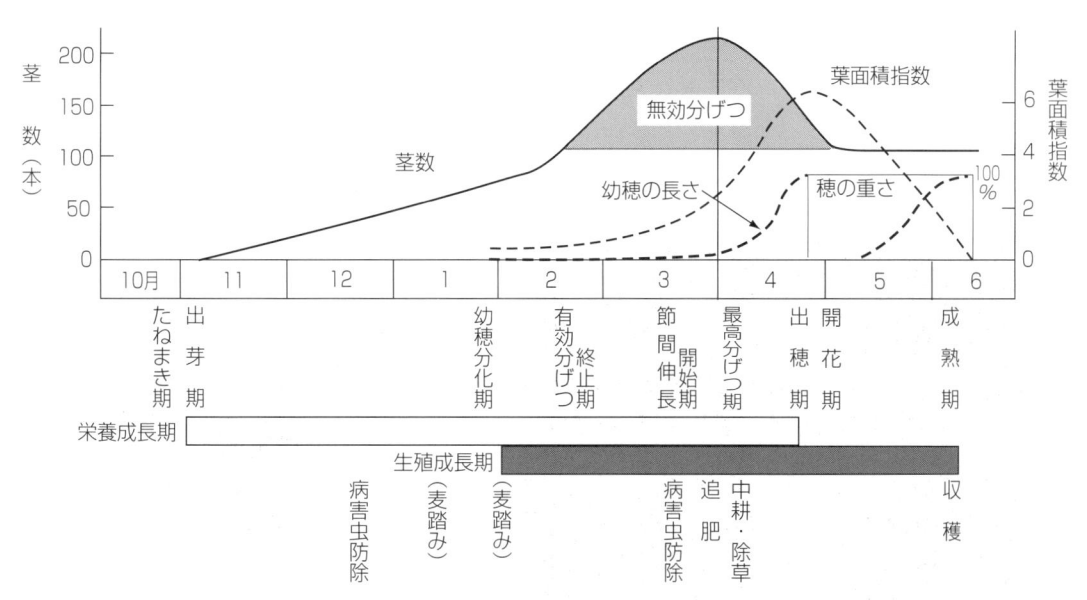

図4　麦類の生育経過とおもな作業（模式図，コムギ）
注　関東地方を対象とした。茎数は0.3m²当たりの値を示す。

❶麦類を含むイネ科作物の茎を稈とよぶ。

❷ふつう，しだいに寒くなる秋から冬にかけての生育であるから，その進み方は緩やかであるが，春になって気温が上昇し始めると，分げつは急速に増加する。

❸無効分げつのもつ養分は，穂をつけて実る有効分げつの成長のために消費される。冬作物の麦類にとって，無効分げつは光合成産物の蓄積器官として重要な役割を果たしていると考えられる。

❹深さは1m以上にも達する。根量はイネやダイズに比べて多い。

❺花芽（穂）の分化に必要な低温のていど。

分げつは発芽後まもなく始まり，コムギの場合，主稈❶の第4葉が出るとき，第1葉の葉えきから1次分げつが発生し，以下第n葉が出る時期に第n−3葉の葉えきから1次分げつが発生する。

このようにして次々と分げつが増加❷していき（図5），やがて**節間伸長**が始まり，稈の成長が進み，いわゆる茎立ちとなる（図6）。それから少したつと**最高分げつ期**に達し，その後，**無効分げつ**は枯れて，茎数は減少する❸。

根の成長

主根や側根は，生育の初期に，養水分を吸収し，作物体を支える役割を果たす。主稈の成長と分げつの発生とともに，主稈および分げつの茎の基部の節から**冠根**（→ p.20）が発生する。冠根数は分げつに対応して増加するが，根量は出穂期に最大となり，それ以後減少する。

麦類の根はイネとちがって，通気性や排水性のよい畑状態の土に適し，過湿の害を受けやすい❹。

3 穂の発達と開花・結実

穂の分化と発達

穂の分化は初冬に始まる。茎の先端に穂が分化する時期は，コムギの場合，早生品種で第3葉期，晩生品種では第5〜6葉期である。

穂を分化するためには，低温（4〜5℃）にあう必要がある。この低温の要求度を**秋まき性程度**❺といい，これは，品種によって異なる。長い期間，低温にあわないと出穂しない品種を秋まき性程度の高い品種（**秋まき性品種**）といい，低温にあまりあわなく

図5 分げつが増加するコムギ

図6 節間伸長が始まったコムギ

ても正常に出穂するものを秋まき性程度の低い品種（**春まき性品種**❶）という。

幼穂の発達過程は，コムギでは10段階に分けられている（表2）。栽培からみて重要なのは，穂のもとが伸長し苞原基（花や花をつけた茎の基部につく葉のもと）が生じるⅤ期と，各小穂にえい花が分化するⅨ期である。Ⅴ期には稈の節数，伸長節間数が，またⅨ期にはえい花数が決定され（図7），これらの期間は環境条件の影響を受けやすい。

ほかの麦類の幼穂の分化・発達も，コムギとほぼ同じである。

出穂・開花・受精

えい花の分化が終わるころから稈が急速に伸長し，穂が完成するころ，穂先が止葉（いちばん上の葉）の葉しょうから出て（出穂期），4〜5日たつと開花・受精する。開花の適温は20℃前後❷で，穂の中央付近から開花が始まり，晴天日の正午前後にさかんに開花する。

穂は，穂軸・小穂・小花からできている（図8）。コムギの穂軸は15〜20の節をもち，各節に小穂をつける。1つの小穂は3〜

❶春まき性は，必ずしも「春まきする」という意味ではないので，注意を要する。

❷コムギ18〜20℃，オオムギ16〜18℃，エンバク20〜24℃である。

表2　コムギの穂・花部の発育過程
（和田栄太郎 昭和11年，星川清親 昭和36〜39年より作成）

発育段階	内容
Ⅰ〜Ⅱ	頂端分裂組織付近で葉の原基が分化
Ⅲ〜Ⅳ	頂端分裂組織付近で止葉原基分化が終わり，その上部に幼穂原基が分化し，最初の苞原基が分化する
Ⅴ	数枚の苞原基が分化し，穂となる部分がはっきりする
Ⅵ	幼穂長0.7〜0.8mm
Ⅶ	稈と穂の区別が定まる。幼穂長1mm
Ⅷ	幼穂最頂位の小穂が分化し，小穂数決定。幼穂長1.5〜2.0mm
Ⅸ	各小穂基部のえい花の内花えい・外花えい，めしべ・おしべの諸器官原基分化。幼穂長3mm
Ⅹ	1小穂当たりのえい花（小花）数決定。幼穂長5〜8mm

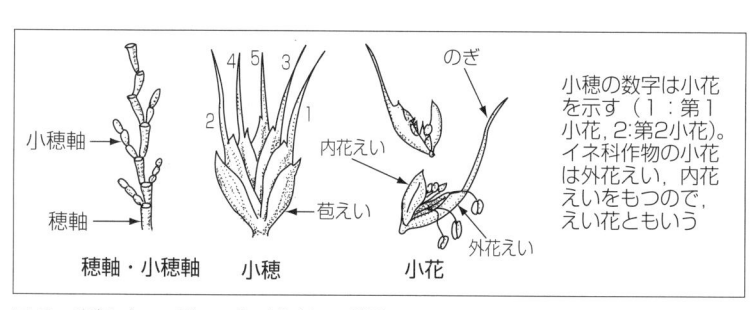

図8　麦類（コムギ）の花（花序）の構造

図7　コムギの幼穂の分化・発達
（左：Ⅴ期，右：Ⅸ期）

❶オオムギは穂軸の各節に3つの小穂がつく。1小穂に1小花があり，6条種では3小花が結実するのに対し，2条種は中央の小花のみ結実する。

❷穂軸の節に直接小穂軸を生じ，小穂と小花をつける。

❸穂軸から分枝する枝こうに別々に小穂と小花をつける。イネもこの仲間である。

❹通常は自家受粉である。

❺有効（稔実）穂数×1穂当たり子実数×1粒重（千粒重として表示される）

❻北海道の秋まきコムギでは，越冬前の茎数が1,000本/m²以上あることが望ましいとされている。

9の小花をもち，下のほうの2～4個の小花が結実する❶。

コムギ，オオムギ，ライムギは**穂状花序**❷であるが，エンバクは**総状花序**❸で1小穂2小花である。

4 粒の発育と収量

粒の発育　開花・受精する❹と，粒の発育が始まり，イネと同じように粒の長さが急速に伸び，少し遅れて粒の幅と厚さが増していく。登熟過程は次のように分けることができる。表3に開花から登熟までの日数の一例を示す。

乳熟期　えいは緑色で，胚乳は乳状をしている。

黄熟期　えいが黄褐色に変わり，胚が完成する。胚乳は，粘りを増してろう状となるが，まだ，つめで破砕できる。

完熟期　胚乳が完成し，粒はつめで破砕できないほどかたくなり，脱粒しやすくなる（図9）。

枯熟期　粒はかたくもろくなる。脱粒しやすく，降雨で変色しやすい。

収量の成り立ち　麦類の収量は，イネと同じように，1株（個体）当たり収量❺と単位面積当たり個体数によって決まる。

麦類の栽培では，すじまき，ばらまき，株まき，ドリルまきなど，いろいろな方法（➡ p.151 図5）があり，それぞれ単位面積当たり個体数が異なる。また，寒冷地では，冬枯れ（雪腐れ病など）によっても茎数はかなり減少する❻。したがって，個体の生育がよくても，個体数が少ないために全体の収量が低いことが少なくない。

図9　完熟期のすがた（オオムギ）

表3　麦類の開花から子実登熟までの日数　　（末次，1964による）

種別	乳熟期		黄熟期		完熟期		枯熟期	
	初期	期間	初期	期間	初期	期間	初期	期間
	日目	日目	日目	日目	日目	日目	日目	日目
コムギ	24～28	2～4	27～33	2～3	30～35	4～7	34～41	以降
オオムギ	20～28	3～7	26～35	4～8	31～39	5～7	38～45	〃
ライムギ	25	6	34	7	41	5	46	〃

第4章

3 栽培の実際

1 品種の特性と選び方

　麦類を栽培するには，まず用途にあわせて種類を選び，それから品種を選ぶ。

秋まき性程度　麦類の品種を選ぶには，秋まき性程度を知っておくことがきわめて大切である。

　コムギは一般に，寒地ほど秋まき性程度の高いものが，暖地では秋まき性程度の低いものが栽培される（図1）。寒地ほど早まきするので，秋まき性程度が低いと年内に出穂して凍害を受ける。また，暖地の早まき栽培で秋まき性程度の低い品種を用いると，穂がはやく出てしまい，寒さのために障害を受ける。

　寒さの厳しい北海道の一部では，春まき栽培がおこなわれ，秋まき性程度の低い品種が用いられている。

　ビールムギは，秋まき性程度が低いうえに，地域によるちがい

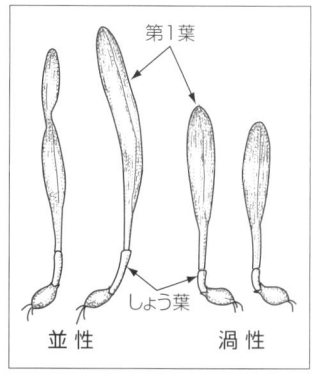

図2　オオムギの並性と渦性

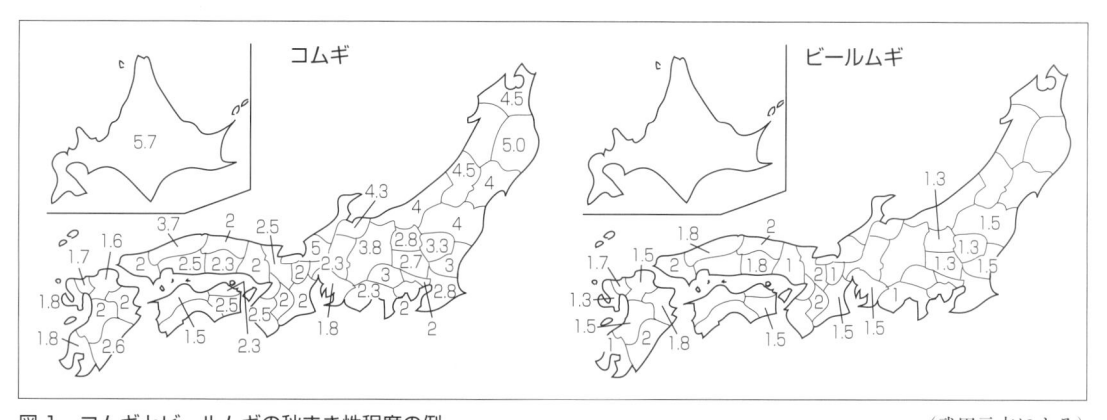

図1　コムギとビールムギの秋まき性程度の例　　　　　　　　　　（武田元吉による）
　注　数字は県別奨励品種の秋まき性程度の平均値を示す。

参考　オオムギの並性・渦性と耐寒性

　オオムギには，遺伝的特性として並性と渦性があり，その性質のちがいは耐寒性とも関係している。並性と渦性は，図2のように葉身，しょう葉，節間などの長短で区別される。渦性は並性に比べてこれらがやや短く，耐寒性がおとる。

はない（→図1）。そのため，ビールムギは暖冬の年には生育が促進されて幼穂がはやく分化し，その後，早春の低温がきた場合，凍霜害を受ける。

| 耐寒性 | 麦類の耐寒性の強さは，ふつう，ライムギ→コムギ→オオムギ（カワムギ→ハダカムギ）→エンバクの順となる[1]。

一般に，秋まき性程度の高い品種は，低い品種に比べて耐寒性が強い。

| 早晩性・穂発芽抵抗性 | 麦類の早晩性をみると，コムギはオオムギ[2]に比べて出穂期がおそい。出穂・登熟が遅れると，西南暖地では梅雨期と重なって，病気や倒伏の危険が多くなる。

梅雨期間の長短や雨量の多少など地域の気象に見合った早晩性，および穂発芽[3]抵抗性をもった品種を選ぶ必要がある。

| 機械化適応性 | 機械化栽培では，機械作業のしやすい草型を選ぶ必要がある。草型の開いた開散型品種より直立型品種が，長稈で弱稈性の品種より短稈で強稈性の品種が適している。

| 病害抵抗性 | 麦類は病気の種類が多い（→p.153表4）。しかし，さび病，赤かび病，しまい縮病，うどんこ病などについては抵抗性品種があるので，とくにこれらの病気が多発する地域では，抵抗性品種を選ぶ。

そのほか，地域の気象との関係では耐寒性・耐雪性[4]を，土壌

[1] 耐寒性程度は品種によっても異なるので，この順序はあくまでも種類間のめやすである。

[2] 日本のオオムギ品種は世界のなかで最も早生である。

[3] 登熟した種子が立毛中や収穫乾燥中に発芽することで，穂発芽すると品質が低下する。20℃以下の低温で雨にあたると穂発芽しやすい。現在，北海道で主要品種となっているチホクコムギやハルユタカは穂発芽抵抗性が弱く，ホクシンはやや強い。本州で栽培されている農林1号は比較的強い。

[4] 雪腐れ病（病原菌が4種ある）に対して抵抗性の強い品種を選び，また根雪前には薬剤防除をおこなう。

表1　麦類の主要品種の作付面積（平成28年産，単位：千ha）

（農林水産省の資料より）

種類	品種	作付面積	おもな作付地域
コムギ	きたほなみ	92.2	北海道
	シロガネコムギ	15.1	九州，近畿
	さとのそら	14.6	関東，東海
	春よ恋	13.3	北海道
	チクゴイズミ	12.2	九州
	ゆめちから	12.1	北海道
2条オオムギ	サチホゴールデン	18.7	九州，関東，中国
	はるしずく	4.4	九州
	ニシノホシ	4.0	九州
6条オオムギ	ファイバースノウ	10.8	北陸，東海，関東
	シュンライ	3.5	関東，東北，近畿
ハダカムギ	マンネンボシ	1.5	四国
	イチバンボシ	1.5	四国，九州

条件との関係では耐湿性・耐干性などを考慮して品種を選択する。

さらに，地域では，いままでどのような品種がつくられていたかを確かめ，その理由を理解しておくことも大切である（表1）。

● やってみよう

地域の代表品種を用い，たねまき時期を標準まきを基準に，それより半月早期，半月遅れ，1か月遅れ，1.5か月遅れの5区を設け，出穂の仕方を調べてみよう。

2 ほ場の準備と施肥

ほ場の選び方 麦類は，世界的に比較的雨の少ない地域で多く栽培されていることからも，水はけのよい軽い土が適する。オオムギは，コムギに比べて肥えた中性の土を好み，湿害に弱い。エンバク，ライムギは，比較的やせた土でもよく育つ[1]。

水田裏作として栽培するには，冬季に地下水位が40cm以下に下がり，畑状態となる乾田を選ぶ必要がある。

機械の利用 わが国の麦作は，従来，外国に比べて多くの労力を投入していたが，近年では機械利用作業体系が確立され，省力化が図られている[2]（表2，図3）。

大型機械化作業体系では，トラクタを基幹として，各種の作業機が利用される。

耕起・整地 ふつうは，あらかじめ，堆きゅう肥を10a当たり750〜1,000kg，溶成リン肥50kg，石灰50〜100kgを全面散布しておいてから耕起する。

ロータリ耕では耕深が10〜15cmにとどまるので，2〜3年に1度はプラウ耕（耕深20〜25cm）を実施することが望ましい。

[1] 前作はとくに選ばないが，畑の場合は，麦類と同じイネ科作物でないほうが望ましい。

[2] 畑作物のなかで最も投下労働時間が少なく（10a当たり約6時間，→p.191表4），省力化が進んでいる。

表2 コムギにおける機械利用作業体系の例

作業名	大型機械化作業体系	中型機械化作業体系
耕うん	ディスクプラウ	ロータリ
整地	ロータリ	〃
施肥・たねまき・覆土	ドリルシーダ	ドリルシーダ
除草剤散布	動力噴霧機	動力噴霧機
病害虫防除	〃	〃
収穫	普通コンバイン	自脱コンバイン
乾燥・調製	ライスセンター（委託）	循環式乾燥機

図3 普通コンバインによる収穫作業

水田の場合は，湿田ではうね立てをするが，乾田では浅く耕起して砕土するだけで，うね立てをせずに栽培することが多い。

| 施　肥 | 施肥量は一般に，10a 当たりの成分量で窒素 9 〜 12kg，リン酸 11 〜 18kg，カリ 7 〜 12kg が標準である❶。堆きゅう肥は，マンガンとマグネシウムの欠乏を防止するだけでなく，地力の維持に重要で，その施用量によって化学肥料の施用量も変わる。

窒素は元肥と追肥とに分けて施す。追肥はさらに，**分げつ肥**❷（12 〜 2 月上旬）と**穂肥**❸（出穂前 40 〜 50 日）とに分けて施用する。元肥と追肥の割合は，関東地方以北で 7 対 3 ていど，東海地方以西では肥料が流亡しやすい土が多いため，4 対 6 ていどにする❹。

追肥は，遅れたり多すぎたりすると倒伏しやすくなるので，注意を要する。

❶ イネよりも施肥の効果が高い。窒素が不足すると大きく減収する。

❷ 有効茎（穂のつく茎）歩合を高める効果がある。穂数が増加する。

❸ 1 穂粒数や千粒重を増加させる効果がある。

❹ 施肥を適正におこない，止葉から数えて 3 葉目までの穂に近い節の葉を大きくすることが，穂を大きくし，収穫指数（→ p.31）を高めることにつながる。

3 たねまき

| たねまき適期 | 麦類は，冷涼な気候を好む❺が，気温が 3℃以下になると養分の吸収が停止する。したがって，暖地でこのような低温のない地帯では，気温が 11.0 〜 12.5℃となる時期が，たねまき適期である。

寒冷地帯では，寒冷地になるにしたがって養分吸収の停止する期間が長くなるので，越冬前の生育量を確保する必要がある❻。し

❺ コムギの光合成の適温は 10 〜 25℃であり，イネに比べ低い。0℃でも光合成をおこなう。

❻ 根雪（越冬）前に 6 〜 7 葉を確保する必要がある。これより少ないと，冬枯れの被害が増加する。

	1月	2	3	4	5	6	7	8	9	10	11	12
北海道（秋まき）							7/中 ●――● 8/下		8/下 △――△ 10/上			
北海道（春まき）				4/下 △――△ 5/上				8/上 ●――● 8/下				
関東地方（秋まき）						6/上 ●――● 7/上				10/下 △――△ 11/下		
九州地方（秋まき）					5/下 ●――● 6/中						11/中 △――△ 12/中	

△――△：たねまき　●――●：収穫

図4　地域別のたねまき適期と収穫期（コムギ，左は北海道での秋まき栽培）

たがって，北海道や東北地方では 14 ～ 15℃，東北地方南部や関東地方では 13 ～ 14℃となる時期が適期である。

コムギは秋まきが一般的で，各地のたねまき適期は図 4 のとおりである❶。北海道の寒さの厳しい地帯の春まきでは，雪解け後の 4 月下旬～ 5 月上旬にまく❷。エンバクは耐寒性が弱いので，東北地方北部以北のたねまき適期は春先の雪解け後になる。

種子の準備

選種・消毒 採種栽培で収穫した種子を，塩水選（→ p.87）やとうみ選などで厳選する。塩水選に用いる塩水の密度（濃度）は，カワムギでは $1.12g/cm^3$，ハダカムギ，コムギでは $1.22g/cm^3$ とする。

種子消毒 種子の内部に病原菌が侵入している裸黒穂病の予防には，温湯浸法が効果的である。これは，種子を，コムギでは 45℃，オオムギでは 43℃の温湯に，布袋に入れて浸し，そのまま 8 ～ 10 時間放置して自然に温度を冷ます方法である。現在では，薬剤による消毒もあるが，温湯浸法を併用することも多い。

なまぐさ黒穂病のように胞子が種子の表面についている病気に対しては，薬剤消毒をおこなう。

たねまき

様式 ばらまき，株まき，すじまき，ドリルまき，広幅まきなどがある（図 5）。

すじまき うね幅 60cm，まき幅 10 ～ 15cm でまく，古くからおこなわれている様式で，くわの作業に適している。

ドリルまき うね幅 20 ～ 30cm，まき幅 2 ～ 3cm で，すじまきを密にしたものであり，密条まきともいう。

広幅まき まき幅を広くしたものである。

このほか，すじまきでまきみぞを 2 条にする複条まきや，畑全面に種子をまき，元肥を散布後ロータリをかける全層まき，耕起せずに全面に種子をまく**不耕起まき**もおこなわれる。

❶秋まきして翌年の初夏ころに収穫するものを冬コムギ，春まきして夏から初秋に収穫するものを春コムギという。

❷たねまき期が 10 日遅れると収量が 10％低下する，といわれる。春の生育期間を長くするために，根雪の直前にたねまきする初冬まき栽培がおこなわれることもある。

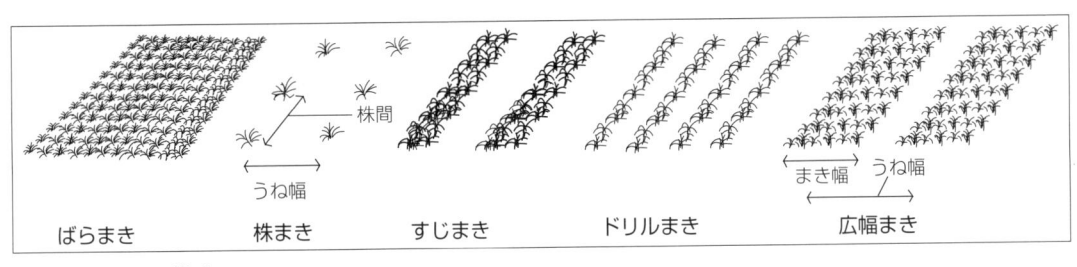

図 5　たねまきの様式

方法 かつては，まきみぞをつくって元肥を入れたあと，1〜2cm間土してから種子をまき，覆土・鎮圧❶をおこなうことが多かった。

現在では，全面を耕うんしたあと，施肥播種機やドリルシーダ（密条まき機ともいう）などで，施肥・たねまき・覆土などの工程を1回ですませる，ドリルまきが普及している（図6）。

また，耕うんしたあと種子と肥料を全面に散布してから，ロータリなどでかくはんする，**全面全層まき**（図7）なども普及している。

たねまき量 ドリルまきの場合を表3に示したが，全層まき，不耕起まきでは，これより25〜30%増とし，ふつうのすじまきでは約50%減とする。密植になるほど稈は細くなる傾向があり，倒伏に対する抵抗性が低下するので注意する❷。

種子をまく深さ すじまきやドリルまきでは3cmていど，全層まきでは4cmていどがよい❸。

❶覆土は均一におこない，鎮圧は土と種子を密着させることが大切である。種子に水分を与える効果がある。

❷苗立ち数が1m²当たり200〜300本ていどとなるようにする。

❸たねまきの深さは，発芽，初期生育，収量にまで影響する。深まきでは発芽率が低下する。たとえば，深さ3cmでは発芽率100%であるが，5cmでは60%，8cmでは40%に低下する。

表3 ドリルまきの地域別たねまき量（単位：kg/10ha）

地域	たねまき量
北海道	10〜14
東北	8〜10
関東・東山	7.5〜9
東海以西	7〜9

図6 ドリルまき作業

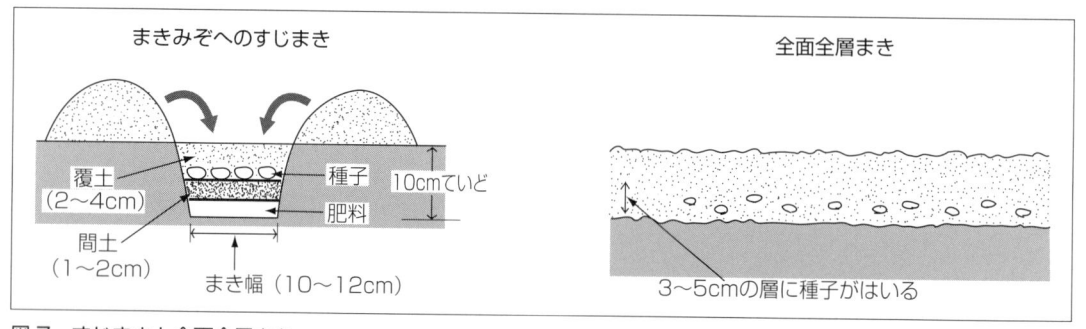

図7 すじまきと全面全層まき

4 生育期間中の管理

除草・中耕 たねまき直後から出芽前に土壌処理の除草剤を散布することが多いが、必要最小限の散布とする。その後の雑草の防除は、たねまき様式によって異なる。ドリルまきや全層まきでは、畑全体をムギがおおう時期がはやまるため、ふつう、1回で済む。すじまきでは、雑草の発生状況に応じてもう1回防除する❶。

中耕は、たねまき様式によって不必要な場合もあるが、1～2回の中耕をおこなうこともある❷。

麦踏み・土入れ 寒さが厳しく、霜柱による耕土の凍上がりがみられる地方などでは、麦踏みと土入れをおこなうことがある（図8）。麦踏みは年内から早春にかけて2～3回、土入れは穂ばらみ期前に終わるようにする❸。

病害虫防除 おもな病害虫を表4に示す。北海道や東北地方などの寒冷・積雪地帯では、雪腐れ病、赤さび病、小さび病の発生がとくに多い。東海以西の暖地では、赤かび病がコムギやオオムギに発生する。

害虫は比較的少ないが、北海道ではハリガネムシやアブラムシ類が発生しやすい。

それぞれ発生の時期が異なるので、たえず注意を払って適期に

❶選択性の高い茎葉処理剤を散布する。

❷新根や分げつの発生をうながし、排水をよくする効果がある。

❸麦踏みと土入れは、いずれも有効茎をそろえ、倒伏を防止する効果がある。

図8 麦踏みの工夫

表4 麦類のおもな病害虫

種 類	発生部位および特徴	伝染経路	対　策
裸黒穂病，なまぐさ黒穂病，堅黒穂病	種子をおかし，開花と同時に発病	種子	種子消毒
い縮病，しまい縮病	ウイルス病で葉・茎をおかし，春先に発生	土	抵抗性品種の導入，おそまき
小さび病，黄さび病，赤さび病，黒さび病	茎・葉・穂のどこでもおかす。小さび病はオオムギだけ，赤さび病はコムギだけに発生。多肥栽培で広がる	空気	抵抗性品種の導入，多肥栽培を避ける，薬剤散布
うどんこ病	穂ばらみ期ころから下葉に発生し，穂もおかす	空気	さび病に準じる
赤かび病	乳熟期ころ穂に発生。暖地に多い	空気	抵抗性品種の導入，種子消毒，乳熟期の薬剤散布
雪腐れ病	雪の下で茎葉をおかす。多雪地に発生	土	抵抗性品種の導入，種子消毒，適期たねまき，積雪前の薬剤散布
アブラムシ類	節間伸長期から発生し，出穂期ころ穂や茎葉について汁液を吸い，稔実を不良にする		薬剤散布

❶全重,子実重とも乾物重であらわす。全重は正確には地上部および地下部の重さの合計であるが,じっさいには刈り取った地上部だけの重さで代替えする方法がとられている。また,収穫指数のかわりに「子実重÷茎葉重(地上部重-子実重)」を用いてもよい。

❷わるい生育は,これと対照的に,①穂が貧弱で節間が長く,稈が細い,②穂の高さ・大きさも不ぞろいで,初期の1次げつの生育がわるく,遅れて出た分げつの割合が多い,③下位節間が伸びている,などである。

❸黄熟期以降に低温・降雨にあうと,穂発芽が発生しやすい。気象条件がわるくなる可能性のあるときは,黄熟期から収穫する。

● やってみよう

オオムギで,ビールや麦芽あめ(→ p.198)などの原料となる麦芽をつくってみよう。
①オオムギを洗って,粒に針が通るようになるまで水につける(春秋は2~3日,冬は3~4日,夏は1~2日)。
②温度変化の少ない清潔な場所に,湿ったむしろや木綿の布などを敷く。水につけたオオムギを9~10cmくらいの厚さに広げて,むしろや布などをかける。
③朝,昼,夕に,むしろや布が湿るていどの水をまき,換気を十分にし,しかも粒が乾燥しないようにして,上下をよく切り返す。温度は,かけるむしろや布の枚数をかげんして15~20℃を保つ。
④2日くらいで幼根が出始め,幼根が粒の2倍ぐらいに伸びると発芽し始める。
⑤芽が粒の2倍くらいになったら,天日で完全に乾燥し,粉末にして保存する。

防除する必要がある。

生育診断 　生育の診断にあたっては,①止葉がほとんど伸びきった出穂期前後の茎葉の茂りぐあい,②完熟期の全重に対する子実重の割合(収穫指数,→ p.31)❶,の2つがめやすとなる。

出穂期前後の茎葉の茂りぐあいは,畑地全面をおおい,子実を実らせるために必要な葉が,茂りすぎでもなく,まばらすぎでもないのがよい生育である。この状態は,葉面積指数(→ p.33)が6~7である。

収穫指数の高いものと低いものとを見分ける診断の着眼点は,次のとおりである(図9)。

よい生育は,①穂が大きく,稈が太く,上位数節の葉が長大となる,②穂の高さ・大きさがよくそろい,初期に発生した1次分げつがそろってよく生育しており,遅れて出た分げつの生育は抑えられている,③倒伏しにくい,すなわち稈の下位節間が伸びすぎない,などの特徴をもっている❷。

5 収穫・乾燥・貯蔵

収穫適期 　穂が黄ばみ,子実がかたくなったら収穫の適期となる❸(→ p.146 表3)。西南暖地で

図9　麦類のよい生育(左)とわるい生育(中・右)

は，収穫期が梅雨期にあたることが多いので，なるべく雨にあわないうちに収穫し，乾燥・脱穀する。

| 収穫・調製 | 普通コンバインのほか，イネ用の自脱コンバインと乾燥施設が利用できる。 |

種子用やビール醸造用麦類の収穫・調製は，収穫した種子の発芽力を重視する必要がある。そのため，コンバインで刈り取る場合は，粒の水分が30%以下（20〜25%が最適）になったときに収穫する。脱穀後の乾燥は，高温にしすぎない❶よう注意する。

| 貯　蔵 | 麦類は登熟期間が高温・多湿であるため，害虫のバクガがその間に穂に産卵し，貯蔵 |

中にふ化して被害を与えることもある。この対策としては，クロルピクリン，メチルブロマイドなどによるくん蒸がある。

貯蔵は，穀粒温度12〜13℃以下，穀粒水分13%ていどでおこなわれる。

6 用途・加工と品質

麦類は種類によって用途が異なり，求められる品質もちがう。

コムギ　大部分は小麦粉にして利用される❷。小麦粉の用途別生産割合を図10に示す。わが国のパン用小麦粉は，ほとんどがカナダ産とアメリカ産の硬質コムギである❸。国内産コムギは，中間質から軟質のものが多く，めん用が中心である。しかし，新しいタイプのパンの開発や加工法の工夫などにより国内産コムギの利用も広がっており，製パン適性の高い品種❹が求められている。

うどん用には，アミロース（→ p.112）含量が少なく特有の粘弾性の生まれる小麦粉の評価が高く，もち種も開発されている。

オオムギ　大部分が加工用，飼料用に利用されている。ビールムギはビールの醸造原料や，麦茶，みそ，しょうゆの原料に利用されている。また，大麦粉はそうめん，うどんなどにも加工される。それぞれの用途にあった品質が求められる。近年，地元のオオムギを使用した「地ビール」の生産も取り組まれている。

ハダカムギ　加工用と食用が中心であるが，後者は減少しており，用途の拡大とそれに見合った品質が求められる。

---

❶ 40℃以下になるようにする。

● **やってみよう**
畑作コムギと水田裏作コムギの収量・品質を比較してみよう。

❷ そのほか，玄麦（粒）のままで，しょうゆ，みそ，アルコール醸造の原料などに利用される。製粉の過程で出るふすまは，おもに家畜の飼料として利用され，胚芽はタンパク質，脂質，ビタミン，無機物含量が多く，健康食品としての利用もある。

❸ 国内産コムギを製パンに利用する場合の問題点としては，①製品の色が乳白色でなく，くすんでいる，②グルテン含量が少なく軟弱であるため大量機械生産に不向きである，③製粉時の歩留りが低い，などがあげられている。

❹ 春まきコムギは製パン適性にすぐれている。

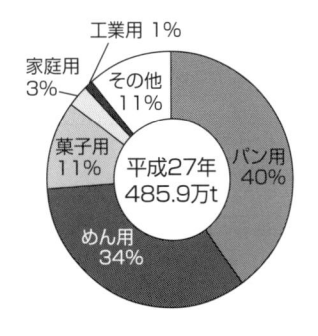

図10　小麦粉の用途別生産量
（農林水産省「製粉工場実態調査」による）

第4章
4 流通と経営の特徴

1 麦類の流通

流通のしくみ

わが国で生産される麦類の流通は，政府が生産者の申込みに応じて無制限に買い入れる間接統制がとられ，大部分が政府を経由して流通していた。しかし，平成11年からは，生産者と製粉業者・精麦業者などの実需者（買い手）が直接取引する，**民間流通**によっておこなわれるようになった（図1,2）。

この取引は，生産者団体と実需者団体が，適正な価格形成を図るため，入札または相対❶により価格を決定し，たねまき前に数量・価格・品質などの契約を結び，麦類を計画的，安定的に流通できるようにすることを基本としている。

また，加工・消費の情報を生産者に伝え，実需者の要望にあった品質の麦を生産・供給し，良質の加工品を消費者に供給することも目的としている❷。

出荷・検査

出荷にさいしては定められた規格で包装し，買い手に渡る前に農産物検査法にもとづいて検査を受ける。包装には，麻袋，樹脂袋，紙袋が用いられるが，1袋当たりの重量は麦・袋の種類によって異なる❸。

検査は量目（重量），品位（品質）についておこなわれる。品質については，品種銘柄，容積重（穀粒1ℓ当たりの重量），整粒

❶相対取引の価格は，入札による価格をふまえて決められる。

❷間接統制から民間流通への移行にともない，生産者の経営安定を図るため，政府が一定額を交付する「麦作経営安定資金」が創設された。

❸コムギ，ハダカムギでは，麻袋と樹脂袋は60kgまたは30kg，紙袋は30kg，オオムギ（カワムギ）では，麻袋と樹脂袋は50kgまたは25kg，紙袋は25kg。なお，カントリエレベータなど大型施設を利用するときは，ばらの状態で抜き取り検査を受ける。

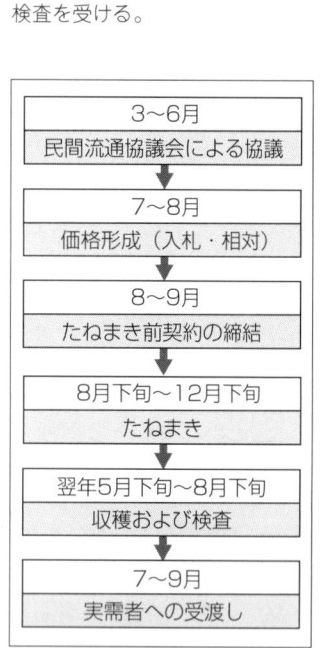

```
3～6月
民間流通協議会による協議
  ↓
7～8月
価格形成（入札・相対）
  ↓
8～9月
たねまき前契約の締結
  ↓
8月下旬～12月下旬
たねまき
  ↓
翌年5月下旬～8月下旬
収穫および検査
  ↓
7～9月
実需者への受渡し
```

図2　民間流通の基本的な流れ

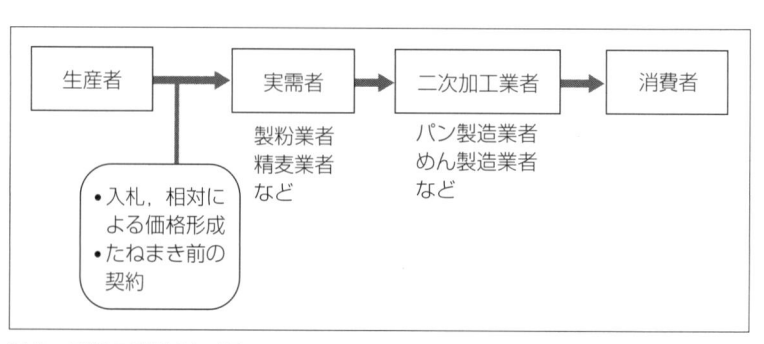

```
生産者 → 実需者 → 二次加工業者 → 消費者
         製粉業者   パン製造業者
         精麦業者   めん製造業者
         など      など

・入札，相対による価格形成
・たねまき前の契約
```

図1　麦類の流通のしくみ

歩合（一定のふるい目の上に残る健全粒の割合），形質（充実度，質の硬軟，粒ぞろい，粒形，光沢など），水分（コムギ12.5％，オオムギ13％），被害粒・異物の混入割合などが検査され，等級が判定される❶。

2 経営の特徴と課題

麦作の特徴　麦類は冬作物であることから，夏作物との輪作が可能で，従来，土地利用上あるいは経営上，重要な作物とされていた。しかし，高度経済成長と輸入自由化のもと，とくに，コムギとオオムギが大量に輸入されるようになり（図3），平成28年産の作付面積は27.6万ha❷，生産量は96.1万tとなっている。

しかし，麦類の栽培には，①冬季から春先の風食（強風によって表土が吹き飛ばされる現象）防止，②麦間に間作する野菜（図4左）などの病害虫（アブラムシなど）の回避や防寒・防風による保護，③根❸やわらなど有機物の土への補給，④連作障害の防止，などの利点がある。

これらの利点は，今後とも耕地管理や経営改善にあたって積極的に生かすことが望ましい。とりわけ，夏作には水を引き入れてイネをつくり，冬作には畑状態で麦をつくる**米麦二毛作**（図4右）は，世界に誇れる作付体系であり，水田農業の確立にも大きく寄

❶パン用としてはカナダ産の硬質赤春コムギ（HRS）が，めん用としてはオーストラリア産の冬コムギ（ASW）が最も良質とされている。

なお，コムギは種皮の色によって，白コムギ（種皮が白黄色）と赤コムギ（黄色から褐赤色）に分けられる。

❷昭和17（1942）年には，コムギだけでも85.6万haの作付があった。

❸麦類は全植物体に対する根の割合が高い。

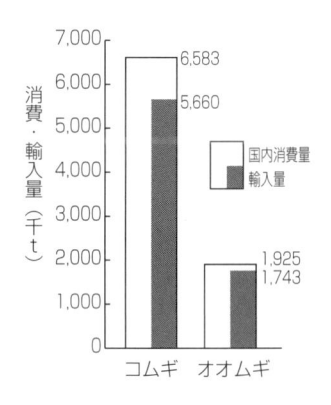

図3　麦類の需給
（平成27年度食料需給表による）
注　ハダカムギの国内消費量は1.9万t，輸入量は5,000tである。

図4　麦作の利点を生かした作付体系（左：麦類と野菜〈ゴボウ〉の間作，右：米麦二毛作）

4　流通と経営の特徴

● **やってみよう**

自分たちで栽培したコムギを製粉して、うどんを打ってみよう。
①コムギ粉 5kg をふるいにかけ、ボールに入れる。
②塩水（塩 130～180g、水 1.7～1.9ℓ）を少しずつ入れながら、耳たぶくらいのかたさになるまでよくこねる（ビニル袋などに入れて足で踏むとよい）。
③こねあげたものをぬれ布きんで包み、約2時間ねかせておく。
④のし板の上におき、めん棒で前後左右にのして広げてから、めん棒に巻いて厚さ 3mm ぐらいにのばす。打ち粉を必要に応じて使う。
⑤ 12cm 幅ぐらいのびょうぶたたみにして、3mm 幅に切る。
⑥完成めんは、沸騰した湯の中に入れて、ゆであげ、ざるにあげて冷水にさらしてよく洗う。

❶たとえば、品種改良では、ゆでめんの歯ざわりや味を大きく左右するといわれる、グルテンやアミロースなどの成分にまで着目する必要がある。

与するものである。

■**労働時間**　麦作に必要な労働時間は、種類、田畑の別、経営規模によって異なるが、コムギやオオムギの平均的な 10a 当たり労働時間は 5～7 時間ていどである。そのうち、刈取り・脱穀・調製に多くの時間を要しているが、水稲に比べて短く、麦作の集団化が進むとともに労働時間はさらに短縮する傾向にある（→ p.12 図 10）。

■**生産費**　生産に要する費用は、10a 当たり 4 万～6 万円ていどで、労働費、賃借料および農機具費などの割合が高い（図 5）。麦作には稲作用機械の大部分が使用できることから、裏作としての麦栽培は機械を有効に利用するうえでも好ましい。

■**経営の改善**　国内産コムギの価格は、外国産コムギの約 7 倍となっている。したがって、生産の集団化や個別経営での作付面積の拡大を進め、生産費の低下を図る必要がある。また、輪作や裏作にうまく組み込むなどして、機械や労力の有効活用を図ることも大切である。

近年、食品の安全性や食料自給率の向上などの観点から、国内産コムギの生産や加工が求められている。そこで、品種改良や栽培にあたっては、用途にかなった品質を確保することが重要である❶。また、利用にあたっては、品種にあわせた加工法を工夫していくことも大切である。

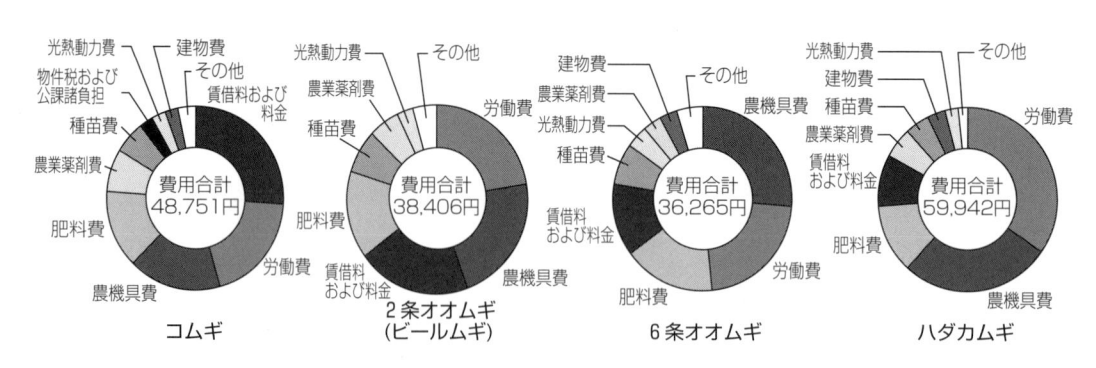

図 5　麦類の生産費（10a 当たり、平成 13 年）　（「ポケット農林水産統計 2003 年版」による）

コムギ　費用合計 48,751 円
2 条オオムギ（ビールムギ）　費用合計 38,406 円
6 条オオムギ　費用合計 36,265 円
ハダカムギ　費用合計 59,942 円

第5章

豆　類

成熟が進んだダイズの結きょう状態（下），本葉が展開したラッカセイ（上）

豆類の種類と特徴

1 種類と生産

豆類はマメ科に属する草本性の作物の総称である。食用マメ科作物は、おもに完熟した種子（子実）を食用❶にするが、未成熟の種子やさやなどを食用❷とするものもある。

生産量は、世界全体ではダイズが最も多く、ついでラッカセイ、インゲンマメ、エンドウの順で、この4作物は生産量がそれぞれ1,000万tをこえている（表1）。わが国では、近年は輸入豆類の増加によって作付面積、生産量ともに減少している。

❶種子生産を目的としてわが国で栽培されているおもな豆類には、ダイズ、アズキ、インゲンマメ、ラッカセイ、エンドウ、ソラマメ、ササゲなどがある。

❷未成熟種子を食用にするエダマメ、ソラマメ、未成熟さやを食用にするインゲンマメ、エンドウなどがある。これらの豆類は、野菜として扱われる。

2 作物としての特性

マメ科作物をイネやコムギなどのイネ科作物と比較すると、次のような生理的、生態的な特徴がある。

表1 おもな豆類の種類、主産地および生産量（乾燥子実）

作物名	世界の主産地	生産量（万t） 世界	日本
ダイズ（大豆）	アメリカ合衆国、ブラジル	32,000	24
アズキ（小豆）	日本、中国	＊	5
ラッカセイ（落花生、殻付）	中国、インド	4,200	2
インゲンマメ（隠元豆）	インド、ブラジル	2,700	2
エンドウ（豌豆）	フランス、ウクライナ	1,400	－
ヒヨコマメ	インド	1,200	
ソラマメ（蚕豆）	中国	400	－

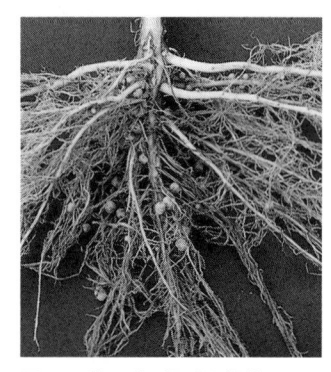

図1 ダイズの根系と根粒
（高橋幹による）

注 生産量は、FAO「FAOSTAT2014～2018」および農林水産省「作物統計」による。－は生産量がきわめて少量。＊アズキはインゲンマメに含めて示されている。

①マメ科作物の最大の特徴は，根粒菌と共生❶して**根粒**を形成し（図1），空気中の窒素（N_2）をアンモニア（NH_3）に還元したかたちで吸収利用できることである。この特性により，イネ科作物に比べて少ない窒素施肥量でも栽培することができる。

②栄養成長と生殖成長が並行して進む期間が長い。たとえばダイズでは，開花開始後も葉の展開，茎の伸長が続き，栄養成長が終わるころに子実の肥大を開始している。

③開花した花の多くが落花したり不稔さやになったりして，結実率が低い。ダイズの場合，通常の栽培条件下では開花した花の20～40％が結実するだけである。

④太陽光の方向や強さに応じて葉の角度を変える**調位運動**❷をするものが多い。この特性は，葉群全体の光合成量の増大に寄与していると推定されている。

❶根粒菌とマメ科作物には親和性がみられる。親和性の低いものの組合せでは，有効な共生関係が成立しない。

❷光が強くなると，上位葉が立ち上がって，群落内部まで光が通りやすくなる。それによって光合成をさかんにし，結実率や着きょう，子実の肥大がよくなる。

3 栄養と利用

豆類の栄養成分は，イネ科穀類やいも類と比較して，タンパク質と脂質の多いことが大きな特徴である（表2）。無機質やビタミン類も多く含まれる❸。このため，豆類は重要なタンパク質食品となる。また，ダイズとラッカセイは食用油脂資源としても重要である。

豆類のアミノ酸組成には，メチオニンやシスチンなどは少ないが，イネ科穀類で不足しているリジンを多く含む。このため，イネ科穀類と豆類を組み合わせた食事は，重要な栄養素を相互に補完できるバランスのよい食事となる。

❸豆類には，種子中に種々の有毒成分を含むものがある。ガラスマメによるラチルス病やソラマメによるソラマメ病は，種子中の有毒成分によって引き起こされることが古くから知られている。

これらは，加熱処理をしたりひき割りを水にさらしたりすることで無害化される。

表2 おもな豆類と米，ジャガイモの栄養価の比較

（「七訂日本食品標準成分表」より）

成分	豆類				米	ジャガイモ
	ダイズ	アズキ	ラッカセイ	インゲンマメ		
タンパク質（g）	33.8	20.3	25.4	19.9	6.1	1.6
脂質（g）	19.7	2.2	47.5	2.2	0.9	0.1
炭水化物（g）	29.5	58.7	18.8	57.8	77.6	17.6

注 米は精白米，可食部100g当たり。

豆類
❶ダイズ

学名：*Glycine max* (L.) Merr.
英名：soybean
原産地：中国
利用部位：子実
利用法：食用油，醸造など食品加工，煮豆，飼料など
主成分：タンパク質，脂質
主産地：北海道，佐賀県，福岡県，宮城県，秋田県

結きょうが進んだダイズ（品種：タチナガハ）

1 ダイズの特徴と利用

特　徴　ダイズは，原産地である中国❶では，5,000年をこえる栽培の歴史があるといわれている❷。日本には中国から伝わったとされ，『古事記』（712年）や『日本書紀』（720年）に記録があることから，当時すでにわが国でも栽培されていたものと考えられている。

　世界の主産地は，アメリカ合衆国，中国，南アメリカのブラジル，アルゼンチンで，わが国の主要な輸入先国である。アメリカ大陸でのダイズ栽培の歴史は，アジアに比べればきわめて新しく，導入されたのは19世紀，本格的な普及は20世紀になってからである❸。

　わが国のダイズ作付面積と生産量は，長期的には減少傾向にある。昭和35（1960）年以降，水田転作作物としての栽培が多くなり，近年では水田での作付けが畑での作付けを上回るようになった。主産地は北海道，東北，九州，関東・東山である。

　収穫量は1920年前後に50万tをこえていたが，その後減少し（平成28〈2016〉年は24万tていど），大部分を輸入に依存しているのが現状で，自給率はわずか7％にすぎない。

　単位面積当たり収量は1950年代以降の栽培技術の進歩にともない向上し，2016年現在，全国平均で約1.6t/haである。しかし，

❶かつて中国東北部からシベリアのアムール河流域といわれていたが，中国の華中あるいは華南であるという説も出され，定説が得られていない。

❷ダイズの祖先種は，ノマメ，あるいはツルマメとよばれる種と考えられている。この種はつる性で種子は黒色で小さく，日本，中国など東アジアに広く自生している。

❸アメリカ合衆国ではダイズは当初，飼料作物として栽培されていたが，1910年代に，害虫の大発生でワタの生産量が激減したのを契機に，綿実油の代替としてダイズ油が注目され，ダイズ栽培は急成長をとげた。1950年代には中国を追い越し，世界最大の生産国の座をしめた。
　1960年代にはブラジル，70年代にはアルゼンチンなどの南米諸国でも生産が急拡大し，世界の主要産地に発展している。

中国，アメリカ合衆国，ブラジルなどの世界の主産地は，近年収量の向上がいちじるしく，約2.5t/haで，それと比べるとわが国は低い水準にある。

栄養と利用

ダイズの子実は，タンパク質を約35%，脂質を約20%含み，食品としての栄養価が高い（表1）。

脂質は人の健康に関係する不飽和脂肪酸に富み，なかでもリノール酸の含有率が高い。また，ビタミン B_1・Eやイソフラボン，サポニンなどの微量成分を比較的多く含み，健康維持に有効な機能性食品として注目されている。

ダイズの用途は，世界的には，搾油原料および飼料❶に多く利用される。わが国では，輸入大豆はおもに製油用に，国産大豆は豆腐，納豆，みそ，しょうゆ，煮豆など，多様な食品の原料に利用されている（図1）。

❶脱脂後のかすには，タンパク質が多く含まれる。

表1 おもな食品成分（国産・乾燥子実，可食部100g中）

エネルギー	422kcal（1,765kJ）
水分	12.4g
タンパク質	33.8g
脂質	19.7g
炭水化物	29.5g
灰分	4.7g
カリウム	1,900mg
カルシウム	180mg
マグネシウム	220mg
食物繊維総量	17.9g

（「七訂日本食品標準成分表」による）

2 —生と成長

ダイズの生育経過を図2に，生育に適した環境を表2に示す。

種子と発芽

ダイズの種子は無胚乳種子で，種皮と胚からなる。胚は子葉と幼芽，胚軸，幼根をそ

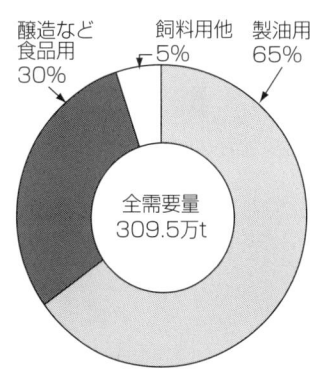

図1 わが国のダイズの用途別需要量（平成26年）
（農林水産省「食料需給表」などによる）

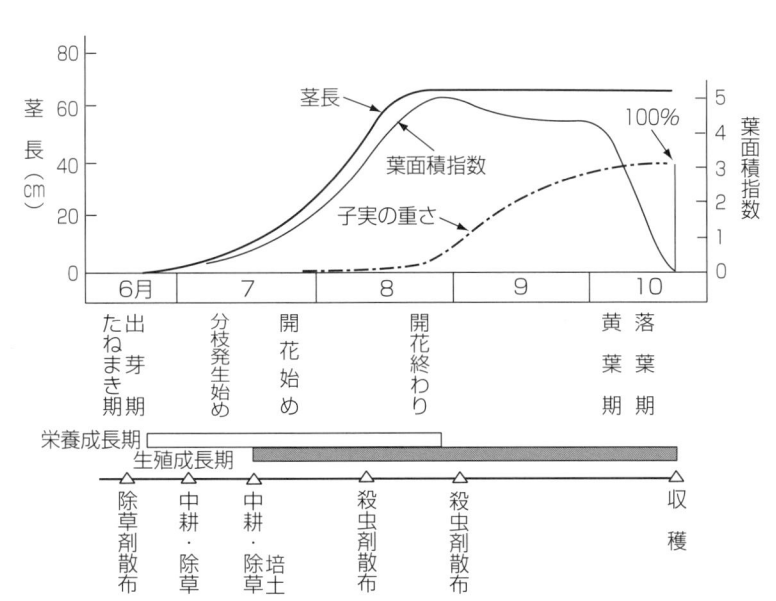

図2 ダイズの生育経過とおもな作業（模式図，関東地方の中生品種の例）

表2 生育に適した環境

発芽適温	30～35℃
生育適温	22～27℃
好適土壌	沖積土，花こう岩土 pH6～6.5

❶へそは，種子がさやに着生していたときの痕跡，珠孔は維管束がさやに連なっていたところ。へその色は，白，黒，褐色などがあり，白目種とか，黒目種などとよばれる。

❷子葉は，2～3週間は光合成をおこない，成長に役立っている。

なえている❶（図3）。子葉にはタンパク質，脂肪など発芽に必要な養分がたくわえられている。種子の100粒重は，特殊なものを除き10～50gの範囲で，種子重量の90%は子葉である。

発芽では，まず，幼根が伸び出し（主根），それとともに下胚軸が上に伸長し，子葉が地上にあらわれる（これを出芽という）❷。主根は下方に伸び，伸長の過程で多数の側根を出す（図4）。

発芽には，適度の温度，水分，酸素が必要である。低温，多湿，圧密土壌などの条件下では，発芽・出芽が阻害される。また，肥料が種子に接触したり近接したりしていると，塩類障害を起こし，出芽が阻害される。ダイズは，胚軸，子葉が地上に出る地上子葉型なので，ハトなどの食害を受けやすい。

茎・葉・根の成長

出芽後，子葉についで出る1枚目の葉を初生葉といい，単葉で，ともに対生する。茎の成長とともに各節に葉柄と葉身が形成される。本葉は複葉で，互生する。複葉は通常3枚の小葉からなる（図5）。小葉の形には丸葉や長葉があり，品種の大きな特性となっている。葉は調位運動をおこない，着生角度を光の方向や強さに対応して変化させる。

主茎は伸長して，ふつう十数節を形成し，下位節や中位節からは分枝が発生する。栽植密度が高いほど主茎は長くなり，分枝の発生が少ない。

根は，成長とともに根群を形成し，乾燥条件では下方に深く伸び，湿潤条件では浅く分布する。根粒は，たねまき後10日ころか

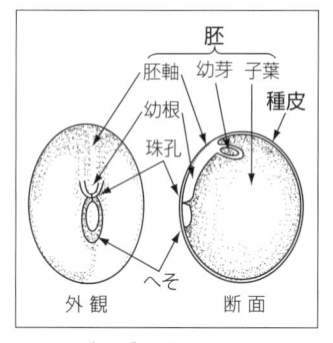

図3　ダイズの種子

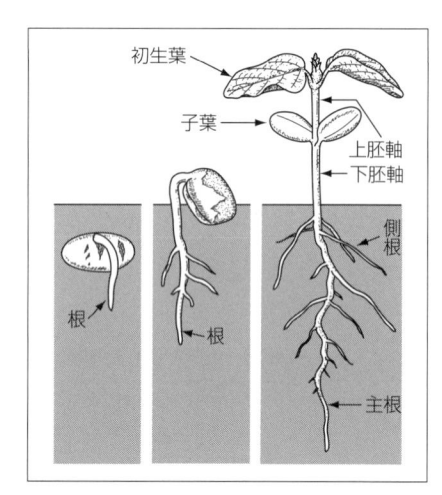

図4　ダイズの出芽

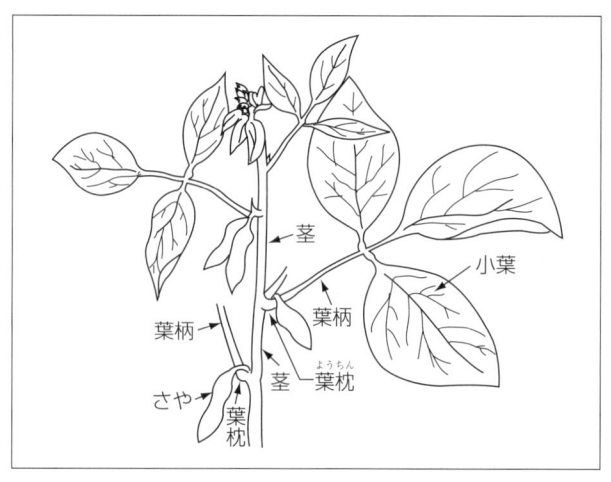

図5　ダイズの地上部の名称

らみえ始め，根群の上層に多く着生する。根粒内では，根粒菌が
ダイズの光合成産物をエネルギー源として生活し，空気中の窒素
を固定してダイズに供給している（図6）。

開花と結実

ダイズの花芽は葉えきに形成され，十数花が集まって花房をかたちづくる。花芽の分化・発達は短日条件で促進される❶。

開花は午前中におこなわれ，ふつう，開花直前に受粉するので，主として自家受精である。受精後，胚の発達とさやの伸長が進み，開花後2～3か月で完熟する。さやは完熟すると褐色に変化し，乾燥が進むとさやが裂開して種子をはじき出す。

ダイズの花❷（図7）は，発達過程で多くが落花し，結実後も落きょうが多いので，**結きょう率**❸は，ふつう20～40%である。開花・着きょう期の低温，水分不足，日照不足などの環境条件は，落花，落きょうを多くする（図8）。

ダイズは，栄養成長と生殖成長が並行して進む期間が長く，開花始め後も茎葉の成長を続けている。乾物重の推移は，開花期までは緩やかに増加し，開花期からさや伸長期にかけて急激に増加する。葉面積指数も同様に，開花期以降に急増する。

肥料養分で最も吸収量の多いのは窒素で，ついでカルシウム，カリウム，リン，マグネシウムの順である。これら養分の吸収経過は乾物の増加曲線と類似し，開花期以降に急増し，子実肥大期に最大に達する。ダイズの吸収する窒素は，土壌の地力窒素および施肥窒素のほか，根粒菌による固定窒素からなる❹。

❶日長に対する反応は，品種によって異なる。

❷花の色は，白か赤紫である。

❸受精・結実後さやになる割合。

❹全吸収窒素量のうち，根粒菌による吸収割合は環境条件によって大きく変動する。土壌中の無機態窒素濃度が高いときには，根粒菌の着生・活性が低下し吸収割合が低くなる。根粒菌の活性に好適な条件下では，吸収割合は80%をこす場合がある。根粒菌の活性はまた，宿主であるダイズ品種との親和性，土壌水分，土壌中の酸素濃度，日照などにも影響される。

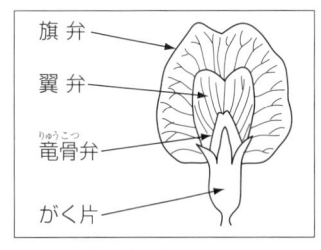

図7 ダイズの花

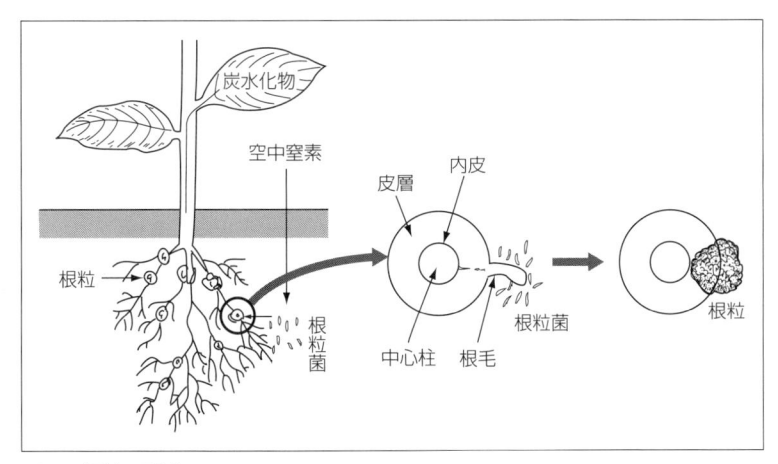

図6 根粒の形成

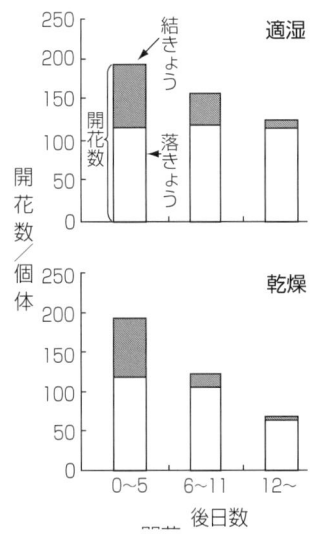

図8 ダイズの土壌水分のちがいによる開花数と結きょう数
注 乾燥は，開花期間に水分供給を制限した。

3 栽培の実際

作期と品種の選び方

作期 ダイズは夏作物なので，基本的には春にたねまきし，秋に収穫する[1]。麦類などの冬作物の収穫後にあたる初夏にたねまきし，秋おそく収穫する作型もある（図9）。

ダイズは連作すると，病虫害の発生などで収量が低下する。そのため，畑作地帯ではイネ科作物，いも類などとの輪作がおこなわれている。水田転換畑では3年以上の連作で減収する例が多いので，ダイズを2，3年連作したあとは，他作物を作付けするか，水稲に戻す体系がとられる。

品種の特性と選び方 ダイズ品種の選択にあたっては，次のような特性を考慮する。

早晩性 生育日数の長短によって，早生品種，中生品種，晩生品種に分けられる。また，わが国では，開花までの日数と開花から結実までの日数との長短によって，表3のように品種を分類する方法が用いられている。

夏ダイズは一般に早生で，日長とあまり関係なく花芽が分化し，生育期間が短い。春にたねまきすると夏に成熟する。**秋ダイズ**は晩生で，生育日数が長く，秋の短日条件で花芽分化する。**中間型ダイズ**は夏ダイズと秋ダイズの中間的性質をもつ。

一般に，生育期間が長く確保できる条件では，晩生品種を選択すると多収が期待できる。たねまきが遅くなる場合や促成栽培では，早生品種を選ぶ。

病虫害抵抗性，機械化適応性など[2] ダイズは病害虫の被害が多

---

[1] エダマメ栽培では，ビニルハウスを利用し，冬にたねまきし，春に収穫する作型もみられる。

[2] 近年，アメリカ合衆国で遺伝子組換え技術を用いた除草剤耐性品種が育成された。わが国では，まだ遺伝子組換え品種の使用は認められていない。

表3 開花までの日数と結実日数の長短によるダイズ品種の生態型　　（福井重郎による）

	生態型	開花までの日数	結実日数
夏ダイズ	Ⅰa	極短	短
	Ⅰb	極短	中
	Ⅱa	短	短
中間型	Ⅱb	短	中
	Ⅱc	短	長
	Ⅲb	中	中
	Ⅲc	中	長
秋ダイズ	Ⅳc	長	長
	Ⅴc	極長	長

注　開花までの日数を極短（Ⅰ）から極長（Ⅴ）まで，結実日数を短（a）から長（c）まで，それぞれを記号化して組み合わせ，生態型をあらわしている。

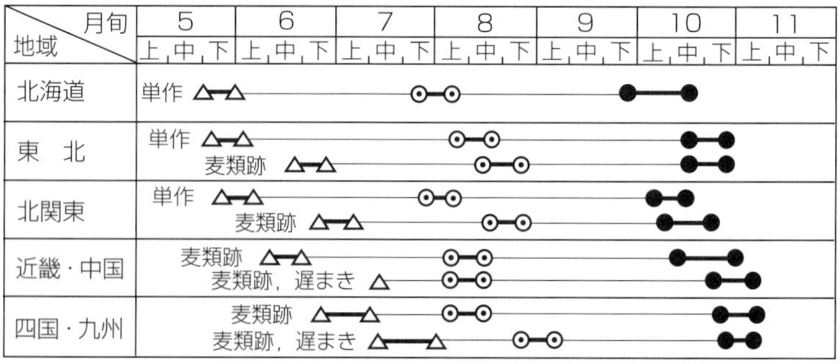

図9　ダイズの地域別作期の例（中生品種を基準）

い。ウイルス病（モザイク病，わい化病）やダイズシストセンチュウに対して抵抗性をもつ品種が多く育成されているので，これらの抵抗性品種を選ぶ。

　また，機械化栽培では，難裂きょう性，成熟の斉一性，高い着きょう位置の性質をもつ品種を選ぶ。

　そのほか，寒冷地では耐冷性品種の選択も重要である。

　品質　品種によって，タンパク質や脂肪の含有率，粒の大小が異なり，用途により求められる品質が異なるので，利用目的に適した品種を選ぶ。一般に，豆腐用にはタンパク質含有率の高いもの，納豆用には小粒の白目種，みそ用には黄色ないし黄白色の中〜大粒種，煮豆用には全糖含量の高い白目種あるいは黒色種❶が適している。

❶黒豆とよばれる（丹波黒など）。

　地域別の主要品種をみると，表4のようである。

ほ場の準備とたねまき

　ほ場の準備　ダイズの生育には，弱酸性から中性で肥料養分に富み，排水のよい土壌が好適である。酸性土では石灰を施用し，pH6.0〜6.5ていどに矯正する。

　窒素，リン酸，カリは，それぞれ10a当たり成分量で1〜3kg，

表4　ダイズの地域別主要品種　　　　　　（農林水産省の資料より，平成27年産）

地域	品種名（作付面積の多い順）
北海道	ユキホマレ，ユキシズカ，トヨムスメ，スズマル
東北	リュウホウ，ミヤギシロメ，おおすず，タチナガハ
関東	タチナガハ，里のほほえみ，ナカセンナリ，納豆小粒
北陸	エンレイ，里のほほえみ
東海	フクユタカ
近畿	フクユタカ，ことゆたか，丹波黒
中国四国	サチユタカ，丹波黒，フクユタカ，タマホマレ
九州	フクユタカ，むらゆたか
全国	フクユタカ，ユキホマレ，エンレイ，リュウホウ，タチナガハ

図10　無限伸育型品種（上）と有限伸育型品種（下）の草型

参考　ダイズの品種と伸育性

　ダイズの品種は，茎の伸び方によって，無限伸育型，有限伸育型，半無限伸育型に分けられる（図10，→p.21）。

　無限伸育型は，下位節の花芽分化後も茎頂の生育が長く続き，頂部ほど茎が細く，葉が小さくなり，頂部の花房は未発達で終わる。

　有限伸育型は，下位節の花芽分化後まもなく頂部の成長が止まり，頂部の茎，葉は大きく，花房は発達する。わが国の品種のほとんどは有限伸育型である。

5～10kg，5～8kgが標準である。窒素供給能の高い土壌では窒素施用量を減らし，黒ボク土（火山灰土）ではリン酸を多く施す。

ダイズを栽培したことのないほ場では，根粒菌を接種する。水田転換畑では排水溝をつくり❶，降雨時の滞水を防ぐ。

たねまき　たねまきは，晩霜のおそれがなくなれば可能であり，北日本では5月中・下旬，関東地方では6月，九州地方では6～7月が標準である。

種子は消毒済みのものを用いる。動力播種機（はしゅき）を用いる場合は，うね幅を60～70cmとし，まきみぞにすじまきにして，覆土（2～4cm）をおこなう❷。

たねまき量は，採用した品種の最適な栽植密度を計算して決める。1m²当たり10～20本を標準として，早生品種を採用した場合，あるいはたねまきの時期がおそい場合には，量を多くする。

❶地下水位の高い転換畑では，高うね栽培にすると生育がよい。

❷動力播種機では，まきみぞ切り，たねまき，覆土を同時におこなう。

栽培管理

中耕・培土　たねまき後，開花期までに2,3回中耕・培土をおこなう（図11，12）。

中耕は，除草，乾土効果による地力窒素の発現促進，排水促進などの効果がある。培土は，これらに加えて倒伏防止，不定根発生による養分吸収の促進などの効果がある。なかでも，中耕による除草の効果が大きい。近年，除草剤の活用により，中耕・培土をおこなわない栽培例もみられる。

病害虫防除　ダイズの主要な病害は，わい化病，モザイク病，紫はん病，立枯れ性病害などである（表5）。発生の多い地帯では抵抗性の品種を採用し，輪作によってできるだけ発生を抑制する。わい化病はアブラムシによって伝染するので，たねまき時まきみぞへの殺虫剤散布も有効である。また，モザイク病のように種子伝染するものは，り病種子を除く。

主要な害虫は，マメシンクイガ，カメムシ類，ダイズサヤタマ

図11　トラクタによる中耕・培土作業

広がる外国での不耕起栽培法

参考

南北アメリカ大陸では，たねまき前の耕起，整地，および中耕・培土をおこなわない不耕起栽培法が急速な勢いで普及しつつある（図13）。

この方法では，不耕起用のたねまき機を用い，みぞを切ってそこに種子をまく。

もともとは降雨や風による土壌侵食を防止する方法として試みられたが，慣行栽培を上回る収量を得ている地帯もある。

バエ，シロイチモジマダラメイガ，ハスモンヨトウなどである。マメシンクイガは北日本で多く，他の害虫は暖地ほど発生が多い。これらの害虫に対しては，抵抗性品種はほとんどないので，殺虫剤の散布によって適期防除に努める。

5 　また，根に寄生して減収をもたらすダイズシストセンチュウ（図14）に対しては，抵抗性品種の採用と輪作によって防止する。

収穫・調製　収穫の適期は，さやの水分が20％以下，茎の水分が50〜60％以下になったときである。小規模な栽培では手作業で引き抜き，地干し乾燥して脱穀す
10 る方法や，ビーンハーベスタ（集束型刈取機）で刈り取り，脱穀・乾燥する方法がとられている。

　近年，大規模な経営ではコンバインを用いる場合が多くなって

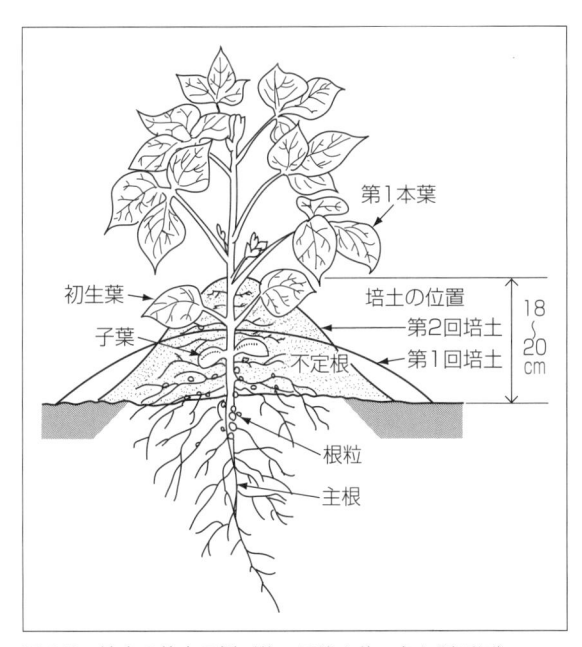

図12　培土の仕方の例（第2回培土後のうね断面図）

図13　ダイズの不耕起栽培（南米パラグアイ）
注　コムギの収穫後，耕起作業を省略してダイズのたねまきをおこなう。

表5　ダイズの主要病害虫と防除法

病害虫	発生地域／多発条件	防除法
わい化病	北海道〜東北／連作	アブラムシの防除，輪作
モザイク病	全国	抵抗性品種の利用
立枯れ性病害	全国／連作	輪作
ダイズシストセンチュウ	全国／連作	抵抗性品種の利用，輪作
マメシンクイガ	北海道〜東北	薬剤散布
カメムシ類	東北以南	薬剤散布
ハスモンヨトウ	西南暖地	薬剤散布

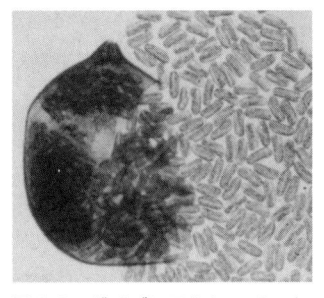

図14　ダイズシストセンチュウ

きた（図15）。コンバインで収穫する場合，茎の水分が多いと粒が茎葉の汁液で汚染されるおそれがあるので注意が必要である。また，乾燥しすぎた場合には，粒がはじけて収穫ロスが多くなる。

脱穀後の乾燥は高温に注意する。粒の水分は15％以下に調製して出荷する。

4 用途と品質

ダイズの用途は，製油，食品に大別される❶（図16）。食品としての用途別使用量を図17に示す。食品としての利用法は多様で，発酵の有無によって次のように分けられる。

無発酵食品 豆腐，煮豆，きな粉，豆乳，ゆば，もやし，などのほか，菓子原料として広く用いられる。また，タンパク質を抽出，成型（繊維状，粉末状など）して，

❶食品以外に工業的にも利用されている。接着剤，塗料，潤滑油，プラスチック，印刷用インクなどの原料としてさまざまな用途がある。ディーゼル油としての利用も検討されている。

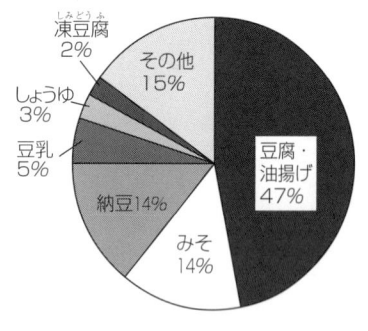

図17 食品用ダイズの用途別使用割合（農林水産省の資料より，平成27年の数値で合計は96万 t）

凍豆腐 2%
しょうゆ 3%
豆乳 5%
納豆 14%
みそ 14%
その他 15%
豆腐・油揚げ 47%

図15 コンバインによるダイズ収穫

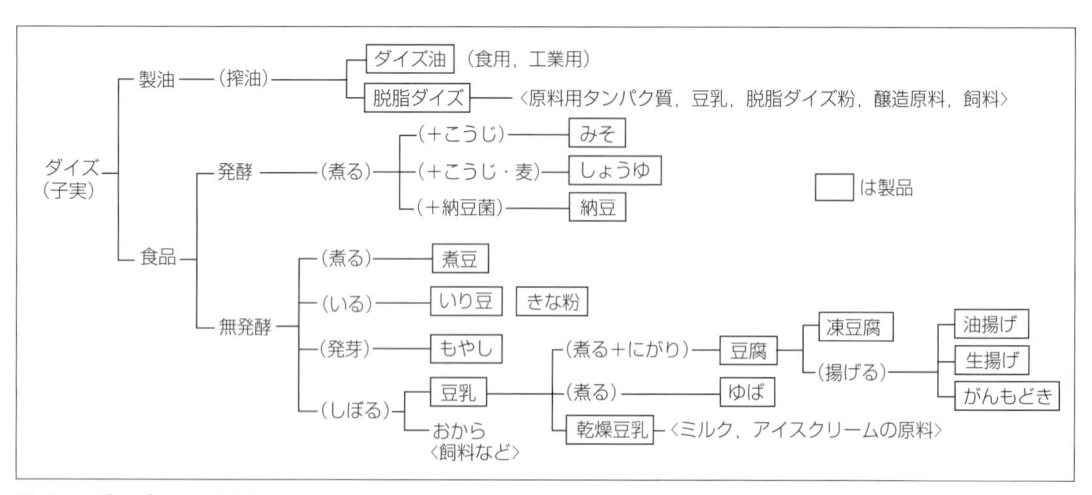

図16 ダイズのおもな用途

さまざまな食品原料として用いられている。

| 発酵食品 | しょうゆ，みそが代表的である。いずれも，ダイズ，ムギ，米を原料として，コウジカビのはたらきをたくみに利用した食品である。食塩を加えるので，長期間の保存に耐えられる。一方，納豆❶は塩を使わない，いわゆる無塩発酵なので保存はきかない。

食品用ダイズの用途別に要求される形質を，表6に示す。

5 経営・流通の特徴

ダイズは，輸入品が大部分をしめているが，国内産ダイズは品質面での評価が高い。品質の維持・向上と生産コストの低減が重要である。

北海道では大規模な畑輪作体系で栽培されるが，本州では水田転換作物としての栽培が多くなっている。イネに比べて収益性が低いので，生産コストをできるだけ抑えて栽培することが必要である。ダイズ作の労働時間や生産費は作付規模によって大きく左右されるので（図18），ダイズを作付ける水田転換畑を集中させ，機械作業や排水の効率を高めることが望まれる。

ダイズは，地場で加工・消費される場合（図19）と，全国的に流通して消費される場合とがある。全国的な流通による場合には，とくに一定水準以上の品質と量が要求されるので，品種の統一や収穫物の調製を組織的におこなう必要がある。

表6　食品用ダイズに期待される形質　（「食品加工総覧9」2000年による）

用途	子実成分および蒸し煮ダイズの特性	子実の外観，品質，その他
豆腐	粗タンパク質含有率が高いダイズが適する。豆乳中の固形物抽出率が高いと豆腐収率が高い。高タンパクでかたい豆腐に，高脂肪でやわらかい豆腐に，特異成分（リポキシゲナーゼ欠など）で淡白な豆腐になる	小粒以外は豆腐収率の影響は小さい
みそ	高炭水化物で，吸水率が高いダイズが適する。蒸し煮ダイズはやわらかく，かたさのふれが少ないのがよい。色調が明るく，あざやかである	中粒の白目。そろいがよく，裂皮が少ない
煮豆	高炭水化物で，吸水率が高いダイズが適する。蒸し煮ダイズは，やわらかく，かたさのふれが少ないのがよい。色調が明るく，あざやかである	大粒〜極大粒の白目。そろいがよく，裂皮が少ない
納豆	高炭水化物で，吸水率が高く，糖類，アミノ酸含有率が高いダイズが適する。蒸し煮ダイズはやわらかく，甘味があるものがよい	極小〜中粒の白目。裂皮がなく，粒そろいがよい

❶インドネシアのテンペ，タイのトゥアナオ，ネパールのキネマなどが，納豆と同じ無塩発酵食品として，それぞれの国で親しまれている。

● やってみよう

ダイズもやしをつくってみよう。
①粒選したダイズを水に1日つける。
②排水孔のついた台の上にガーゼを敷き，ダイズを並べ，カバーでおおって暗くする。
③室温20〜25℃ていどのところにおき，芽を出させる。
④数時間ごとに粒に温水をかけ，水分を保ちながら芽を伸ばし，1週間くらいで10cmていどに伸びたら，水洗いして仕上げる。

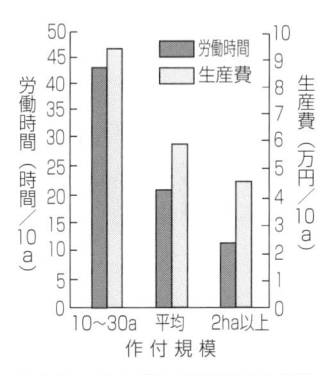

図18　ダイズ作付規模別の労働時間と生産費
（農林水産省の資料より）

図19　地場産ダイズを利用した各種加工品

豆　類
❷ラッカセイ

学名：*Arachis hypogaea* L.
英名：peanut
原産地：南アメリカ
利用部位：子実
利用法：食用油，いり豆，ゆで豆，ピーナッツバター
主成分：脂質，タンパク質
主産地：千葉県，茨城県，神奈川県

結きょうが進んだラッカセイ

❶従来，栽培の北限は，小粒種で南関東，大粒種で関東地方とされていた。東北地方で栽培が可能になったのは，ビニルマルチ栽培による生育促進と早生種の組合せによる。

❷ビタミンEは老化を防止し，オレイン酸はコレステロールを減らすはたらきがある。

表1　おもな食品成分（乾燥子実，可食部100g中）

エネルギー	562kcal (2,351kJ)
水分	6.0g
タンパク質	25.4g
脂質	47.5g
炭水化物	18.8g
灰分	2.3g
カリウム	740mg
カルシウム	50mg
マグネシウム	170mg
食物繊維総量	7.4g

（「七訂日本食品標準成分表」による）

1 ラッカセイの特徴と利用

　ラッカセイは，ボリビア地域で野生種から栽培化されたものと推定されている。わが国には18世紀のはじめに中国をへて伝来したが，本格的に栽培されようになったのは明治時代以降である。
　世界全体では，アジアで栽培が多く，中国とインドが2大主産国である。わが国では，1960〜70年代に10万tをこすまでの生産があったが，平成28（2016）年には1.6万tに減少している。従来は関東以西での栽培が一般的であったが，1970年代以降，栽培方法の改善により東北地方の青森県でも栽培が可能になった❶。
　ラッカセイの子実は，脂質，タンパク質の含量が多く（表1），ミネラル類，ビタミン類では，とくにビタミンEが多い。脂肪は不飽和脂肪酸で，オレイン酸（脂肪酸）が多く含まれる❷。
　ラッカセイの利用は，世界的には製油用が主であるが，わが国ではいり豆，ゆで豆，ピーナッツバターなどに加工される。

2 一生と成長

　生育経過を図1に，生育に適した環境を表2に示す。

種子と発芽　種子はさや内に2〜5粒含まれる。発育中には，きょう殻（子房壁）の表面から養水

分を吸収する。種子は淡赤色などの種皮に包まれ、内部は貯蔵養分に富む子葉である。

ラッカセイの種子は成熟後休眠する性質があり、短い品種では約10日、長い品種では数か月に及ぶ。休眠は大粒種で長い。

出芽のさいには、子葉は地表面に出たところで開く特性をもち（図2）、ダイズやインゲンマメなどの地上子葉型と、アズキなどの地下子葉型（→ p.164図4, p.179図2）との中間型である。

茎・葉・根の成長

種子根（主根）は下に伸び、側根は主根から規則的に4列に並んで形成される。根粒は、側根基部に多く形成される。

主茎は上方に伸長し、低節位から分枝が発生する。分枝の発生様相から、立性、ほふく性、中間型の草型に分類される。

葉は、暗黒下では対になっている小葉が閉じ、**就眠運動**をおこなう。葉肉内には貯水細胞があり、乾燥耐性が強い。

開花とさやの肥大

花芽は生殖枝の葉えきに数個形成される。開花前に花粉の放出があるため、主として自家受精である。

受精数日後に子房柄が伸び、先端の子房は地下に伸長し、肥大成長してさやになる（図3）。開花後の子房は地下まで伸長できずに発育を停止するものが多く、結きょう率は約10%にすぎない。

耐干性は強いほうであるが、乾燥条件では実のはいらないさや

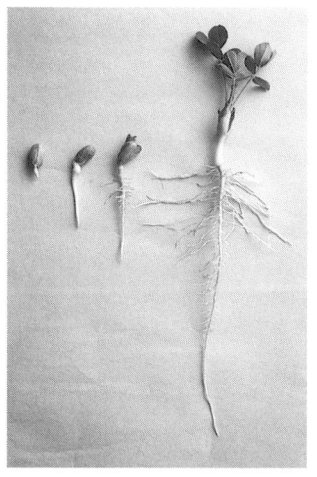

図2 ラッカセイの発芽の進み方

表2 生育に適した環境

発芽適温	23～30℃
生育適温	15～33℃
好適土壌	砂質土壌 pH5.2～5.8

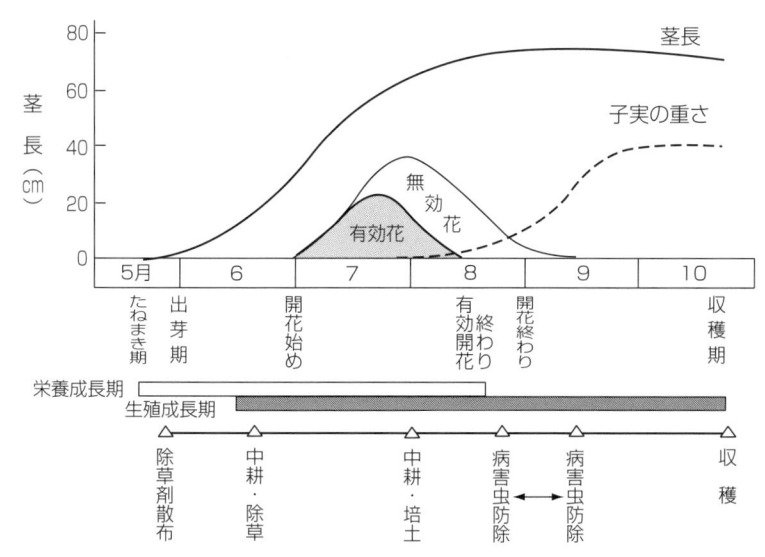

図1 ラッカセイの生育経過とおもな作業（模式図、関東地方を想定）

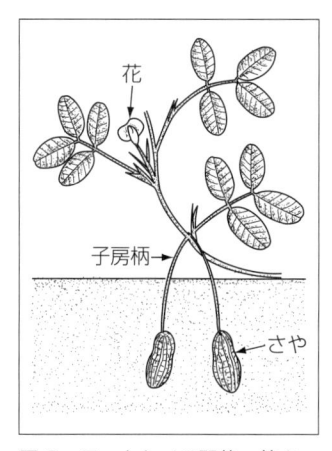

図3 ラッカセイの開花～着きょう期のようす

❶さやの発育にはカルシウムの効果が大きい。カルシウムは子房から直接吸収され，ほかの根からの移動はほとんどない。

が多くなり，収量が低い❶。さやの発達には暗黒条件が必要で，発育中に光があたるとさやの発育は阻害される。

3 栽培の実際

作期と品種の選び方

ラッカセイは，粒の大きさや草型などによって，バージニアタイプ，バレンシアタイプ，スパニッシュタイプ，サウスイーストランナータイプに分類される（図4）。

バージニアタイプは大粒の晩生で，わが国ではこのタイプが多く栽培されてきた。なかでも千葉半立（昭和28〈1953〉年育成）は長いあいだ主要品種の地位をしめている。他の3つのタイプは小粒で，わが国では栽培が少ない❷。

主産地の関東地方では，5月中・下旬にたねまきをおこない，10月に収穫するのが一般的である。九州地方では，4月中・下旬にたねまきをおこない，8月下旬～9月上旬に収穫する。東北では，5月上旬にたねまきし，9月中旬～10月上旬に収穫する。

品種は，各地の奨励品種のなかから選ぶ。いり豆用としては，千葉半立（関東地方），タチマサリ（全国，東北のマルチ栽培），ナカテユタカ（関東～九州）が代表品種である。近年，ゆで豆用品種のユデラッカなどが育成され，普及が期待されている。

ほ場の準備とたねまき

排水がよく，膨軟な砂質土壌がきょう実の形成と収穫に適している。酸性土では石灰を施用して酸度を矯正する。

肥料は窒素，リン酸，カリを，それぞれ10a当たり成分量で3kg，10kg，10kgていど施すのが標準である。ラッカセイをはじ

❷わが国では，従来の品種は，大粒種は晩生，小粒種は早生の特性をもっていたが，近年では各草型間の交雑育種により，早生・大粒，晩生・小粒などの特性をもつ品種が多く育成され，従来の分類基準に合致しない品種が多くなった。

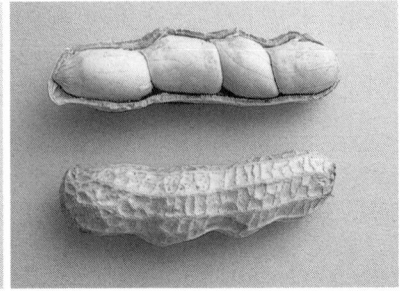

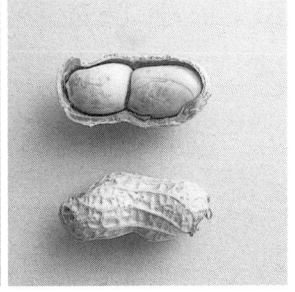

図4　品種のタイプと子実の形（左から，バージニアタイプ，バレンシアタイプ，スパニッシュタイプ）

めて作付けするほ場では根粒菌を接種する。

さやから取り出した種子を消毒してまく。たねまき適期は，関東地方の裸地栽培の場合には5月中・下旬であるが，ビニルマルチ栽培（図5）では2週間ていどはやくたねまきできる。たねまき密度は1m^{2}当たり5〜10株が標準である。

マルチ栽培では，マルチ張りと同時にたねまきできる機械も開発され，作業時間が短縮されている。

栽培管理　中耕は，除草と結きょう圏の土壌改善を目的に，2,3回おこなう。カルシウムが不足するほ場では，開花前に石灰を散布して土壌と混ぜ，培土すると増収効果がある。褐ぱん病，そうか病などの防除を適宜おこなう。

マルチ栽培では，開花10日後にビニルフイルムを取り外す。

収穫・調製　開花期間が長いため，きょう実の成熟は不ぞろいである。収穫適期は70〜80％ていど落葉したころである。株を抜き取り，根の土を払って数日間，野積み乾燥をおこなう（図6）。乾燥後，脱きょう機で脱きょうする。殻つき，あるいは殻を除いた豆を出荷する。種子用は殻つきで保存する。

4 用途と品質

一般に，製油用やピーナッツバター用には脂肪含量の多い小粒種が，いり豆や菓子用には風味のよい大粒種が適している。国産のラッカセイは，いり豆（さやつき）やバターピーナッツ（バターをまぶしたむき豆）に利用される。

5 経営の特徴

連作によって褐ぱん病，黒しぶ病などの病害やキタネコブセンチュウの発生が多くなるので，イネ科作物や野菜との輪作を基本にした経営が望ましい。輸入品との競合が激しいので，良質の品種を選定し，適正な栽培管理によって品質向上に努めることが重要である。

● **やってみよう**

とれたてのラッカセイで，ピーナッツバターをつくってみよう。
①生ラッカセイのさやから実を取り出し，塩をふり，フライパンでいる。こげやすいので，弱火でゆっくりいる。
②いったラッカセイの皮を取り，ミキサーでどろどろにする。
③溶かしたバターあるいはサラダ油を加えてよく混ぜる。
④塩と砂糖を加えて好みの味に仕上げる。

図5　ビニルマルチ栽培

図6　野積み乾燥

豆　類
❸ インゲンマメ

学名：*Phaseolus vulgaris* L.
英名：kidney bean
別名：サイトウ（菜豆）〈北海道〉
原産地：中央アメリカ
利用部位：子実
利用法：煮豆，あん，甘納豆
主成分：炭水化物（デンプン）
主産地：北海道

次々と結きょうするインゲンマメ

❶インゲンマメはアジアで栽培が多く，世界総生産量の約50％をしめる。わが国での生産量は，1950～60年代に10万t以上あったが，平成12（2000）年には1.5万t台に減少している。
　インゲンマメは，ダイズやアズキよりも低温に強く，主産地の北海道では収量変動が豆類のなかでは最も少ない。

❷種子の寿命は約2年で，3年目からは発芽率がきょくたんに低下する。

表1　おもな食品成分（乾燥子実，可食部100g中）

エネルギー	333kcal（1,393kJ）
水分	16.5g
タンパク質	19.9g
脂質	2.2g
炭水化物	57.8g
灰分	3.6g
カリウム	1,500mg
カルシウム	130mg
マグネシウム	150mg
食物繊維総量	19.3g

（「七訂日本食品標準成分表」による）

1 インゲンマメの特徴と利用

　インゲンマメは，メキシコを中心とした中米地域で，野生種から栽培化されたと推定される。わが国には17世紀ころに中国をへて伝来したとされ，本格的に栽培されたのは明治時代初期にアメリカ合衆国から品種を導入してからである❶。

　子実のおもな成分は炭水化物で，タンパク質も比較的多い（表1）。わが国では，大部分が煮豆，甘納豆，あん（白あん）に利用される。

2 一生と成長

種子と発芽　種子は無胚乳種子❷で，形状と種皮の色は多様である。出芽時には下胚軸が伸長して子葉が地上に出る，地上子葉型である。

根・茎・葉の成長　出芽後，子葉，初生葉が対生する。本葉は3枚の小葉からなる複葉である。種子根（主根）はあまり伸びず，側根が多数生じて主根よりも長く伸びる。

　わい性の品種では，主茎の節数は5～7で，茎の長さは50cmていどである（図1）。つる性の品種では，2～3mにも伸び，旋回して支柱に巻きつく（図2）。

開花とさやの形成

葉えきから花茎が出て，数個の花がつく。花芽は，わい性品種では主茎と側枝にほぼいっせいに分化するが，つる性品種では第6～7節から順次上位に分化する。さやの長さは10～20cmで，成熟すると容易にはじける。結きょう率は低く，全開花数に対し10～40％にすぎない。

3 栽培の実際

インゲンマメの生育に適した環境を表2に示す。

作期と品種の選び方

主産地の北海道では，ふつう，5月中・下旬にたねまきをし，9月に収穫する。感光性，感温性（→p.21）に大きな品種間差異があるので，その地域に適応した品種の選定が重要である❶。

ほ場の準備とたねまき

豆類のなかでは土壌の酸性に最も弱いので，石灰の施用により酸度矯正をおこなう。窒素，リン酸，カリを，それぞれ10a当たり成分量で4kg，10kg，10kgていど施肥するのが標準である❷。

種子は消毒してまく。たねまき期は晩霜が終わったころである。うね幅60cmで，株間は品種により調節する。

栽培管理

中耕，培土などの管理作業は，他の豆類と同様である。開花初期の窒素追肥は効果が高い。病害虫防除は適宜おこなう。

収穫・調製

収穫適期は，茎葉が枯れ始め，さやの大部分が黄変したころである。株を抜き取ったり刈り取ったりして，数日間野積み乾燥をおこなう。

4 経営の特徴

連作によって病害（炭そ病，菌核病）の発生が多くなるので，イネ科作物や根菜類との輪作を基本にする。

煮豆用の国産金時類は輸入品を上回る評価を得ているが，白あん用の手亡類は輸入品との厳しい競合関係にさらされている。品種の選定，適期収穫や調製による品質の維持・向上が重要である。

---

❶品種は，用途によって，乾燥子実用，若さや用，むき実用に大別される。煮豆・甘納豆用には金時類，白あん用には手亡（てぼう）類の品種を選ぶ。わい性品種には子実用が多く，支柱が不要なので，大規模な栽培に適する。

❷根粒菌の着生がおそく数も少ないので，他の豆類より窒素肥料は多めに施用する。

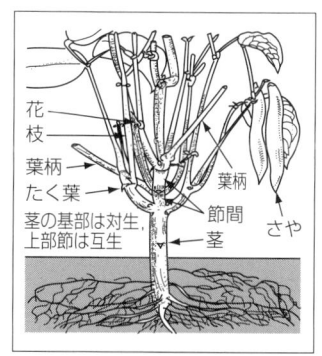

図1 インゲンマメ（わい性）の草状 （永井，1943）

図2 インゲンマメ（つる性）の着きょう状況

表2 生育に適した環境

発芽温度	最低 7.5℃ 最適 27℃前後
生育適温	20～25℃
好適土壌	埴壌土 pH6～7

豆 類
❹ アズキ

学名：*Vigna angularis* (Willd) Ohwi et Ohashi
英名：azuki bean
原産地：東アジア
利用部位：子実
利用法：あん，甘納豆など
主成分：炭水化物（デンプン）
主産地：北海道，青森県，岩手県，福島県，秋田県

収穫まぢかのアズキ

❶アズキの祖先種はヤブツルアズキとされている。この種は中国，朝鮮半島，日本，ブータンなどに広く分布するが，原産地がいずれかについては定説が得られていない。

❷中国では，12月8日，米，アズキ，ヒエなどでつくったかゆを食べ，邪気を払う風習が伝えられている。

表1　おもな食品成分（国産・乾燥子実，可食部100g中）

エネルギー	339kcal（1,418kJ）
水分	15.5g
タンパク質	20.3g
脂質	2.2g
炭水化物	58.7g
灰分	3.3g
カリウム	1,500mg
カルシウム	75mg
マグネシウム	120mg
食物繊維総量	17.8g

（「七訂日本食品標準成分表」による）

1 アズキの特徴と利用

アズキ❶は中国，日本で古くから栽培されてきた。東アジア以外での栽培は少ない。アズキの赤い色は，古代中国では儀礼習俗や薬効と結びつき，特徴的な利用❷がなされてきた。

わが国では，かつては自家消費用として栽培され，赤飯の着色用として，また和菓子のあん用として古くから親しまれてきた。商品作物としての生産は，明治時代以降，北海道などで栽培されるようになってからである。現在でも，北海道が全国生産の80%以上をしめる。そのほか，東北地方，九州地方の一部にも産地がみられる。

アズキは，豆類のなかではタンパク質や脂質が少なく，炭水化物の含量が多いので（表1），あんの原料に適している。

2 一生と成長

アズキの生育に適した環境を表2に示す。

種子と発芽　アズキの種子は無胚乳種子である（図1）。種皮の色は，ふつう赤褐色（あずき色）であるが，黒色，灰白色，緑色のものもある。

発芽後に下胚軸がほとんど伸長しない。そのため，出芽のさい

に子葉が地上に出ないで上胚軸が伸長し，1対の初生葉が地上に出る（図2）。このような出芽の仕方を地下子葉型という。

■ 茎・葉・根の成長

草丈は，一般には30～70cmていどである。主茎の下位節からは分枝が数本生じる。アズキは温暖な気候で生育がよく，低温や過湿には弱い。低温年には栄養成長が阻害され，いちじるしく減収する。

■ 開花と結実

花は葉えきに生じる花柄につく（図3）。開花後も栄養成長と生殖成長が並行して進む。開花期間は30日以上に及び，自家受精する。

開花した花の半分以上は落花，落きょうするため，さやまで成長するものは全花数の50%以下である。

3 栽培の実際

■ 作期と品種の選び方

アズキの品種には，春にたねまきし晩夏に収穫する夏アズキ型，初夏にたねまきし秋に収穫する秋アズキ型，および中間型❶がある。これらの感温性，感光性については，ダイズと同様である。

主産地の北海道では，夏アズキ型の品種が用いられ，5月下旬にたねまきし，9月中・下旬に収穫する。東日本や，西日本の暖地では作型により多様な品種が使われる。

品種は，作期と生態型，耐病性，用途，その地域の奨励品種な

❶一般に初夏にたねまきする。

表2　生育に適した環境

発芽温度	最低 10℃ 最適 32～33℃
生育温度	最低 10℃ 最適 20～25℃
好適土壌	埴壌土および壌土 pH6～6.5

図1　種子の外観と断面

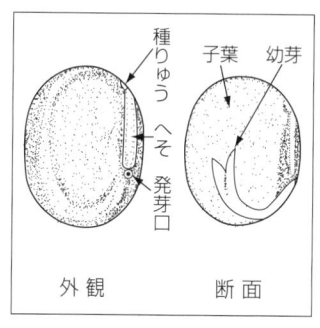

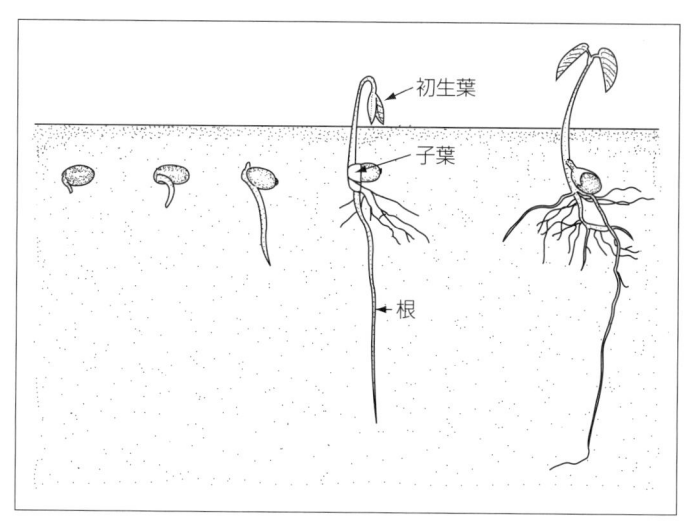

図2　アズキの出芽のようす

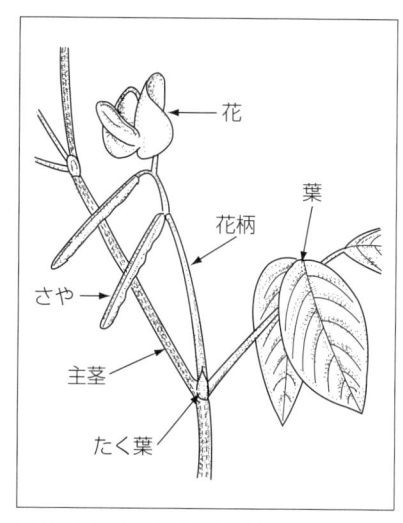

図3　アズキの花と若いさや

❶アズキは気候による作柄の変動が大きい作物とされてきた。たとえば、平年収量160〜180kg/10aに対し、平成5年には87kg/10aの低収であった。しかし近年では、耐冷性のエリモショウズなどの新品種の普及や栽培技術の向上により、主産地の北海道十勝地方ではダイズを上回る多収性、安定性を示すようになっている。

❷大粒で甘納豆に用いられる。

❸種皮が白く白あんに用いられる。

● やってみよう

粒あんは、アズキをまるごと利用するもので、パンやおはぎなどに利用できる。大納言で粒あんをつくってみよう。
①アズキをよく洗ってなべに入れ、たっぷりと水を加えて中火にかける。
②沸騰して2〜3分したら湯を捨て、アズキの3倍の水を加えて、ふたたび火にかける。途中何回か水をさしながら、40〜60分間、ゆっくりとやわらかくなるまで煮る。水は、いつもアズキにたっぷりとかかっているようにする。
③やわらかくなったら、砂糖(ふつう、アズキと同量)と塩(少量)を2〜3回に分けて加え、好みの味にととのえる。

などを考慮して選ぶ。代表的な品種には、エリモショウズ❶(北海道)、丹波大納言❷(京都府、兵庫県)、備中白小豆❸(岡山県)などがある。

| ほ場の準備とたねまき | アズキは、連作するとウイルス病が発生し、いちじるしく減収するので、連作は避ける。また、酸性に弱いので、石灰を施す。

施肥量(元肥)は、北海道では、10a当たり成分量で窒素2〜4kg、リン酸7〜18kg、カリ7〜10kgを標準としている。

たねまきは、地温10℃以上で晩霜害の危険がなくなってからおこなう。種子伝染性のウイルス病が多いので、種子を厳選する。

| 栽培管理 | 中耕、培土、除草、病害虫防除などの管理作業は、ダイズに準じておこなう。

| 収穫・調製 | アズキは成熟がそろわないので、収量と品質を勘案し、約70%のさやが成熟した時期に収穫する。収穫方法、調製はダイズに準じる。

4 用途と品質

市場に流通するアズキの用途は、大部分が製あん用で、そのほか、甘納豆などの製菓に用いられる。流通時の銘柄区分では、100粒重のちがいから、①小粒(10.0〜14.0g)、②中粒(14.1〜17.0g)③大粒(17.1g以上)に分け、小粒と中粒をあわせて「普通小豆」、大粒を「大納言」とよぶ。普通小豆はこしあんに、大納言は甘納豆や粒あんなど粒を生かしたものに使われる。

5 経営の特徴

ダイズなどのほかの豆類と同様、輸入品との競合がいっそう厳しさを増している。しかし、製あん・菓子用として国産アズキの評価は高く、需要は上昇傾向にある。

需要に対応した安定供給のためには、輪作を基本とした計画的作付け、適品種の選択、栽培管理の徹底、適正な収穫・調製を総合的に進め、高品質と出荷量の維持が重要である。

第6章

いも類

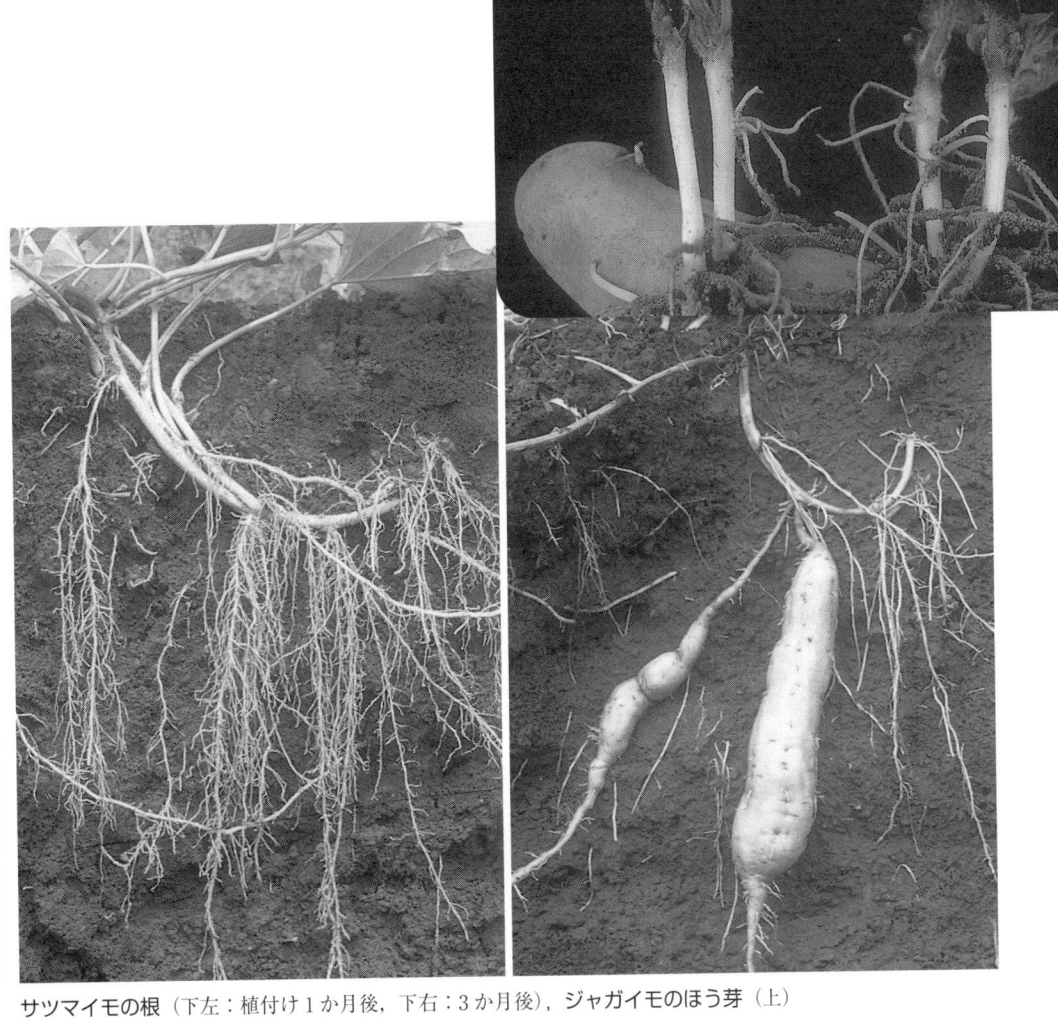

サツマイモの根（下左：植付け1か月後，下右：3か月後），ジャガイモのほう芽（上）

いも類
❶ ジャガイモ

学名：*Solanum tuberosum* L.
英名：potato
別名：バレイショ（馬鈴薯）
原産地：アンデス高原地帯
利用部位：塊茎
主成分：炭水化物，タンパク質
利用法：食用，デンプン原料，加工食品
主産地：北海道，長崎県，鹿児島県

肥大したジャガイモの塊茎（メークイン）

1 ジャガイモの特徴と利用

| 特　徴 | ジャガイモは，ナス，トマト，タバコと同じナス科の作物で，地下部に貯蔵器官の塊茎を形成し，栄養繁殖する。

原産地は，南アメリカのペルーとボリビアを中心とするアンデス高原地帯（標高2,000〜4,000m）である。寒冷地や養分の少ない土地でも栽培できるので，コロンブスの新大陸発見（1492）以降に世界各地に伝わり，広く栽培されるようになった。

日本へは1600年前後にオランダ人によってジャワのジャガタラ❶経由で長崎に持ち込まれ，江戸時代には北海道を含む日本各地で救荒作物として栽培されるようになった。

世界全体での生産量はトウモロコシ，イネ，コムギに次いで多い。旧ソ連地域と東欧地域で多く栽培されているが，最近では中国をはじめとするアジア地域での栽培が増加している。

わが国では，昭和40（1965）年に史上最高の21万haの栽培面積となったが，これ以降の30年間にほぼ半減した。しかし，収量は30年間で60%も増加し❷，生産量は，1970年以降，現在までほぼ同じ水準で推移している。地域別にみると北海道が栽培面積と生産量の大半をしめ，次いで長崎，鹿児島などの西南暖地❸での栽培が多い。

❶ジャワは，現在のインドネシア。ジャガイモのよび名は，ジャガタライモの変化したものと思われる。

❷生育期間の長い北海道ではとくに収量が高く，1995年には史上最高の40t/haを記録した。

❸春と秋の年2回の栽培が可能で，長崎では栽培面積の約25%が秋作である。

表1　おもな食品成分（塊茎生，100g中）

エネルギー	76kcal（318kJ）
水分	79.8g
炭水化物	17.6g
タンパク質	1.6g
脂質	0.1g
灰分	0.9g
カリウム	410mg
カルシウム	3mg
マグネシウム	20mg
食物繊維総量	1.3g

（「七訂日本食品標準成分表」による）

栄養と利用

ジャガイモは，多量の炭水化物（デンプン）とタンパク質，ビタミンB・Cなどを含み（表1），栄養的にバランスのとれた食品であり，旧ソ連やヨーロッパでは主食に近い位置をしめている❶。

日本でのジャガイモの需要量は約400万tで，青果用が25％，ポテトチップスやコロッケなどの加工食品用が30％，デンプン原料用が30％をしめる❷。全体の17％は，主としてアメリカ合衆国から輸入され，すべて加工食品として利用されている。

❶青果と加工食品をあわせた1人当たりの年間消費量は，イギリスでは100kg，オランダでは80kgであり，日本の16kgに比べいちじるしく多い。

❷北海道で生産されるジャガイモの約50％がデンプン原料用で，片栗粉として家庭料理で利用されるほか，かまぼこなどの水産練製品や紡績，製紙の製造過程での添加物となる。

なお，欧米では養豚用の飼料としてジャガイモが用いられるが，日本での利用は少ない。

2 一生と成長

生育経過を図1に，生育に適した環境を表2に示す。

ジャガイモは，葉，茎，花，果実の地上部器官と，根，ふく枝，塊茎の地下部器官からなる。塊茎は，生育のはやい時期に形成され，地上部および根の成長と塊茎の成長とが並行して進む。

たねいもとほう芽

塊茎の頂部から基部に向かってらせん状に目が10個ていど分布し，1つの目は数個の芽をもつ（図2）。ほ場に植え付けると，通常は数個の目から芽が伸長し，主茎となる❸。

塊茎に分布する芽は，塊茎肥大開始後の一定期間，生理的な要因❹によって成長を停止した状態にある（**内生休眠**あるいは自然

❸主茎が地表面に出ることをほう芽とよぶ。

❹塊茎内部のジベレリン含量の低下や休眠物質の蓄積など。

表2　生育に適した環境

ほう芽温度	最低5℃ 適温10〜20℃
生育適温	15〜23℃
好適土壌	砂質土壌 pH5.5〜6.5

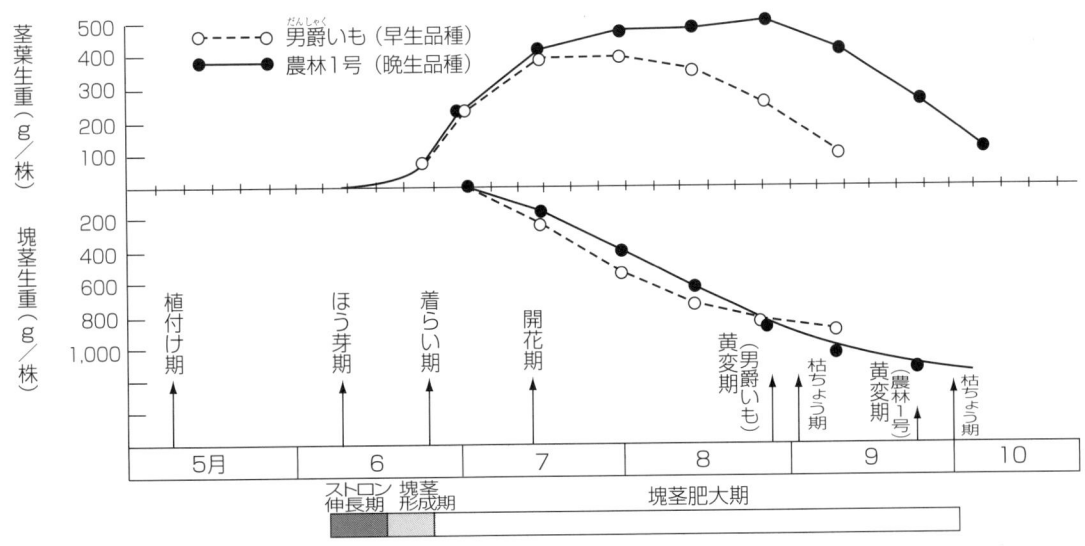

図1　ジャガイモの生育経過（北海道）

（西部幸男，1978）

休眠とよぶ）。生育中に気温がきょくたんに高くなると，休眠が一時的に解除されて塊茎の2次成長❶が起こり，品質が低下する。

収穫から80〜130日後には内生休眠は終了する❷が，低温（2〜4℃）下で貯蔵すると，その後も芽の成長が抑制される（**外生休眠**あるいは**強制休眠**とよぶ）。しかし，貯蔵が長期間に及ぶと，徐々に芽の成長が進む。

芽の成長は塊茎の先端部の芽で開始し，日数の経過にともない，順次基部近くの芽も成長する。休眠終了後の期間によって，ほう芽する主茎数が変化する。休眠明け直後の塊茎をたねいもとして植え付けた場合には，1〜2本の主茎数であるのに対し，休眠明け後の期間の長い塊茎（老化いも）では，場合によっては10本近くの主茎数となる。

茎・葉・根の成長

主茎は，12番目前後の節まで葉を生じたのち，先端部が花芽となる。その1〜2節下からは太い分枝が伸長して，茎はさらに長くなる❸。また，地表面近くの数節からも太い分枝が生じて先端部が花芽となる。

主茎数は，品種による芽の数のちがいや，塊茎の休眠終了後日数（齢）のちがいによって変化するが，通常は2〜4本ていどである。茎の長さは開花終了期に最大となる❹。

ほう芽直後に生じる2〜3葉は円形の単葉であるが，その後は複葉が茎の各節に生じ（図3），光合成をおこなう❺。

---

❶頂部からふく枝が伸び，その先に小塊茎がついたり，頂部がくびれてヒョウタン型になったりする。

❷休眠期間は，品種によって異なり，寒冷地での貯蔵中の品質の維持や暖地2期作での品種選択のうえで，重要な形質である。

❸5〜6節で葉を生じたのち花芽となり，第2花房，第3花房となる。

❹早生品種では60cmていど，晩生品種では100cmていどに達するが，多肥や多雨の条件下では茎は長くなり，また暖地秋作では茎は短い。

❺光合成速度は20℃前後の比較的低温下で最も大きく，25℃以上の高温になると低下する。

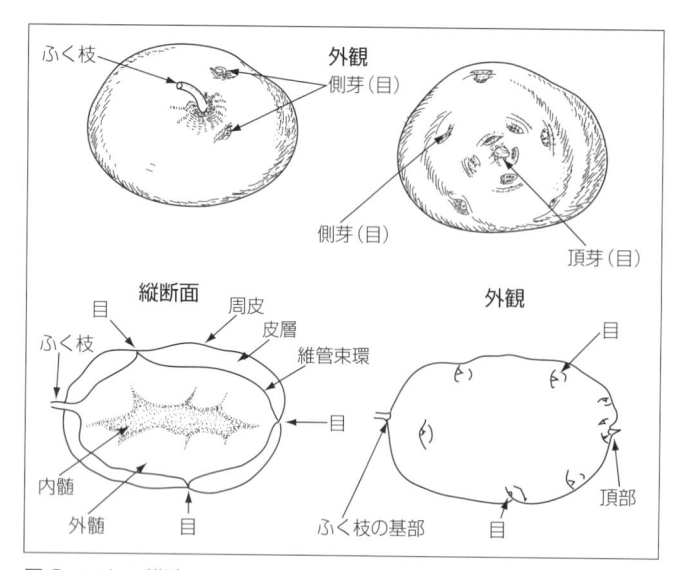

図2　いもの構造

図3　葉の形態

ジャガイモは他の作物に比べ葉面積の増加がはやく，ほう芽後1か月ころには葉面積指数（→ p.33）が3ていどとなり，葉がうね間をおおって，日射をほぼ100%利用できるようになる。葉面積指数は開花終了期ころに最大となり，その後下葉から順次落葉して減少する。生育量を大きくするためには，早期に3ていどの葉面積指数を確保し，これを長期間維持することが重要となる❶。

　根は，ほう芽後1か月で50cmていどの深さ（晩生品種ではその後も伸長して100cm以上）まで伸びるが，その多くは深さ30cmまでの作土層（とくに施肥部位）に分布するため，土壌乾燥の影響を強く受ける。

| 開花と結実 | ほう芽後2週間で主茎の頂部につぼみができ（着らい期とよぶ），その後約2週間で開花する（図4，第1花房開花期）。花房は十数個の花からなり，花色は白，青，紫，赤紫など品種によって異なる。風媒によって受精し，トマトに似た果実❷ができる。

| ふく枝と塊茎の肥大 | 主茎の地下部の節からは白色のふく枝（ストロンともよぶ，地上部の分枝と同一の器官である）が伸長し，ほう芽後2週間ころになると先端部の近くが肥大して塊茎となる❸（図5）。

　約1週間で直径1cmていどの球形となり，その後は急速に肥大してデンプンを蓄積する❹。

　塊茎の肥大は茎葉が黄変するころになると停止し，塊茎の表面

❶収量は一般に，早生品種に比べ晩生品種で，また暖地に比べ寒冷地で多いが，これは，おもに葉面積の維持期間の差異によるものである。

❷しょう果（直径1〜2cmの球形）で，内部には真正種子とよばれる長さ2mmほどのへん平だ円形の種子を50〜200粒含む（男爵いものように花粉のできにくい品種もある）。真正種子をまくと通常の植物体となり，塊茎を形成する。

❸塊茎形成は短日条件によって促進され，25℃以上の高温で抑制される（とくに夜温が影響する）。また，塊茎の一部は途中で肥大を停止して消滅するため，塊茎数は第1花房開花期ころに最大となる。

❹肥大速度は早生品種で大きく，晩生品種で小さいが，晩生品種は肥大期間が長いため，収量は晩生品種のほうが多くなる。デンプンの含有率は，肥大期間の長い晩生品種で高くなる。また，デンプン含有率は，皮層部で最も高く，最内部では最も低い。

図4　ジャガイモの花と果実

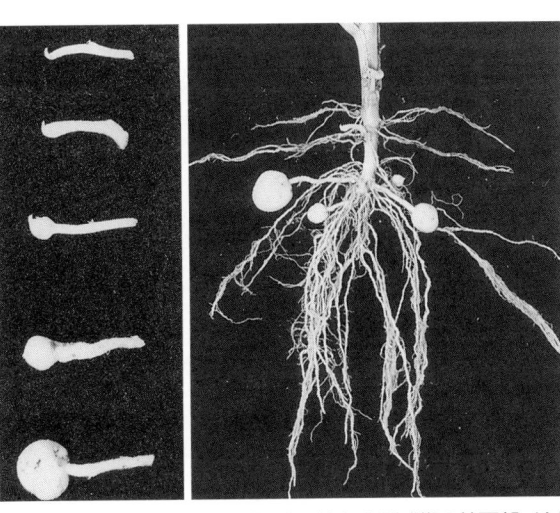

図5　ジャガイモ塊茎の形成過程（左）と形成期の地下部（右）

1　ジャガイモ

はコルク状の周皮でおおわれるため、皮がむけにくくなる。また、ところどころに皮目とよばれる穴があり、空気の通路となる。

3 栽培の実際

作　期　冷涼な気候を好み、霜の害のない5℃以上の気温で栽培でき、15～23℃の気温で最も生育がよい。30℃をこえる気温では生育が抑制される。ほう芽後60日ていどの短期間で収穫できるので、夏季が高温となる地域では、春や秋など比較的気温の低い季節に栽培できる（図6）。

品種の選び方　明治時代に欧米から多数の品種が導入され、男爵（だんしゃく）いもやメークインが全国に普及した。その後、日本でも紅丸や農林1号が育成された。これらの品種は、現在でも主要品種として各地で栽培されている。

　最近では、病虫害に対する抵抗性をもつ品種が育成されている。また、外観、肉質、食感、ビタミンCの含有率にすぐれた青果用品種や、還元糖の含有率❶、いもの形や芽の深さ❷などにすぐれた加工食品用品種が育成されている（表3）。用途や地域の条件にあわせて品種を選ぶようにする。

ほ場の準備　ジャガイモは肥料分の少ない土壌でも栽培が可能であるが、多収を得るためには、通気性のよい肥よくな砂壌土、または壌土での栽培が望ましい。多

❶油で揚げたときのこげぐあいと関係する。

❷製品の歩留りに関係する。

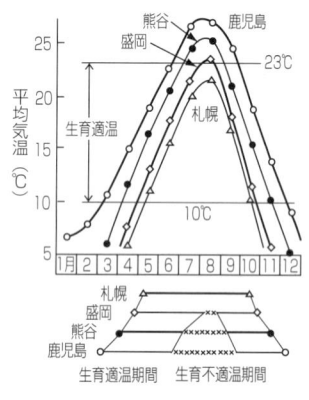

図6　ジャガイモの生育適温期間の地域性　（栗原浩による）

参考　たねいも生産とウイルス病

　ジャガイモは栄養繁殖のため、たねいもの増殖率は20倍ていどと低い。

　また、ジャガイモを一般ほ場で栽培すると、アブラムシの媒介するウイルス病にり病する。り病当年は収量への影響が小さいが、り病した株から収穫された塊茎をたねいもとして用いると、いちじるしく生育が抑制され、収量が低下する。このため、販売用のたねいもは、ウイルス病の汚染を避けるため、植物防疫法で許可されたほ場でしか生産できない。

　したがって、開発された新品種をたねいもとして入手するまでには長年月を要する。このことが、50年以上前の品種が現在でも主要品種として栽培されている原因の1つとなっている。

　しかし、近年、バイオテクノロジーを利用して、直径1cmていどの小塊茎（マイクロチューバ）を室内の無病環境下で大量に増殖することが可能となっており、今後は新品種のたねいもの入手が容易になるものと期待されている。

湿な土壌では塊茎の腐敗が多くなるので，暗きょや明きょを設けたり，高うねにしてほ場の排水をよくしたりする必要がある。

土壌の酸性には強く，pH5ていどでも栽培が可能である。連作すると土壌病害が増加して品質が低下するので，麦類や豆類と組み合わせた輪作をおこなうことが望ましい。

■ たねいもの準備

無病のたねいもを準備し❶，植付けの約3週間前からビニルハウスやガラス室などの雨のあたらない場所に広げ，浴光催芽❷をおこなう（図7）。

また，たねいもは40gていどあれば生育と収量に影響がないので，大きい塊茎は基部と頂部を結ぶ面で切断する❸（図8）。切断は植付けの数日前におこない，切断面を乾燥させてコルク層をつくり，病気におかされにくくする。

■ 植付け

深さ20cmていどに耕起したのち，幅約70cm，深さ10cmのうねを切る。

❶ウイルス病を媒介するアブラムシの防除やウイルス病株の除去をおこなって生産された無病のたねいもを，毎年購入する必要がある。

❷塊茎の温度を高めることによって芽の分化をはやめるとともに，光を与えることによって芽の徒長を防ぐ効果をもつ。太い芽が5mmていどに伸長した状態が最適である。30℃以上の高温と直射日光は避ける。

❸切断労力をなくすために，30〜60gの小粒たねいもも生産されている。

表3 日本で栽培されている主要品種の特性

品種名	育成年次	面積(1)(%)	栽培地域	生育特性					塊茎品質特性				
				熟期	えき病(2)	休眠	その他	デンプン価	肉色	食味	用途	その他
男爵いも(3)	−	32.8	全国	早生	弱	長		15	白	上	青果・加工	芽が深い
メークイン(4)	−	14.2	全国	中生	弱	中		15	白	上	青果	粘質
コナフブキ	1981	13.5	北海道	晩生	強	長	多収	22	白	中	デンプン	
トヨシロ	1976	9.4	全国	中生	強	長		14	白	上	加工	油加工適
紅丸	1938	6.8	北海道	晩生	弱	中	多収	15	白	中	デンプン	
ニシユタカ	1978	4.9	西南暖地	中晩生	弱	短	2期作向き	13	黄	中	青果	
農林1号	1943	4.4	全国	中晩生	弱	短	広域安定性	16	白	中上	青果・デンプン	
ワセシロ	1974	3.5	関東以北	早生	強	中	早期肥大性	15	白	上	青果	
デジマ	1971	3.0	西南暖地	中晩生	強	短	2期作向き	15	黄	上	青果	
ホッカイコガネ	1981	2.4	北海道	中晩生	強	中		16	黄	上	加工	長形，油加工適
キタアカリ	1987	0.7	関東以北	早生	強	中	センチュウ抵抗性	17	黄	上	青果	粉質，サラダ適

注 (1) 1998年における全国の栽培面積での占有率。(2) 抵抗性が強い品種は，発病時期がおそくなる。(3) 育成地はアメリカ合衆国でIrish Cobblerが原名，1907年ころに日本に導入された。(4) 育成地はイギリスでMay Queenが原名，1916年ころまでに日本に導入された。

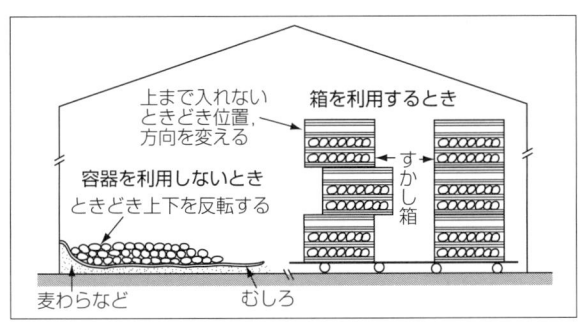

図7 ハウス利用の浴光催芽の例

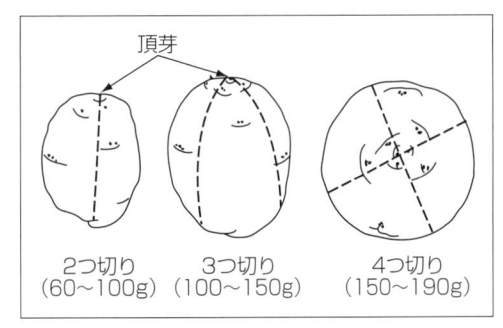

図8 たねいもの切断法

施肥量は，10a当たり成分量で，窒素7〜10kg，リン酸10〜15kg，カリ10〜15kgを標準とし，全量を元肥でうねみぞに施したのち，かるく土をかける。

その後，たねいもの切断面を下にしてうねみぞにおき，5cmていど覆土する。栽植密度は10a当たり4,000〜5,000株を標準とし，株間30cmていど❶とする。

北海道などの広いほ場では，うね立て，施肥，たねいも置床，覆土を一度におこなうポテトプランタ（図9）が利用されている。

暖地の秋作では地温が高く，植付け後にたねいもが腐敗することが多いので，地温の低い早朝に植え付ける。

除草・培土

植付け期の気温が低い春作では，ほう芽までに3〜4週間かかるので，ほう芽前に土壌表面をかるく耕起し❷，第1回目の除草をおこなう。ほう芽1週間後にはうね間を中耕❸する。ほう芽した茎数が多すぎる場合には，この時期に2〜4本ていどに除茎する。

ほう芽2週間後（着らい期ころ）には，うね間の土を株の基部に寄せる培土をおこなう（図10）。培土は，肥大した塊茎が土表面に露出して緑化するのを防ぐために，ジャガイモ栽培では必須の作業である❹。培土の時期がおそくなると，伸長した根を切断するので，地上部の成長を抑制し，収量が低下する。

病害虫防除

ほう芽後1か月ころから主要病害であるえき病（図11）が発生するようになるため，

❶地上部が大きくならない早生品種や暖地の秋作では，株間20cmていどの密植ができる。

❷地温を高め，土壌の乾燥を防ぐ効果もある。

❸除草とともに，その後の培土を容易にする効果がある。

❹株間の除草や地温の上昇，排水を良好にして塊茎が水につかるのを防ぐなどの効果もある。

図11 えき病のいもへの被害

図9 ポテトプランタによる植付け作業

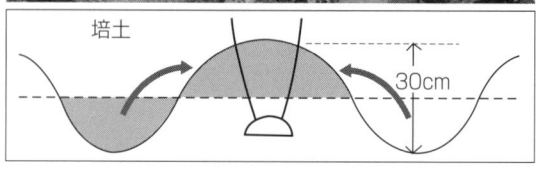

図10 ジャガイモのトラクタによる培土（上：酒井義廣，1990）と模式図（下：岩間和人，1996）

第1花房開花期以降に1〜2週間の間隔でジネブ剤などの液剤を茎葉（とくに下葉）に散布する。

その他の病害では，黒あざ病，軟腐病，そうか病が日本各地で，また青枯れ病が暖地で発生するので，無病たねいもや抵抗性品種の利用あるいは薬剤を用いて防除する。

虫害では，ニジュウヤホシテントウ，ヨトウガ，ハスモンヨトウなどによる葉の食害が各地で問題となる❶。発生量が多い場合には，殺虫剤で防除する。また，一部の地域では，ジャガイモシストセンチュウが発生している❷。

収穫 開花終了後約50日ころになると，茎葉が黄化し，塊茎の肥大が終了して，デンプン含有率も最大になり，収穫の適期になる。このころには，塊茎の表面にコルク層ができてかたくなるので，収穫作業中や輸送中に打撲による傷を受けにくくなる。

ただし，ジャガイモは栄養器官の塊茎を収穫するため，開花終了期以降には収穫が可能であり，青果用では市場価格の点から早期収穫（早掘り）がおこなわれることがある。この場合には，表皮がむけたり，緑化したりしやすいので，収穫作業や輸送中に注意する必要がある。

❶アブラムシ類は，一般栽培ほ場での生育への影響は少ないが，ウイルス病を媒介するので，近くにたねいも栽培ほ場のある地域では防除する必要がある。

❷土壌やたねいもの移動によって伝染し，いったん発生すると卵は10年以上も生存する。薬剤による防除はむずかしく，最近育成された抵抗性品種を栽培したり，4年以上の輪作をおこなったりして，センチュウ密度を徐々に低下させる必要がある。

参考　えき病の広がり方と耕種的防除

えき病菌はり病塊茎中で越冬し，ほう芽後20〜30日目ころまでに地上部に移行して一次発生源となる。比較的低温（平均気温18〜20℃）で曇雨天の日が続くと，次々に感染を繰り返してほ場全体に急速に広がる。

感染した植物体では，葉の一部に暗褐色の病はんが生じ，葉の裏側の緑色健全部と病はんとの境界付近に白色霜状のカビが密生する。幼茎や葉柄部に暗褐色の病はんが生じることもある。

降雨によって地上部の菌が地表面に流出し，地下部の塊茎表面に達すると，塊茎が腐敗する。まん延した場合には数日ですべての葉が枯死し，収穫が皆無になることもある。さらに，菌の付着した塊茎を貯蔵すると，隣接した塊茎にも感染が広がる。

えき病の防除のためには，無病たねいもを用いるとともに，前年の塊茎を畑周辺部に残さず，1次発生源を少なくすることも重要である。また，最近の品種は，えき病に対してあるていどの抵抗性をもつので，発病を遅らすことができる。さらに，多窒素や過度の密植を避けて，植物体を健全に育てることも重要である。

暖地の春作では梅雨の時期になるとえき病がまん延するので，栽培時期をはやめ，梅雨前に収穫することが望ましい。しかし，これらによって完全に防除することはむずかしいのが現状である。

北海道ではポテトハーベスタによる機械収穫が一般的であり，その他の地域では耕うん機につける簡易な掘取り装置が利用されている（図12）。

| 貯　蔵 | 温暖地では，収穫後ただちに選別して出荷する。寒冷地では秋に収穫後いったん冷暗所に貯蔵し，春までに順次出荷する。

収穫後1～2週間，風通しのよい暗所で仮貯蔵する❶。その後，病害塊茎を除去してから，気温2～4℃，湿度80～95%の暗所で本貯蔵する。貯蔵中にも塊茎は少しずつ呼吸するので，貯蔵庫では適度な換気も必要である。

❶呼吸の低下を待つとともに，塊茎表面の乾燥を図るためにおこなわれる。

4 用途と品質，販売

ジャガイモは油や肉類との相性がよく，加工食品❷としての利用が増加している。現在のところ，加工食品用消費の約50%を輸入いもによっているが，国内での安定的な生産・供給に対する加

❷ポテトチップ，フレンチフライ，ポテトサラダ，コロッケなど。

図12　ポテトハーベスタ（左）と耕うん機装着のハーベスタ（右）による機械収穫

参考　いもに含まれる有毒物質—ソラニン

ジャガイモの塊茎には，ソラニンとよばれるアルカロイドの一種が含まれている。ソラニンは苦味をもち，大量に摂取すると有毒である。

通常の塊茎では微量しか含まれておらず，食用として問題にはならないが，芽が成長を開始すると目の周辺部で増加する。また，塊茎が光にさらされて表面が緑化するとソラニンが増加するので，収穫と貯蔵のさいに注意する。

とくに，早掘りでは周皮が未完成のために緑化しやすい。収穫後，ほ場に長時間おかないようにするとともに，輸送や販売のさいにも，光にさらさないように注意する必要がある。

工食品業者からの要望が強く，今後も堅実な需要の増加が見込まれている。輸入いもに対抗するためには，加工適性にすぐれた品種（→表3）を高品質❶で生産することが必要である。

　青果用の消費量は横ばい傾向であり，全国で生産が可能であること，また輸送性や貯蔵性も高いことから，産地間での競争が激しくなっている。このため，肉色と肉質が消費者の好みにあい，皮がむきやすい❷など利用しやすいものを生産する必要がある。

　また，マルチや移植を利用した栽培の早期化（前進栽培）や早期収穫などの栽培技術改善によって，薬剤防除の回数を少なくする低農薬栽培も求められている。

5 経営，流通の特徴

　ジャガイモ栽培は，10a当たりの栽培に必要な労働時間が少なく時間当たりの所得が多いことから，労働集約性の高い経営ができる（表4，図13）。全労働時間の3分の2は植付け作業と収穫・調製作業に要し，準備や生育途中の栽培管理に必要な時間は少ない。このため，他の作物との輪作体系に組み入れやすい作物である。

　卸売市場での青果用ジャガイモの入荷量と価格は季節によって異なる（図14）。5～7月には，北海道からの入荷量が減少し，全体の入荷量が減少するため，ふつう，価格が上昇する。8月以降になると北海道からの入荷量が増加し，全体の入荷量も増加するため，価格が低下する。長崎を中心とする西南暖地からは，北海道からの入荷量が減少し価格が上昇する時期に出荷される。

　しかし，年次の気象条件によって収量が異なり，各季節における価格は変化するので，需給動向をみながら出荷する必要がある。

❶デンプン含有率が適度である，表面の打撲傷が少ない，中心に空洞がない，内部褐変などの病害が少ない，など。

❷最も生産量の多い男爵いもは目が深く，皮がむきにくい。最近育成された品種は目が浅くなっている。

● やってみよう

ポテトチップをつくってみよう。
①ジャガイモを水洗いしてなるべく薄い輪切りにし，3％ていどの食塩水に4～5時間つける。
②ざるに上げて水切りをし，5～6時間陰干しをする。
③180℃くらいの油で，こげないていどに揚げる（約1分間）。
④冷めないうちに，食塩をふりかける。

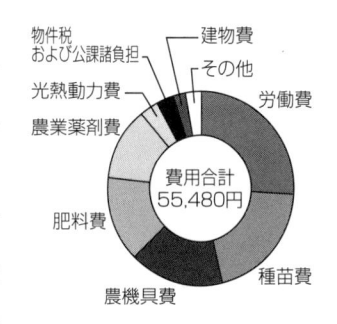

図13　ジャガイモの生産費（10a当たり，平成13年）
（「ポケット農林水産統計2003年版」による）

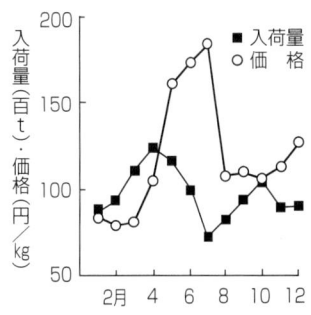

図14　青果用ジャガイモの東京卸売市場への入荷量と価格（平成10年度）

表4　各作物における労働時間，生産費と所得（「農林水産統計」平成13年版による）

	投下労働時間 （時/10a）	生産費 （円/10a）	所得 （円/10a）	時間当たり所得 （円/時）
ジャガイモ	8.8	55,480	25,119	2,854
サツマイモ	63.2	114,312	63,150	999
コムギ	6.0	48,751	15,075	2,513
ダイズ	14.9	55,383	5,478	368
水稲	33.8	130,513	43,887	1,298

いも類
❷ サツマイモ

学名：*Ipomoea batatas* Lam.
英名：sweet potato
別名：カンショ（甘藷），カライモ（唐薯）
原産地：中央アメリカ
利用部位：塊根
主成分：炭水化物
利用法：食用，デンプン・醸造原料，飼料など
主産地：鹿児島県，茨城県，千葉県，宮崎県

肥大したサツマイモの塊根

1 サツマイモの特徴と利用

特徴　サツマイモ（薩摩芋）は，ヒルガオ科に属し，温暖な気候を好み，熱帯では多年生であるが，日本のような温帯での栽培では1年生作物として扱われる。

わが国へは中国をへて17世紀はじめに伝来した。江戸時代には，飢饉のときの救荒作物として幕府や各藩で栽培を奨励普及し，各地に広まった。第2次世界大戦後の食糧難のときには作付けが増加したが，昭和35（1960）年ころをピークに生産量は減少し，現在では約100万tていどである（表1）。

おもな生産地は鹿児島県，茨城県，千葉県，宮崎県で，この4県で全国生産量の約80％をしめる。世界におけるサツマイモの最大生産地は中国である。その生産量は，わが国の約100倍であり，世界の全生産量の約85％をしめている。

栄養と利用　サツマイモは炭水化物を主成分とし，ビタミン，ミネラルなどをバランスよく含む作物である（表2）。かつては米の不足を補う代用食料としての役割が重視されたが，近年は青果物としての需要が多い。そのほかデンプン，アルコール醸造原料などに利用されている（図1）。

最近では，ビタミン（とくにC），ミネラル類や食物繊維が豊富

表1　サツマイモの作付け，生産の推移

	昭和35年	平成29年
作付面積	33.2万ha	3.6万ha
収穫量	628万t	81万t
10a 当たり収量	1,887kg	2,270kg

（農林水産省統計情報部「作物統計」各年次による）

表2　おもな食品成分（塊根生，可食部100g中）

エネルギー	134kcal (559kJ)
水分	65.6g
炭水化物	31.9g
タンパク質	1.2g
脂質	0.2g
灰分	1.0g
無機質	605mg
カロテン	28μg
ビタミンC	29mg
食物繊維総量	2.2g

（「七訂日本食品標準成分表」による）

であるうえに，抗がん性や抗酸化能をもつ機能性成分が含まれていることから，健康食品として見直されている。また，いもを色素の原料として利用したり，茎葉を野菜として利用したりするなど，利用が広がっている。加工技術の進歩や，新しい品種の開発によって，さらに多くの用途が期待される。

2　一生と成長

生育経過を図2に，生育に適した環境を表3に示す。

サツマイモは，一般に，たねいもからほう芽・成長した茎を採苗し，畑に植え付けて栽培する。

苗を畑に植え付けると，1週間くらいで葉柄の基部から発根し，活着する。植付け後2〜3週間目になるとさかんに根が伸長・増加し，同時に茎の伸長や葉の繁茂が進む。

茎はつる状に伸び，数メートルに達する。茎の節ごとに葉柄が伸長し，その先端に葉1枚が展開する❶。

葉が繁茂すると，光合成による炭水化物の生産がさかんになり，葉から根に輸送された炭水化物がデンプンとして蓄積される。デンプンが蓄積して肥大した根が，いもであり，**塊根**とよばれる❷。

❶葉色は緑色が基本であるが，品種や栽培条件によって異なる。葉の形は，ハート形のものが多いが，品種によって特徴があり，葉に切れ込みがはいったものなど，いろいろな形がみられる。

❷すべての根が肥大するわけではなく，多くの根は細根であり，肥大が途中で止まったやや太い根はこう根（ごぼう根）とよばれる（図3）。

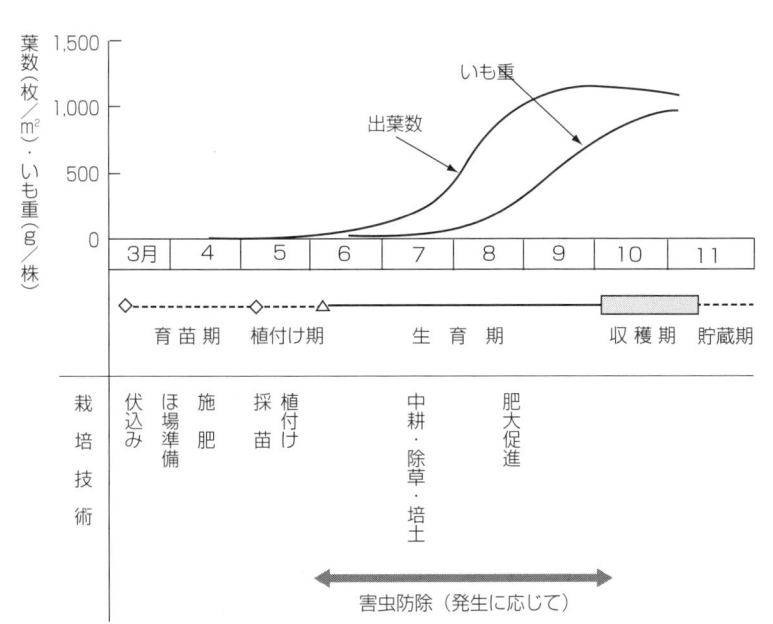

図2　サツマイモの生育経過とおもな作業（模式図）

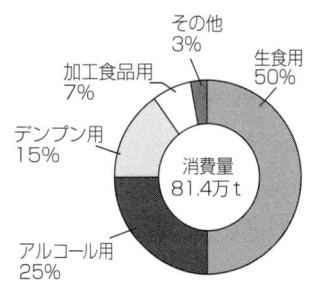

図1　サツマイモの用途別消費量
（平成27年度）
（農林水産省の資料より）
注　その他：種子用，飼料用など

表3　生育に適した環境

ほう芽適温	28〜32℃
生育適温	22〜30℃
好適土壌	砂壌土，砂土，壌土 pH5〜6

塊根の大きさは，品種によって異なり，栽培期間や管理によっても変化する。多くのいもは紡錘形をしており，外観の色は赤，紫，茶，白などである。また，いもの中身の色も白，黄，オレンジ，紫など，品種によって異なる。塊根断面の形態を図4に示す。

サツマイモは短日植物であり，夏から秋にかけて開花（→ p.7 図7）がみられる場合がある。

3 栽培の実際

作期と品種の選び方

作期 サツマイモの塊根は，高温でよく肥大する。わが国では，東北地方や北陸地方の南部以南の気象条件が栽培に適する。九州などの西南暖地では4月下旬～5月上旬，また，関東などの東日本では5月中・下旬になると植付けができる。

露地栽培がふつうであるが，青果用に早期出荷を目的として，マルチ栽培やトンネル栽培，ハウス栽培がおこなわれている。

品種の選び方 青果用，デンプン原料用などの用途にあわせて，目的にあった品種を選ぶ。表4に，わが国におけるおもな栽培品種の栽培面積率と用途を示す❶。

たねいもの準備

サツマイモの収量を高めるには，「苗半作」といわれているように，よい苗を育てることが大切である。それには，無病健全なたねいもを選ぶ。

たねいもの大きさは，1個200～300gが適当である。品種によってほう芽の良否や苗の伸長にかなり差があるが，一般には，畑面

❶コガネセンガン，ベニアズマ，高系14号の3品種の合計栽培面積が，サツマイモ栽培全面積の約50%をしめる。

表4 サツマイモの品種の栽培面積率（平成27年産）と用途

品種名	栽培面積率(%)	用途
コガネセンガン	21.0	汎用
ベニアズマ	14.2	青果用
高系14号	13.8	青果用
シロユタカ	9.9	デンプン用
べにはるか	6.7	青果用
シロサツマ	1.7	デンプン用
ダイチノユメ	0.9	加工用
その他	31.8	

（農林水産省「いも・でん粉に関する資料」による）

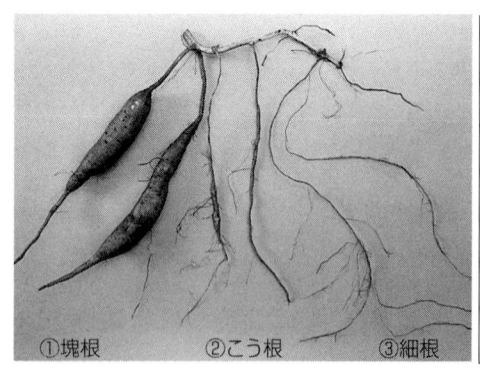

図3 サツマイモの根
①塊根　②こう根　③細根

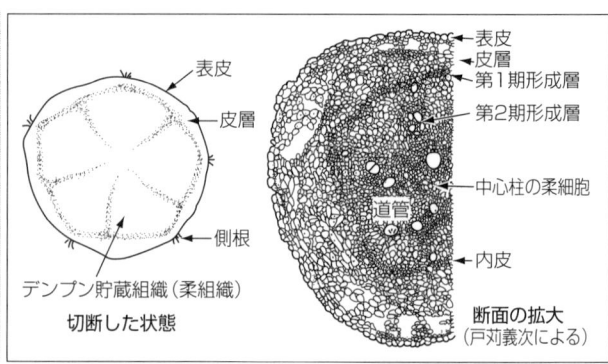

図4 塊根の断面図
表皮／皮層／側根／デンプン貯蔵組織（柔組織）／切断した状態
表皮／皮層／第1期形成層／第2期形成層／中心柱の柔細胞／道管／内皮／断面の拡大（戸刈義次による）

積 10a 当たり 40 〜 80kg のたねいもが必要である❶。

　貯蔵中に黒はん病におかされていることが多いので，苗床に植え付ける（伏込みという）前にたねいもの消毒をおこなう❷。

育苗

苗床の準備　たねいものほう芽適温は約 30℃ である。3 〜 5 日間のほう芽処理によって芽が 10mm ていどに伸長したたねいもを苗床に伏せ込む。伏せ込みの時期は，ほ場への植付け予定日の 40 〜 45 日前とする。ほう芽後の苗床の生育適温は 22 〜 25℃，夜間 18℃ ていどである。

　育苗は，暖地では**露地苗床（冷床苗床）**でよいが，気温が低い地方では，プラスチックフィルムでおおいをした苗床や，電熱を利用した温床（電熱温床）を使用する（図5）。

　苗床の施肥量は床土の肥よく度によって変わるが，一般的な畑土壌を使用する場合には，$1m^2$ 当たり，堆肥 6kg に加え，成分量で窒素 20g，リン酸 10 〜 15g，カリ 15 〜 20g が必要である。

伏込み　たねいもの頂部を同一方向に向けて高さをそろえ，尾部を床土の中へ約 15 度傾けて伏せ込む❸。

　伏込みの密度は苗床の種類によるが，$1m^2$ 当たり，東日本では 8 〜 10kg，西日本の露地苗床や冷床苗床では 5 〜 7kg である。

　伏込みが終わったら，十分かん水し，たねいもの頂部が薄くかくれるように覆土し，くん炭を散布する。さらに，電熱温床育苗では乾燥防止と保温をかねて，わらでおおうとよい。

採苗　長さ 25 〜 30cm で 7 〜 8 節をもつ茎を苗として採取する。地ぎわに 1，2 節を残し，1 本ずつていねいに切り取る❹。

　よい苗は，茎が太い，えき芽が出ている，葉柄が短い，葉が広く厚い，適度なやわらかさがある，などの特徴がある（図6）。

❶ たねいもの量を 10a 当たり 80kg とすると，これに必要な苗床面積は 8 〜 $10m^2$ となる。

❷ 温湯（47 〜 48℃）処理を 40 分間おこなう。

❸ 温床伏込み後 4 〜 5 日で発根し，1 週間くらいでほう芽する。

❹ 採苗は一般に 5，6 回おこなうが，2 〜 4 番苗が，蓄積養分の多い，よい苗である。1 番苗は未熟なものが多い。5，6 番苗になると，苗質はおとる。

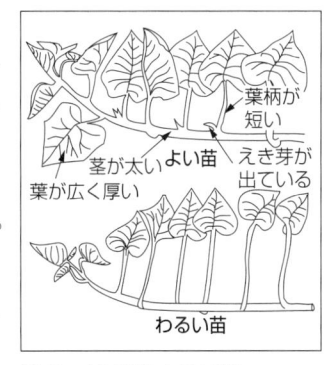

図6　よい苗とわるい苗

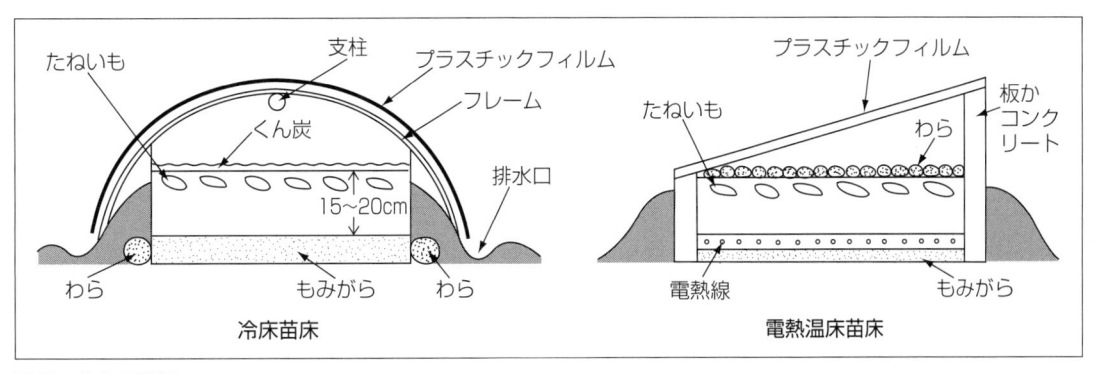

図5　苗床の種類

ほ場の準備と施肥

耕土が深く，通気性，排水性のよい土壌が適している。中性から酸性まで，広いpH条件の土壌で栽培できる。良質で健康な土壌を保つには，長期間にわたる連作は避ける。とくに嫌う前作作物はない。

土壌センチュウを防除するために，植付け前に薬剤で土壌を消毒することが望ましい。

土壌消毒後，耕起，整地，うね立てをおこなうが，耕起前に，堆きゅう肥，石灰，溶成リン肥などを全面散布しておく。施肥量は，10a当たり成分量で窒素3〜6kg，リン酸4〜8kg，カリ❶8〜12kg，堆きゅう肥は1,000kgが標準である❷。

植付け

植付けは，地温が18℃以上になる時期におこなう。うね幅70〜100cm，株間25〜40cmで，10a当たり3,000〜5,000株の範囲とする。

よい苗が大量に得られる西南暖地では，水平植えが適する。関東地方のように短くて太い苗を密植する地帯や，マルチ栽培をおこなう場合には，舟底植え，斜め植え，直立植え，つり針植えが適する（図8）。

生育中の管理

栽培管理 茎葉が地面をおおうまでの期間に，1, 2回除草する。植付け後30日ころまでに，中耕，土寄せと一緒に追肥を終了する。

サツマイモの病害虫は比較的少ないが，病気では黒はん病，つる割れ病などが，害虫ではナカジロシタバ，イモコガ，ハスモンヨトウ，コガネムシ，ネグサレセンチュウなどが発生しやすい。発生をみつけたら，はやめに薬剤で防除する。

生育診断 サツマイモの茎はつる状に伸びて広がり，畑地を一面におおう。茎葉が繁茂しすぎて葉面積指数が3以上になると，

❶塊根の肥大にとくに有効であるといわれている。

❷青果用のマルチ栽培では，ポリエチレンフィルムでうねを被覆する（図7）。

図7　マルチ栽培

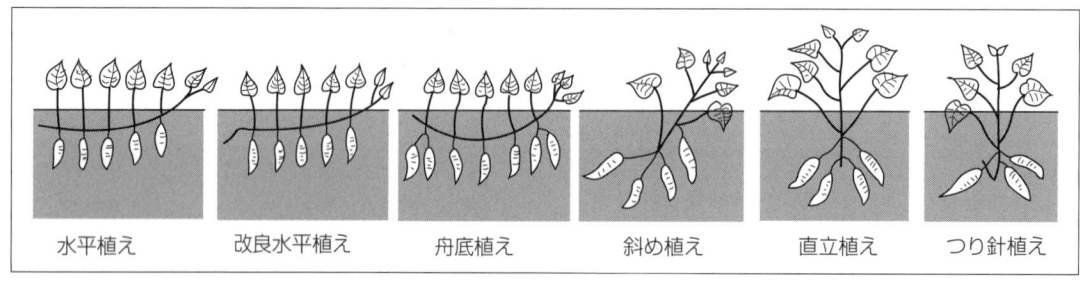

図8　苗の植え方と，いものつき方

水平植え　改良水平植え　舟底植え　斜め植え　直立植え　つり針植え

群落の下になった葉には光があたらないため、光合成が低下し、収量が減少する原因となる。過繁茂は、「つるぼけ」といい、窒素肥料を過剰に施用した場合に多く発生し、わるい生育状態である。

収穫・貯蔵

収穫 霜にあうと、いもが腐敗しやすくなるので、霜が降る前に収穫する。茎葉を刈り取り、くわや機械で掘り取る（図9）。青果用のいもは、傷をつけないように、ていねいに掘り上げる。

貯蔵 サツマイモの貯蔵には、温度13℃、湿度80～90%が適する。貯蔵前の処理として、いもを温度32～33℃、湿度90%以上のところに3～4日間おくと、収穫作業などでできた傷がコルク層（ゆ傷組織）でおおわれるため、貯蔵期間中に傷口からの病原菌の侵入が少なくなる。この処理を**キュアリング**という。

4 経営の特徴

サツマイモ作は、育苗・移植作業を必要とする、つる性であるため機械化がむずかしい、などが短所である。反面、移植後は管理作業の手間がかからない、つる性であるため茎葉がすばやく地面をおおい雑草の生育や土壌侵食を抑える、などの長所がある。

生産費では労働費のしめる割合が高く（図10）、省力化が課題である。苗の育苗や移植を必要としない、機械による直まき栽培法❶の研究が進められている。

サツマイモは、土壌条件や気候の影響を受けにくく、毎年、安定した収穫が得られる作物として知られている。地球規模での気候変動が予測されているが、不安定な気候環境下でも安定した食料生産を確保できる作物として重要である。

❶塊根の表皮付き小切片をつくり、それを機械で畑にまく方法が開発中である。

図9 サツマイモの収穫の機械化

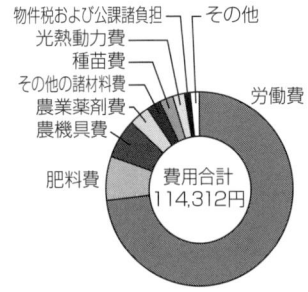

図10 サツマイモの生産費（10a当たり、平成13年）
（「ポケット農林水産統計2003年版」による）

● **やってみよう**

1葉挿し植物（葉が1枚だけの植物体）をつくって、葉1枚の生産能力を調べてみよう。

①若くて健全な葉がついた葉柄を基部からカッターで切り取り、苗にする。

②苗の葉柄基部を2〜3日間、日陰で水につけて発根させ、ポットに植え付ける（図11）。施肥量は、土壌1ℓ当たり、窒素、リン酸、カリそれぞれ0.1gていどである。

③数日間で苗が活着し、葉が成長して広くなる。活着後に葉柄基部から伸びる芽は、小さいうちに、ていねいに切除する。

④葉1枚の状態で30〜40日間栽培するといもができる。いもは、葉1枚の光合成によってできたものであり、葉1枚の生産能力を示すことになる❶（図12）。

いろいろな品種の1葉挿し植物をつくって、1枚の葉の生産能力の品種間差を調べてみよう。

❶コガネセンガンは多収を目的に改良された品種であり、蔓無源氏は古い品種で収量が劣る。1枚の葉の生産能力にも大きな差があることが理解できる。

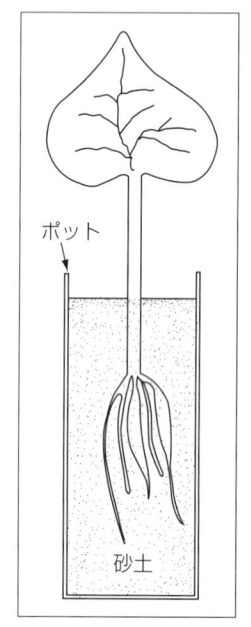

図11　1葉挿し植物

図12　1葉挿しで形成した塊根（左から、沖縄100号、蔓無源氏、コガネセンガン）

● **やってみよう**

麦芽のもつアミラーゼを利用して、天然の甘味料である麦芽あめをつくってみよう。

①サツマイモ（4kg）は、よく洗って蒸し、ボールの中で押しつぶす。

②熱湯4〜5ℓを加えて、いもがゆをつくり、60〜65℃まで加熱し、乾燥麦芽350〜400gを加えてよくかき混ぜる。

③55〜60℃で5〜6時間保温し、糖化をおこなう（図13）。

④糖化液をしぼり、かまに入れて、弱火でかき回しながら、粘るまで煮つめる。

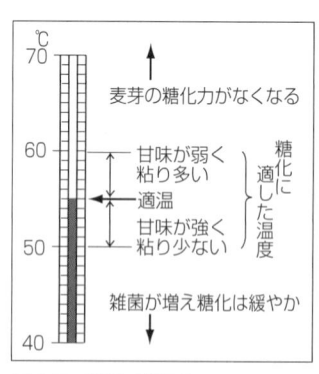

図13　糖化の適温

いも類
❸ コンニャク

学名：*Amorphophallus konjac* K. Koch
英名：konjak
原産地：インドシナ半島あたり
利用部位：球茎
利用法：食用（こんにゃく加工）
主産地：群馬県，栃木県，福島県，茨城県

葉を開いたコンニャク

1 コンニャクの特徴と利用

特　徴　コンニャク（蒟蒻）は，サトイモ科コンニャク属に属する多年生草本である。わが国には縄文時代にサトイモなどとともに伝わったとする説もあるが，正確なことは定かではない。江戸時代に経済作物としての栽培が広がった。栽培は，北海道と北東北を除き全国にみられるが，大部分は群馬県を中心とする北関東と南東北地域である。

栄養と利用　コンニャクは，地下部に形成される**球茎**（図1）を食用にする。球茎から多糖類の一種であるマンナン❶を取り出し，水を加えて糊化し，さらに石灰を加えて凝固させたものを，こんにゃくとして利用する。

こんにゃくは96％が水であり（表1），またマンナンは難消化性なので，栄養価はほとんどない。しかし，腸内の有害物質の排出，コレステロールの上昇抑制などの機能をもつ健康およびダイエット食品として，年間10万t前後のコンニャクいもの需要がある。

❶6炭糖のマンノースとグルコースが結合してつくられる。

図1　コンニャクの植物体と名称

表1　おもな食品成分（生こんにゃく，100g中）

エネルギー	7kcal (29kJ)
水分	96.2g
炭水化物	3.3g
タンパク質	0.1g
脂質	0.1g
灰分	0.3g
カリウム	44mg
カルシウム	68mg
マグネシウム	5mg
食物繊維総量	3.0g

（「七訂日本食品標準成分表」による）

2 一生と成長

生育の過程　コンニャクのいもは，貯蔵器官である茎が短縮した球茎で，頂部の主芽が成長して1

❶ 1本の葉柄が伸びて3つの小葉柄に分かれ，葉は多数の小葉からなる複葉である。

❷ 3年生の球茎をさらに植え付けると，翌年もしくは翌々年には，葉のかわりに花房（図2）が発達し，開花・結実する。

❸ 俗に「へそ離れ」という。へそ離れのころから生子の発達が始まる。

枚の葉❶を展開し，1個体を生育させる（➡図1）。

コンニャク栽培は，球茎から生じる生子をたねいも（種球茎）として植え付けてから肥大した球茎の出荷まで，平均3年を要する。生子を植えると，1か月ほどでほう芽し，小さい個体が生育する。これを1年生という。秋に1年生の球茎を掘り出して貯蔵し，翌春それを植え付けて2年生の個体を育て，球茎（2年生）を掘り出し貯蔵する。それを次の年に植え付けて3年生の個体を育て，それから球茎（3年生）を収穫し❷，出荷・販売する。

たねいもの植付け後しばらくは，たねいもの貯蔵養分を利用して成長するが，やがて葉が大きくなるにつれて，葉の光合成に依存した成長へと移っていく。植付け約2か月後には，たねいもの上部に新しい球茎が形成される（図3）。新しい球茎が肥大するにつれて，親いもは縮小し，ついにはうす皮のようになって離れる❸。

生育・収量と光合成

個体の葉面積は開葉後約30日で最大値に達し，その後，約3か月間の球茎と生子の成長は，もっぱら，この葉の光合成産物に依存する。そのため，葉面積が大きいほど，球茎と生子の成長が大きくなる。一方，個体の葉面積はたねいもが大きいほど大きくなる。したがって，各年度のコンニャクの全重および球茎・生子の地下部重は，たねいもの重量に比例して大きくなる（図4）。

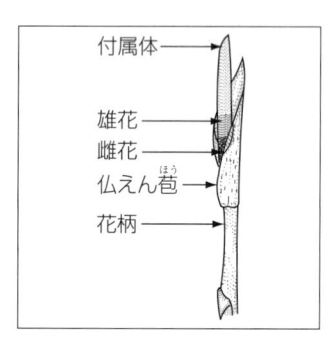

図2 コンニャクの花
注 ➡カラー口絵 p.4

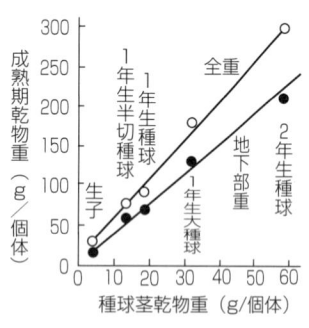

図4 コンニャクの種球茎の大きさと成熟期の乾物重の関係
（三浦邦夫，平成12年による）

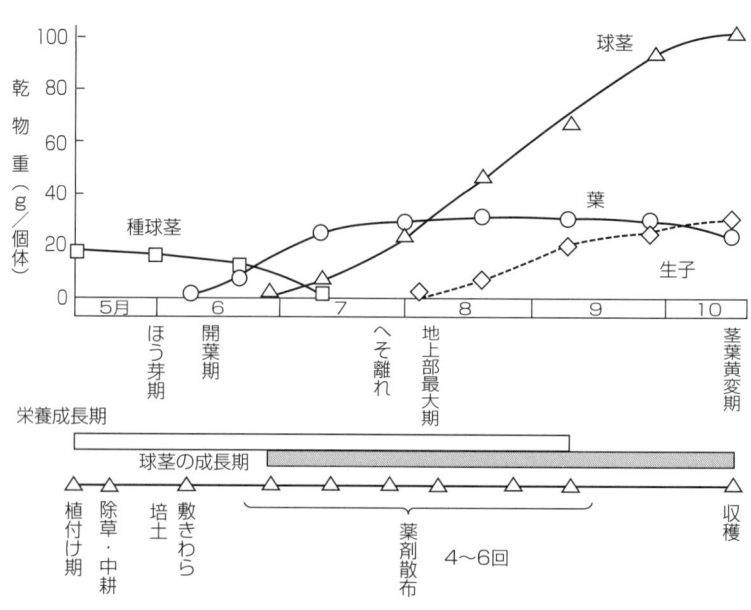

図3 コンニャクの生育経過とおもな作業（在来種，3年生）

たねいもの重量に対する新球茎の重量の比率(肥大倍率という)を大きくすることが,栽培の重要なポイントで,それには葉面積を大きくすることと,生育全期間を通じて,高い光合成を持続させることが必要である。

コンニャクの葉の光合成は,晴天時の日中の光強度の30〜40%の弱い光で光飽和(→ p.23 図9)に達する。光合成の適温も約22℃と低い❶。しかも乾燥すると光合成はいちじるしく低下する❷(図5)。高い光合成を持続させるには,適度に養分を供給し,乾燥,高温,強光のストレスを回避することが重要である。

❶このような特性をもつため,コンニャクは成長が緩慢で,半日陰でも成長はそれほど抑制されない。

❷コンニャクの光合成速度は,同じ科のサトイモの約3分の1と小さい。

3 栽培の実際

品種の選び方 コンニャクのおもな品種の特性を表2に示す。選択にあたっては,収量性のみならず,品質とその土地の環境への適合性の高い品種を選ぶことが基本である。とくに,その地域の主要病害に対する抵抗性や,気温,日射条件への適応性などを重視する必要がある。

ほ場の選定,施肥,植付け

ほ場の選定 耕土が深く,排水性にすぐれるとともに適度な保水性をもつ土壌が適する。連作は避けるべきであるが,土地の制約から連作する場合は,植付け前に土壌消毒をおこなう。

施肥 窒素,リン酸,カリともに10a当たり成分量で10〜15kgの範囲で,土壌の肥よく度に応じて適量を施す。このうち約半量を元肥として土壌に混入し,残りを培土前に追肥する。あらかじめ堆肥や土壌改良材を施用して,地力を高めておく。

植付け 平均気温が12〜14℃に達したら,なるべくはやくおこ

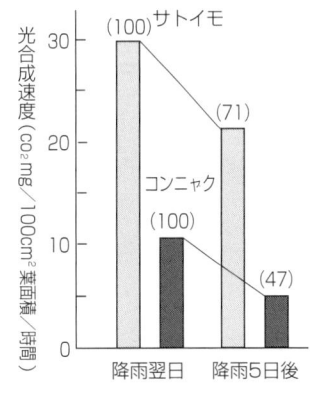

図5 降雨後の日数にともなうコンニャクとサトイモの葉の光合成速度の変化
(三浦邦夫,平成12年による)

表2 コンニャク品種の特性

品種名	草型	早晩性	球茎の肥大率	球茎収量	生子収量	品質	備 考
在来種	T型	早	小	少	極少	上	高温・強日射と病害に弱い
支那種	Y型	晩	大	中〜多	多	下	高温・強日射環境に強い
備中種	T型	中	小	少	少	下	在来種に準じる
はるなくろ	Y型	中	中	中	少〜中	中	広域適応性,2年生で収穫可能
あかぎおおだま	T型	中	大	多	多	中	中山間地向き,2年生で収穫可能
みょうぎゆたか	Y型	晩	中	中	多	上	低温・干ばつと病害に強い

注 T型は葉身が水平に広がるもの,Y型は葉身がやや斜め上に広がるもの。

❶ 1, 2, 3年生のコンニャクを同時に栽培する場合は、およそ2対3対5の面積比とすることが多い。

● やってみよう
精粉を使って、こんにゃくをつくってみよう。
①精粉150gを、4.5〜5.5lの湯（約50℃）に少量ずつ溶かし、ゆっくりと4〜5分間かき混ぜて1〜2時間放置する。
②消石灰10gを100mlの水に溶かして加え、かき混ぜると凝固するので、型枠に入れる。1〜2時間放置して、包丁で切る。
③熱湯で20〜30分間煮て浮き上がってきたら、冷水に入れ、10〜12時間あく抜きをする。

❷たねいもの植付けから収穫・貯蔵までに、10a当たり100時間以上を要している。

表3 コンニャクの年生別の栽植基準（渡辺弘三、1968による）

年生	1	2	3
種球茎の大きさ（個体, g）	6〜12	40〜80	150〜240
うね幅（cm）	50〜60	55〜65	60〜75
株間（cm）	10〜15	20〜30	30〜45
すじ立て	2条千鳥	1条	1条

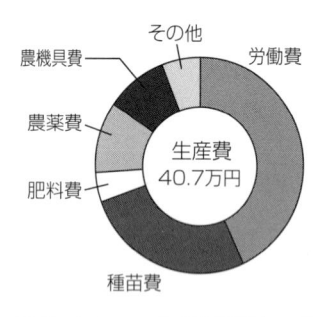

図6 コンニャクの生産費(10a当たり、平成13年度、群馬県)（農林水産省統計情報部「工芸農作物等の生産費」、平成15年より）

なう。栽植密度は、表3に準じて決める❶。

栽培管理 植付けからほう芽までの約1か月間に除草・中耕を、ほう芽期に追肥、培土、敷わらをおこなう。その後は、腐敗病、白絹病、根腐れ病、乾腐病などの防除に心がける。収穫は葉が黄化し、葉柄が倒れるころが適期である。

たねいもの貯蔵 たねいもを健全に貯蔵することが、高品質多収の重要な要件である。そのためには、健全ないもを、もとの重さの80〜90％の重量になるまで天日で乾燥してから、気温8〜10℃、湿度約80％の室内に貯蔵する。

4 加工と品質

収穫した球茎は、薄く切って、乾燥して**荒粉**に仕上げる。荒粉をさらに砕き、マンナン粒子を分離したものを**精粉**という。品質は、精粉の歩留りや粘度で評価される。マンナン粒子が大きいほど粘度が高く良質である。大きな球茎ほどマンナン粒子が大きいので、球茎を大きく育てることが高品質につながる。

5 経営の特徴

コンニャク生産の粗収益は品質と収量によって決まる。一方、生産費の約40％は労働費でしめられる❷（図6）。家族経営の場合、労働費は所得に組み入れられるものの、植付け、収穫の機械化などにより生産の省力化を図りつつ、たねいもの共同貯蔵などによって高品質・多収をあげることが、経営のポイントとなる。

また、イネ科などとの輪作や、病虫害抵抗性の強い耐病性品種の利用によって、農薬の使用量を減らすことも、経費節減と市場の評価を高めるうえで重要である。

さらに、コンニャクは、不安定な生産と複雑な流通機構の影響を受け、価格変動が大きい。生産の安定化とともに共同加工など6次産業化（→p.16）をも視野に入れた改善を集団で進め、産地銘柄の確立を図っていくことが重要である。

第7章

各種作物

開花期のハトムギ（下）とソバ（上）

Ⅰ 雑穀
❶ トウモロコシ

学名：*Zea mays* L.
英名：corn, maize
別名：とうきび
原産地：中央アメリカ・南アメリカ
利用部位：子実，未成熟子実，茎葉
主成分：炭水化物
利用法：食用，食品加工，飼料など
主産地（子実）：熊本県，宮崎県

収穫期のトウモロコシ（スイートコーン）

❶おもな生産国は，アメリカ合衆国，中国，ブラジルなどで，世界の生産量の約40％をアメリカ合衆国がしめている。10a当たりの世界の平均収量は約400kgである。

❷子実の輸入量（平成10年）は1,605tで，70％は飼料用に向けられている。

表1 おもな食品成分（乾燥玄穀，可食部100g中）

エネルギー	350kcal（1,464kJ）
水分	14.5g
炭水化物	70.6g
タンパク質	8.6g
脂質	5.0g
灰分	1.3g
カリウム	290mg
カルシウム	5mg
マグネシウム	75mg
食物繊維総量	9.0g

（「七訂日本食品標準成分表」による）

1 トウモロコシの特徴と利用

特　徴

トウモロコシ（玉蜀黍）は，イネ科の1年生草本である。栽培の歴史は長く，紀元前5000年に始まり，16世紀になってヨーロッパに広がり，わが国には16世紀末に中国を経由して伝えられた。

品種改良が進んで高収量が得られることや，食用，デンプン原料用，飼料用など用途が広いことなどから世界各国に広まった。また，熱帯原産の作物であるが，品種改良によって寒冷地にまで栽培が可能になり，熱帯地方から北アメリカ大陸の北緯50度までの広い範囲にわたって栽培されている。

世界の子実生産量は5億7,290万t（平成14〈2002〉年）で，コムギ，イネとともに世界3大穀物の1つとなっている❶。

現在，わが国では，青刈り・サイレージ用の飼料トウモロコシと，生食・かんづめ加工用のスイートコーンの栽培が主で，子実用（実取り用）のトウモロコシ栽培はわずかで，国内消費量の大部分をアメリカ合衆国からの輸入にたよっている❷。

栄養と利用

主成分は炭水化物で（表1），必須アミノ酸のトリプトファンやリジンは少ない。

輸入子実は飼料用のほか，製粉，デンプン加工に利用される。胚芽は，約13％の油分を含みコーンオイルの原料に使われる。

2 ―生と成長

生育経過を図1に，生育に適した環境を表2に示す。

種子と発芽　種子❶は胚と胚乳からなり（図2），水分を吸収してふくらみ，水分含量が種子の重さの70～80%になると発芽する。発芽にさいして，まず主根があらわれ，ついでしょう葉があらわれる（図3）。

葉・茎・根の成長　トウモロコシは，発芽後，茎（稈）を伸ばしながら葉を展開し，葉の数を増やす。1本の茎につく葉の数は，品種や栽培条件によって異なるが，一般には十数枚である。茎の下位の節から分げつが出る場合がある❷。

草丈は高く，1.5～3mに達する。節の数は十数個あり，茎基部は太く直径2～3cmである。

発芽後2～3週間は主根が養水分の吸収をおこなうが，その後は，側根や地上部の節から伸びてくる**支柱根**が養水分を吸収する。根系はひげ根状で，幅60～70cm，深さ70cmの範囲に広がるが，根の分布密度が高いのは地面の下10～20cmの層である。

トウモロコシは，温暖で日射が強く，しかも適度な降水量があるところが適している。降水量が多く，日射が不足すると生育が

❶種子の千粒重は特殊なものを除き，スイートコーンでは125～175g，飼料用デントコーンでは200～350gである。

❷分げつ数は品種や栽培条件によって異なるが，多くても2本ていどである。

表2　生育に適した環境

発芽温度	最低10～14℃ 最適33℃
生育適温	22～30℃
好適土壌	排水良好な耕土の深い壌土 pH5.5～8

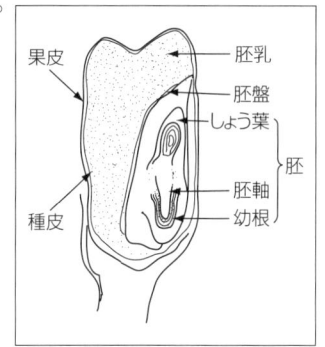

図2　種子の断面
（Martinほかによる）

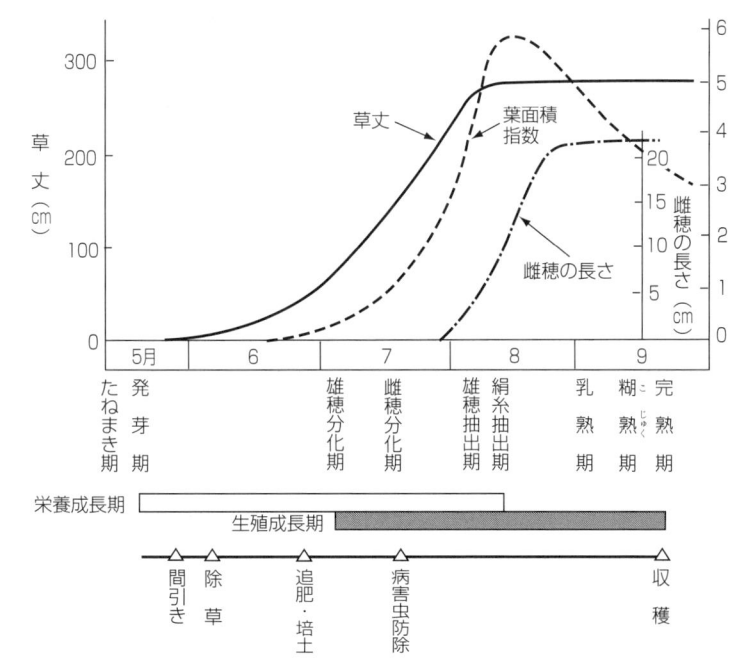

図1　トウモロコシの生育経過とおもな作業（模式図）

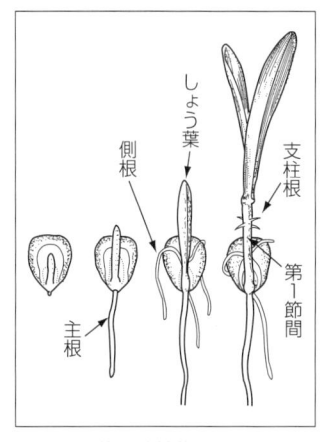

図3　発芽と幼植物
（Husenによる）

❶穂軸は円筒形でその表面に8〜20列，1列に40〜50個の雌花がつき，その外側は苞葉で包まれている。

❷スイートコーン栽培では，初期生育を促進し，より高い収入を得るため，マルチ栽培，ビニルトンネル栽培や苗移植栽培，ハウス栽培がおこなわれている。

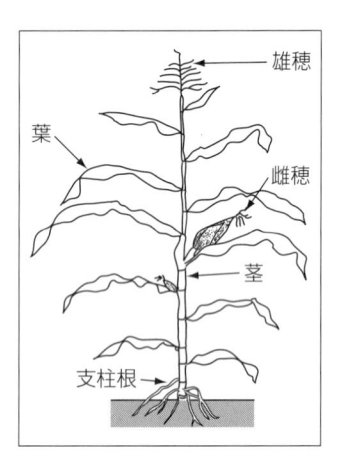

わるくなり，病害虫の被害を受けやすく，倒伏しやすくなる。

穂の分化と結実

トウモロコシの穂（花）は，雌雄が分かれており，雄穂は茎の先端に，雌穂は茎の比較的下部の節につく（図4）。1本の茎に雌穂（図5）が1〜2本着生する❶。雌穂から絹糸（シルク）とよばれる長い花柱が伸びるが，花柱が苞葉の先端から出始めたときが開花である。

トウモロコシは他家受精をおこなう作物である。雄穂が雌穂よりも3〜5日はやく抽出して花粉が飛散するため，自家受精が起こりにくくなっている。受精および登熟初期となる絹糸抽出期ののち3週間は乾燥による被害を受けやすい。

雌花が受精したのち，種子が充実し始め，乳熟期（子実含水率約75％），糊熟期（約60％），黄熟期（約45％）をへて完熟期（約30％）にいたる。受精後，完熟するまでの期間（登熟期間）は40〜50日である。

図4　地上部と根

3　栽培の実際

作　期

栽培目的，品種，地域の気象条件などにより異なるが，子実（実取り）栽培の作期の一例を表3に示す❷。

◆収量の成り立ちと生育診断◆

　トウモロコシの成長は，栄養成長期，生殖成長期，登熟期の3段階にわけることができる（➡図1）。5〜6葉期になると草丈は50〜60cmに達し，雄穂や雌穂の分化がみられる。この後，植物体は急速に成長し，絹糸抽出後10日目ころに地上部の植物体重量が最大となり，ほ場は葉で密におおわれる。

　トウモロコシの生育には，葉面積指数が6ていどの状態がよいとされる。しかし，生食用のスイートコーンでは，子実の充実をよくして品質を高めるために，やや低い葉面積指数で，植物体全体に光をよくあてるほうがよい。一方，青刈り・サイレージ用では，地上部全体を利用するため，葉面積指数を高くすると収量が増加する。

　ほ場の全個体が均一に成長していることが，よい生育状態である。草丈，葉の配列，雌穂の高さなどがそろっていることがよい。茎が太く，下位節から支柱根がよく発生し，大きな雌穂が着生する個体は生育がよい。過繁茂になると，光が全体にいきわたらないため，植物体が細くなり，倒伏しやすくなる。

種類・品種の選び方

トウモロコシは，子実の形やデンプンの性質によって図6のように分類される。それぞれ表4のような特性がある。

栽培目的，作期に応じて種類・品種を選ぶ。現在，栽培されているトウモロコシ品種のほとんどすべてが，雑種強勢を利用した雑種第1代（F_1，ハイブリッド，➡ p.40）である（表5）。

表5 わが国における主要育成品種および海外からの主要導入品種

		適地	用途	おもな特性
国内育成品種名	ヘイゲンミノリ	北海道	サイレージ	低温伸長性良
	キタアサヒ	〃	〃	安定多収性
	タチタカネ	温暖地東部	〃	耐倒伏性強
	ナスノホマレ	温暖地	〃	高消化性
	はたゆたか	暖地	〃	安定多収性
	ゆめそだち	〃	〃	多収，高栄養価
	サマースイート	北海道	生食・加工	高登熟歩合
	ピーターコーン	全国	〃	良食味
導入品種名	ディア	北海道	サイレージ	耐倒伏性，多収
	P3845	〃	〃	多収
	P3540	北海道，東北	〃	耐倒伏性，多収
	セシリア	温暖地，暖地	〃	耐倒伏性
	G4742	〃	〃	多収
	G4655	〃	〃	多収
	G5431	暖地	〃	晩まき，二期作目用
	P3470	〃	〃	晩まき，二期作目用
	ジュビリー		生食・加工	良質

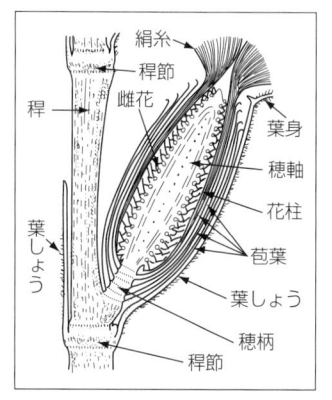

図5 雌穂断面（模式図）
（永井威三郎による）

表3 トウモロコシの作期の例

地域	たねまき期	収穫期
北海道	5月上・中旬	10月上旬
関東北部	5月中・下旬	9月上・中旬
東海	5月中～6月上旬	8月下～9月上旬
九州北部	5月中・下旬	9月上～下旬

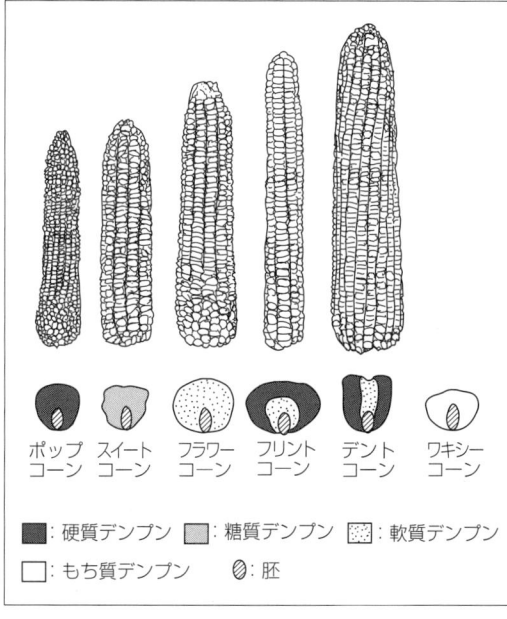

図6 トウモロコシの子実の種類

■：硬質デンプン　▨：糖質デンプン　▦：軟質デンプン
□：もち質デンプン　◉：胚

表4 トウモロコシの種類と用途

種類	特性と用途
ポップコーン	ほとんど硬質デンプンで，胚のまわりに軟質デンプンがあり，この部分は水分含有量が多いので，加熱すると胚乳部が水蒸気の圧力ではじける。菓子用に使われる
スイートコーン	糖分が多く胚乳組織がち密でないので，乾燥すると表面にしわができる。生食用，缶詰用に使われる
フリントコーン	外側が硬質デンプンで，子実の上部は丸い。食用，飼料用，工業原料用のいずれにも適している
デントコーン	子実の上部が軟質デンプンなので，くぼんでいる。収量が多く，飼料用に適している。また，青刈り飼料用，サイレージ用としても栽培される
ワキシーコーン	ろう質のような外観をもち，胚乳部はもち性。菓子や工業原料用に使われる

ほ場の準備とたねまき

ほ場の準備 トウモロコシは，養水分の吸収力が強いため，土壌に対する適応性は広い。

堆きゅう肥，石灰などを，畑全面に散布したのち，深耕する。トウモロコシは，肥料の吸収力が強いため，多肥による増収効果が高い。10a当たりの標準施肥量は，成分量で窒素8〜10kg，リン酸12〜15kg，カリ12〜15kgである。品種の早晩性，栽培期間や栽培目的によって施肥量を調節する❶。

施肥位置はたねまき位置より数cm離し，肥料が種子に直接ふれて肥料やけを起こさないようにする。施肥は元肥を主体とし，追肥しない場合もある。

たねまき 気温が16〜18℃以上の時期になってから種子をまく。早まきは，生育初期に晩霜害にあうので危険である。

一般に，うね幅70〜80cm，株間25〜40cmに1株2粒まき（2粒点まき）とするが，10a当たりの株数は，品種，植物体の大きさ，早晩性，たねまき時期によって異なる❷。

たねまき後は，覆土・鎮圧し，除草剤を散布することが多い。

栽培管理

間引き 2粒点まきして2本出芽した場合，生食・加工用や子実用栽培では3〜4葉期ころに1本にする❸。間引きと同時に欠株の補植をおこなう。

中耕，除草，培土 一連の作業としておこなうことが多く，草丈が低い生育初期（図7）には，大型機械が利用できる。

病害虫防除 病気では，ごま葉枯れ病，すす紋病，黒穂病などが発生しやすい。農薬を散布し，被害植物を除去する。また，すじい縮病やしま葉枯れ病などウイルス病の防除では，アブラムシ類やヒメトビウンカなどの媒介昆虫の防除が大切である。

---

❶ 青刈り・サイレージ用トウモロコシでは，密植栽培するので施肥量を多くする。

❷ 子実用栽培では3,000〜5,000株，スイートコーン栽培では4,000〜5,000株，青刈り・サイレージ用栽培では5,000〜7,000株ていどである。

❸ 青刈り・サイレージ用栽培では，一般に間引きはしない。

● **やってみよう**
ポップコーン（爆裂種）の種子を入手して栽培し，よく乾燥した種子をいって，ポップコーンのスナック菓子をつくってみよう。他の品種もいってみて，そのちがいを比較してみよう。

図8 アワヨトウ

図7 生育初期のトウモロコシ

害虫では，アワノメイガ，ハリガネムシ，アワヨトウ（図8）などによる被害が大きい。被害を少なく抑えるためには，はやめに防除する必要がある。病害虫防除には，輪作も効果がある❶。

| 収穫・調製

収穫時期は，利用目的によって異なる。

子実（実取り）用 雌穂の苞葉が黄変したころが収穫適期である。小規模栽培では，手もぎし，苞葉を束ねて乾燥したのち脱粒する。大規模栽培では，コーンピッカやコンバインが用いられる。

食用・加工用 乳熟期から糊熟期にかけて，子実の水分含量が70％前後になったころに収穫する。

青刈り・サイレージ用 青刈り用は絹糸抽出期ころに，サイレージ用は黄熟期に収穫する。小規模栽培では，人力で収穫する。

大規模経営によるサイレージ用トウモロコシの栽培では，収穫作業や収穫後の残稈などの処理に多くの労力が必要なので，フォレージハーベスタを中心作業機として使用し，刈取り，細断，運搬，サイロ詰めまで，一貫した機械化作業体系が確立している。

4 経営の特徴

トウモロコシは，①用途や早晩性の異なる種類，品種が多く，連作障害もみられないので，経営に取り入れやすい，②土壌環境に対する適応性が広く，水田転作作物として適する，③いも類，豆類，野菜などと組み合わせた輪作❷や間作❸作物に適する，などの特性があり，経営計画を立てるうえで利用価値が高い❹。

❶細菌の遺伝子を導入して開発された，害虫に抵抗性がある「遺伝子組換えトウモロコシ」の栽培では，害虫防除に農薬を散布する必要がなく，この点ではすぐれているが，食品としての安全性を確認するため，さらに研究を進める必要がある。

❷トウモロコシは養分吸収能力が高いので，多肥による塩類集積を起こしやすい野菜の跡地に栽培すると，過剰な養分を吸収し土壌を健全にすることができる。

❸草丈が高いので，うね間にマメ科作物を間作すれば，マメ科作物の固定窒素を利用して施肥量の節約ができる。

❹堆きゅう肥を利用して飼料用トウモロコシを栽培することにより，飼料自給率を高め，畜産経営の安定の基礎となるとともに，ふん尿による環境汚染も防げる。

● **やってみよう**

スイートコーンの栽培ほ場の中に，スイートコーンと同じ開花期のデントコーンを植え付け，スイートコーンの種子にあらわれるキセニア現象を観察してみよう。

参考　トウモロコシのキセニア現象と栽培上の注意

トウモロコシには，花粉親の優性な形質が種子（胚乳）にただちにあらわれる，キセニア現象が典型的にみられる。たとえば，スイートコーンに飼料用デントコーンの花粉がかかって受精すると，胚乳のデンプンがデントコーンの粉質タイプに変わってしまい，品質が低下する。

このため，スイートコーンの畑の近くには，デントコーンを栽培してはならない。しかし，キセニアになっているかどうかは，スイートコーンの登熟が進まないと区別しにくい。黄熟期になるとキセニアになった種子は，粒にしわがないので，見分けることができる。

こうしたキセニア現象が起こるのは，被子植物が重複受精（→ p.22）をおこなうためである。つまり，デントコーン（YY）の花粉がかかったスイートコーン（yy）の種子は，遺伝子型が胚乳Yyy，胚Yyとなるため，胚乳にデントコーンの形質があらわれる。

I 雑　穀
❷ ソ　バ

学名：*Fagopyrum esculentum* Moench
英名：buckwheat
原産地：中央アジアから中国東北部
利用部位：子実
主成分：炭水化物，タンパク質
利用法：そば切り，干しそば，そば米など
主産地：北海道，青森県，長野県，福島県，鹿児島県

開花盛期のソバ

❶玄そばをゆでたのちに乾燥し，そば殻を除いたもので，米と混ぜて炊いたり，雑炊やお茶づけなどにする。

❷しかし，国内需要の多くをカナダ，アメリカ，中国などからの輸入にたよっているのが現状である。品質は国内産のものが最もすぐれる。

❸これを異型花柱現象という。

表1　おもな食品成分（乾燥玄穀，可食部100g中）

エネルギー	361kcal（1,510kJ）
水分	13.5g
炭水化物	69.6g
タンパク質	12.0g
脂質	3.1g
灰分	1.8g
カリウム	410mg
カルシウム	17mg
マグネシウム	190mg
食物繊維総量	4.3g

（「七訂日本食品標準成分表」による）

1　ソバの特徴と利用

　ソバ（蕎麦）はタデ科の1年生草本である。わが国には，中国から朝鮮半島をへて，8世紀ころまでに渡来したといわれる。

　ソバは，そば粉にして，めんとして広く利用されるほか，菓子やそば米❶，焼酎などの原料ともなる。ソバには，炭水化物のほか，高血圧を予防するルチン（ビタミンPの1つ）やタンパク質，ビタミンC・Eなどが豊富に含まれ（表1），健康食品として見なおされ，需要は伸びている❷。また，最近では景観形成作物としての導入もみられる。

2　一生と成長

　ソバの生育に適した環境を表2に示したが，冷涼な気候に適し，やせ地や山地でも生育する。生育期間は60～100日と短い。

　たねまき後5～7日で発芽し，子葉は，はじめは黄色をしているが，1日たつと緑色になる。第1本葉が開くころには，花芽分化を開始する。茎の先端および小枝の葉えきからは長い花柄が出て，その先端近くに2～7個の花を次々とつける（図1）。

　ソバの花には，花柱の長さから**短柱花**と**長柱花**の花型がある❸（図2）。他家受精をおこなう他殖性作物であり，短柱花と長柱花

では受精するが，同じ花型間では受精しない。このため，むだ花が生じやすい。受精すると，ふつう，三角稜形をした果実（そう果）となる（図3）。

3 栽培の実際

| 品種の選び方 | ソバの品種は，大きく3つのタイプに分けられ，夏型（夏ソバ），秋型（秋ソバ）および中間型❶がある。たねまき期と栽培地域を考えて，適切な品種を選ぶことが大切である（表3）。

| 栽培の要点 | 寒地や高冷地では春から夏まきが，暖地では夏から秋まきが中心である（図4，5）。ほ場は排水がよいことが第一条件である。施肥量は10a当たり成

❶早まきするほど収量があがるものを夏型，遅まきするほど収量のあがるものを秋型，その中間の時期にまくとやや増収するものを中間型という。

表2 生育に適した環境

発芽温度	最低0～4.8℃ 最適25～30℃
生育適温	21～28℃
好適土壌	砂壌土，壌土 pH5～7

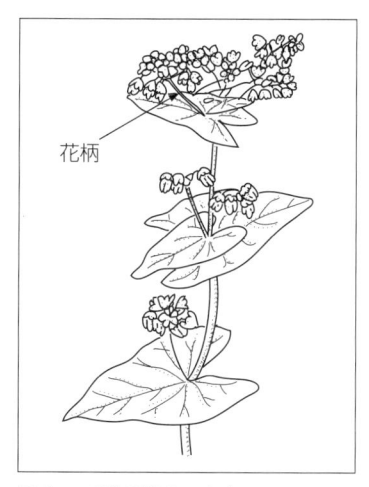

図1 ソバの花のつき方

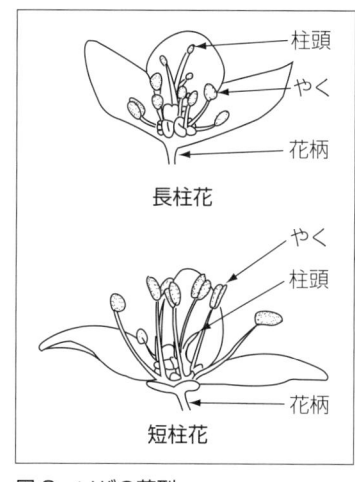

図2 ソバの花型

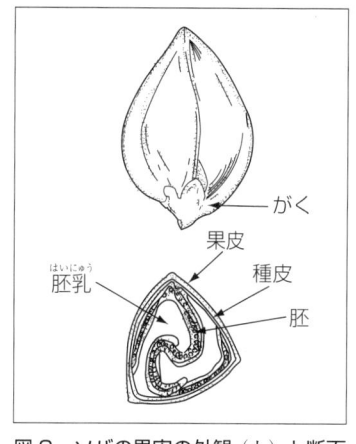

図3 ソバの果実の外観（上）と断面（下）

表3 ソバのおもな品種と特性，適地

品種名	生態型	栽培適地
牡丹そば	夏型	北海道，本州高冷地
キタワセソバ	〃	北海道，北東北
しなの夏そば	〃	中部以北山間高冷地
階上早生	夏～中間型	東北
信濃1号	中間型	本州全域
関東1号	中間～秋型	関東全域
信州大そば	〃	本州全域
みやざきおおつぶ	秋型	西南暖地
常陸秋そば	〃	関東全域
高嶺ルビー （景観形成用,赤花）	〃	

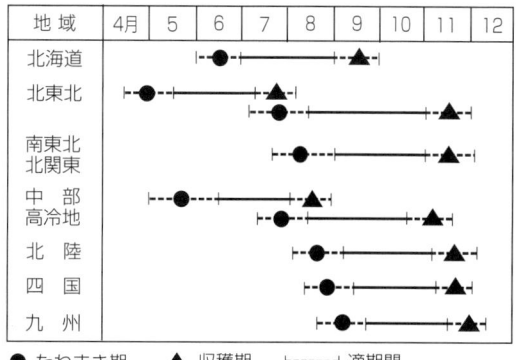

図4 ソバの作付期間

❶機械まきでは、ばらまき、すじまき（ドリルまき）が多い。

❷ソバは倒伏による減収をまねきやすいが、培土には倒伏防止の効果がある。

❸全体の子実のうち黒粒化した子実の割合を、黒化率という。

❹手で刈るときに脱粒を防ぐには、早朝や曇天の日などの湿度の高いときに刈り取るのがよい。

❺乾燥途中で雨にあうと品質が低下するので、降雨が予想される場合は、ビニルハウス内で乾燥させるとよい。

分量で窒素2～3kg、リン酸3～5kg、カリ4～6kgていどを全量元肥として施すが、多肥は徒長・倒伏をまねくので注意する。たねまきの仕方には、ばらまき、すじまき、点まき❶があり、たねまき量は4～7kg/10aていどである。

管理作業は、幼苗期に中耕・除草や培土❷をおこなう。病害虫の発生は少ないが、茎えき病やヨトウムシ、アワヨトウなどが発生することがあるので注意する。

収穫は、70～80%の子実が結実（黒粒化❸）したころが適期である。刈取りの方法には、手刈り❹と機械刈り（水稲用バインダやコンバインの利用）とがある。手刈りやバインダ収穫では自然乾燥❺（図6）させてから脱穀・調製を、コンバイン収穫では動力乾燥機で仕上げ乾燥をおこなってから調製をおこなう。

4 経営の特徴

かつては、おもに山間地の作物として普及していたが、最近では輪作体系のなかの補完的な畑作物、水田転換作物としての導入が多い。生育期間が短く省力的な作物なので、前後作との組合せが容易で、耕地の有効利用を図るうえでも貴重な作物である。

しかし、成熟期が不ぞろいで脱粒しやすい、収量が不安定である、などの課題があり、これらの点を改善した品種の育成が求められている。

● やってみよう

そばは、新鮮なソバ粉ほど風味がすぐれる。とれたてのソバ粉を使って、そばを打ってみよう。
①ソバ粉1kgに熱湯0.5カップを粉の真中のくぼみに少しずつ入れ、はしで外側へかき混ぜる。
②両手で粉全体が湿るように手ばやくもむ。
③水1.5カップを少しずつ入れ、よくこねて耳たぶくらいのかたさに仕上げ、のし板の上で2～3mmくらいの厚さにのばし、びょうぶたたみにして切る。

図6 ソバの自然乾燥

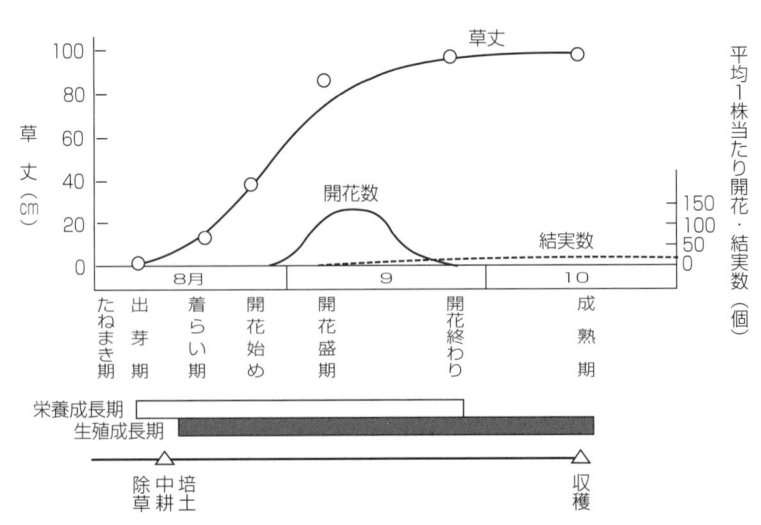

図5 ソバの生育経過とおもな作業（秋ソバ、長野県中信地方）

I 雑穀
❸ ア ワ

学名：*Setaria italica*(L.) P. Beauv.
英名：foxtail millet
原産地：東部アジア
利用部位：子実
利用法：食用，加工食品，飼料

❶ 10a 当たり子実収量は，昭和 43〈1968〉年の全国平均値では約 170kg であった。

❷ 発芽適温は 30℃，最低限界温度 4〜6℃，最高限界温度 44〜45℃。

表1　おもな食品成分（精白粒，可食部 100g 中）

エネルギー	367kcal（1,538kJ）
水分	13.3g
炭水化物	69.7g
タンパク質	11.2g
脂質	4.4g
灰分	1.4g
無機質	738.7mg
食物繊維総量	3.3g

（「七訂日本食品標準成分表」による）

▶アワの特徴と利用◀　アワ（粟）は，イネ科1年生草本である。イネがわが国に伝来したのは紀元前1世紀ころであるが，アワはそれよりもさらに古く，縄文時代にはすでに栽培されていた。中世前期までは，イネと並ぶ主要な作物であった。以前は全国で広く栽培され，大正10（1921）年には約14万 ha，第2次大戦後の昭和26（1951）年には約7万 ha の栽培面積があったが，現在ではわずかにみられるていどである。

アワの子実は，炭水化物のほか，タンパク質や脂質を多く含み（表1），消化もよいため，健康食品としての価値が見なおされている。アワには，うるち種ともち種があるが，うるち種は米と混ぜて炊いたり，アワがゆにして食べたりする。もち種は菓子の原料に使用される。また，アワを材料にしたアルコール醸造もおこなわれる。

▶生育の特徴◀　アワの草丈は1〜1.5m あり，穂の長さは10cm 前後から40cm にいたるものまであり，品種によってさまざまである。茎（稈（かん））は十数個の節からなり，分げつはみられない。

穂には種子が密につき，穂全体は垂れ下がる。種子はほぼ球形である。千粒重は2g 前後で，きわめて小さく，イネの10分の1以下である。種子の色は，黄，白，赤茶，黒など変化に富むが，多くのものは黄色である。

アワは温暖・乾燥の気候でよく生育する。乾燥に強い作物であるが，低温・多雨条件は不適である。

春アワと夏アワの2つのグループに分けることができる。春アワは，寒冷地向きで，生育日数は110〜140日である。夏アワは，温暖地での栽培に適し，生育日数は70〜120日で短期間の栽培で収穫できる❶。

▶栽培の実際◀　たねまきは，気温が11℃ をこえる時期になってからおこなう❷。春アワは5月，秋アワは6〜7月にたねまきをし，降霜の前に収穫を終えるようにする。

うね幅は60cm ていどとし，すじまきにすることが多い。施肥量は，窒素，リン酸，カリ，それぞれ10a 当たり成分量で4〜5kg である。

アワは，連作に耐える作物であるが，ダイズ，ジャガイモ，クローバなどと組み合わせて輪作する場合が多い。アワの種子は小さく，生育初期の成長がおそいため，雑草の害を受けやすいが，輪作をおこなうと雑草の発生を抑える効果がある。

収穫適期は穂全体が黄色になったころで，根もとから刈り取り，乾燥後，脱穀し，とうみなどで調製する。

I 雑穀
❹ キ ビ

▶キビの特徴と利用◀　キビ（黍）は，イネ科1年生草本である。わが国へは，ヒエやアワよりも遅れて伝わった。古くは，主要な穀類の1つであり，大正10（1921）年には全国で3万ha，戦後の昭和26（1951）年には約2.5万haの栽培面積があったが，最近では，作付けは限られている。

キビの子実は，炭水化物やタンパク質，ビタミンB_1に富み（表1），消化もよい。精白してキビめしやかゆにしたり，米と混ぜて炊飯して食べたりする。キビだんごやキビもちなどの菓子の原料や，アルコール醸造の原料に用いられる。キビにも，うるちともちの区別がある。

▶生育の特徴◀　草丈は1～2mになり，茎（稈）は中空で，十数個の節からなる。基部節から2～3本の分げつを生じる。穂は総状花序（→ p.146）で，一般に自家受精で結実する。

キビの種子は，ややへん平な球形で，やや黄色から白色である。種子は小さく，千粒重は4～5gである。

たねまきから収穫までの生育日数は，70～130日で，ふつう100日である。生育期間が短いため，高緯度，寒冷地でも栽培が可能である。また，比較的高温・乾燥の気候と肥よくな土壌を好むが，酸性土壌ややせ地，乾燥地など，ほかの作物の適さない不良環境でも栽培が可能である❶。

▶栽培の実際◀　たねまき期は，地域，品種によって多様であるが，5月上旬～6月中旬が多い。ふつう，うね幅を60cmていどにして，すじまきにする。

麦類，ダイズ，ジャガイモなどと組み合わせて輪作し，堆きゅう肥を施用し，地力を高めて栽培するとよい。施肥量は，窒素，リン酸，カリ，それぞれ10a当たり成分量で4～5kgていどである。

生育中は中耕，土寄せ，除草などの管理をおこなう（図1）。発生しやすい病害虫には，黄黒穂病，ニカメイガなどがある。

収穫が遅れると脱粒しやすいので，穂先が50％くらい成熟したら，かまで穂首から刈り取る。乾燥，脱穀，調製して貯蔵する。

学名：*Panicum miliaceum* L.
英名：proso millet
原産地：東アジア～中央アジア
利用部位：子実
利用法：食用，加工食品，飼料

❶ 10a当たり子実収量は，昭和43〈1968〉年の全国平均値では約130kgであった。

表1　おもな食品成分（精白粒，可食部100g中）

エネルギー	363kcal（1,520kJ）
水分	13.8g
炭水化物	70.9g
タンパク質	11.3g
脂質	3.3g
灰分	0.7g
無機質	479.2mg
食物繊維総量	1.6g

（「七訂日本食品標準成分表」による）

図1　生育初期（たねまき1か月後）の状態

I 雑穀
❺ ヒ エ

学　名：*Echinochloa utilis* Ohwi et Yabuno
英　名：Japanese millet
原産地：中国，インド
利用部位：子実
利用法：食用，加工食品，飼料

❶ヒエの仲間で水田雑草として知られるものに，タイヌビエやイヌビエがある。これらは栽培ヒエとは異なる種に属する。雑草ヒエの種子は，実ると容易に脱粒し，広く飛散する。また種子は，硬実で，休眠し発芽力が長期間維持される。

❷ 10a 当たり子実収量は，昭和 43〈1968〉年の全国平均値では，約 190kg であった。

表1　おもな食品成分（精白粒，可食部 100g 中）

エネルギー	366kcal（1,530kJ）
水分	12.9g
炭水化物	73.2g
タンパク質	9.4g
脂質	3.3g
灰分	1.3g
無機質	612.3mg
食物繊維総量	4.3g

（「七訂日本食品標準成分表」による）

▶**ヒエの特徴と利用**◀　ヒエ（稗）は，イネ科1年生草本である。わが国では，イネが伝わる以前はアワとともに主食であった。種子は長期保存に耐えるなどのすぐれた面もあるが，食味がおとるため，米や麦類の代用穀物とされてきた。大正10（1921）年には約4.5万 ha，戦後の昭和26（1951）年には約3万 ha の作付けがあったが，最近では栽培は限られている❶。

ヒエの子実は，米に比べてタンパク質，脂質，ビタミン B_1，B_2 に富み（表1），消化もよい。菓子やみそ，しょうゆ，酒の醸造材料として使用される。茎葉部がよく繁茂するため，青刈り飼料用として栽培されることもある。子実のデンプンは，うるちともちに区別される。

▶**生育の特徴**◀　草丈は 1.3〜2m になり，茎（稈）の先端に長さ 10〜25cm の穂（総状花序）をつける。葉は長く，大きい。

種子は，小さいだ円形をしており，千粒重は 3〜4g である。

ヒエは耐寒性にすぐれ，冷涼で湿り気が多い土地でもよく育ち，日照不足にもよく耐える。根は深く伸長し，土壌の深いところにある養分を吸収するため，やせ地でも栽培ができる。出穂から成熟までの期間は 30〜35 日で，アワやキビよりも，さらに短い。このようなすぐれた性質があるため，以前は，救荒作物として貴重な存在であった❷。

▶**栽培の実際**◀　ヒエは，麦類，ナタネ，ダイズ，ジャガイモなどと組み合わせて輪作する場合が多い。

たねまきは，ふつう，うね幅を 60cm ていどにして，すじまきにする。施肥量は，窒素，リン酸，カリ，それぞれ 10a 当たり成分量で 4〜5kg である。生育中は除草，中耕，土寄せ，追肥などをおこなう（図1）。

ヒエは脱粒しやすいため，はやめに収穫する。また，登熟期に暴風雨や霜にあうと大きく減収する。出穂後30日ころに茎葉が黄色に変色し始めたら，刈り取る。乾燥，脱穀，調製して貯蔵する。

図1　生育初期（たねまき1か月後）の状態

I 雑穀
❻ハトムギ

学名：*Coix lacryma-jobi* L. var. *frumentacea* Makino
英名：job's-tears
原産地：インドまたは東南アジア
利用部位：子実
利用法：加工食品，薬用，飼料

❶わが国には，ジュズダマとよばれるハトムギの野生種が広く自生している。ジュズダマは種子繁殖もするが，多年生である。

図1 ハトムギ（左）とジュズダマ（右）の子実

表1 おもな食品成分（精白粒，可食部100g中）

エネルギー	360kcal (1,506kJ)
水分	13.0g
炭水化物	72.2g
タンパク質	13.3g
脂質	1.3g
灰分	0.2g
無機質	125.7mg
食物繊維総量	0.6g

（「七訂日本食品標準成分表」による）

▶ハトムギの特徴と利用◀ ハトムギは，イネ科1年生草本❶である。わが国には，中国をへて，江戸時代の中期に伝わった。古くは食用として栽培されてきたが，近年，水田転作用の作物として注目されている。

ハトムギの子実は，炭水化物やタンパク質，脂質を多く含み（表1），利尿，鎮痛作用などの薬効がある。子実は製粉して小麦粉やそば粉に混ぜて使用したり，みそ，しょうゆ，酒の醸造原料に用いる。ハトムギ茶などの健康食品としての利用もある。また，地上部を青刈りして，乾草やサイレージなどの飼料作物としても利用される。ニワトリの飼料として利用する研究も進んでいる。

▶生育の特徴◀ 草丈は1～1.5mあり，茎（稈）は約10節からなる。分げつは多く，十数本発生する。ハトムギはイネ科植物であるが，ほかのイネ科植物と形態がいちじるしく異なる。花器は，茎上部の葉えきから抽出し，1個体につく花の数はきわめて多い。

種子は，はじめは緑色であるが，成熟すると黒褐色になる。千粒重は90～130gである。

発芽適温は28～35℃で，生育期間は15℃以上の気温が必要である。高温・多照の気候と多湿な土壌条件を好む。発芽後は，たん水条件でも成長がよく，水田に栽培することができる。乾燥には弱い。

品種改良も進められており，ハトムギとジュズダマ（図1）の交雑による雑種強勢の利用が期待されている。なお，ハトムギ子実のデンプンは，もちであるのに対して，ジュズダマはうるちである。

▶栽培の実際◀ 直まき栽培と，田植機を利用した水田移植栽培（図2）とがある。直まきでは，5月中・下旬にたねまきをする。

水田移植栽培では，4月下旬に苗床にたねまきをし，5月中・下旬に移植する。育苗にはイネ用の育苗箱が使用できる。耐倒伏性が強いため，密植が可能であり，イネと同様の株密度の10a当たり22,000株で栽培し，500kg以上の高い子実収量をあげることができる。

標準施肥量は，10a当たり成分量で窒素10～13kg，リン酸7～8kg，カリ7～8kg，堆きゅう肥2,000kgである。移植栽培の場合，窒素肥料は，元肥，移植20日後の追肥，出穂はじめの追肥，の3回に分け，それぞれ2：2：6の比率で施用する。耐肥性にすぐれるため，多肥多収栽培が可能である。

刈取りは，小規模な場合は手刈りするが，大規模栽培ではバインダやコンバインを改良して使用する。また，種子の調製には，精米機やもみすり機を利用する。

図2 田植機によるハトムギの移植

参考　栄養価が高く，野菜や観賞用としても利用できる作物「アマランサス」

作物としての特徴　アマランサス（*Amaranthus* spp.）は，ヒユ科の1年生草本で，園芸植物のケイトウや野草のヒユの仲間である。原産地は種類により複数の地域に分かれるが，子実用としてわが国で栽培されている種類の原産地は，中央アメリカからアンデスにかけての地帯である。

わが国には，10世紀以前に中国から伝えられたが，広く栽培されたことはなかった。しかし，最近，アマランサスの食品としての価値が認められるようになり，各地で栽培・利用が試みられている。

アマランサスの子実には，炭水化物やタンパク質，油性成分のほか，リジンやトリプトファンなどの必須アミノ酸も多く，健康食品としての利用が期待されている。もちやケーキの材料，あるいは小麦粉に混ぜてパンやうどんの材料にも使われるほか，茶，酒，酢などの原料にもなる。なお，子実のデンプンは，うるちともちに区別される。

茎葉には，鉄分やカルシウム，ビタミン類を多く含むため，野菜としての利用価値が高い。栄養価が高いため，家畜の飼料としての利用も期待される。また，茎葉や穂には，観賞用としての利用価値もある。

生育の特徴と栽培　種子は，きわめて小さい碁石状の平たい円形で，千粒重は0.3〜0.7gである。色は，黒，茶，黄，白など，多様である。

生育適温は27〜29℃で，乾燥した土地を好む。生育期間は110〜120日くらいである。草丈は0.5〜2mに達し，茎頂部に穂を着生し，自家受精するものと他家受精するものとがある。穂は直立するものと下垂するものとがある。

アマランサスは，排水良好な土地を好むため，地下水位が高い水田転換畑などでは，排水対策が必要である。たねまき期は一般に5月中旬以降で，うね幅70cm前後，株間20cm前後で栽培が試みられており，栽植密度は10a当たり7,000〜10,000株である。ふつう，1か所に3〜4粒点まきにし，出芽後に間引くようにする。

施肥は，元肥を重点とし，窒素，リン酸，カリ，それぞれ10a当たり成分量で7〜8kgを施用する。肥料に対する反応が強く，多肥条件では過繁茂になるので，注意が必要である。

開花後40〜45日ころ収穫適期になる。収穫には，かまで穂首から刈り取る方法とコンバインを利用する方法とがある。

II 油料作物

❶ナタネ

学名：在来ナタネ *Brassica rapa* L.
　　　西洋ナタネ *B. napus* L.
英名：rapeseed
原産地：地中海沿岸
利用部位：子実
利用法：食用油，飼料
主成分：脂質
主産地：青森県，鹿児島県

開花期のナタネ

❶在来ナタネは種子が赤褐色で赤種ともよばれ，西洋ナタネは種子が黒褐色で黒種ともよばれる。植物学的にはそれぞれ種が異なるが，作物としては同一種として扱われている。

1 ナタネの特徴と利用

　ナタネは，アブラナ科アブラナ属の1年生あるいは越年性の草本で，秋まきの冬作物である。**在来ナタネ**（あるいは和種）と**西洋ナタネ**（洋種）❶とがあり，わが国では，在来ナタネが江戸時代から栽培され，油は灯火用，油かすは肥料として利用された。
　現在，栽培されているのは，ほとんどが西洋ナタネで，この種は明治初期に導入された。西洋ナタネは，在来ナタネとキャベツの野生種との自然交雑から成立したものと考えられている。
　ナタネはインドの亜熱帯からカナダの亜寒帯まで広く栽培され，

表1　生育に適した環境

発芽温度	最低 2℃ 最適 23℃ 最高 40℃
好適土壌	耕土の深い壌土

図1　美しい景観をつくるナタネの栽培

ヨーロッパで収量が高い。わが国の需要量は約200万tであるが，そのほとんどを輸入しており，国内生産はきわめて少ない。

ナタネの子実は乾燥重量の40〜45％の油分を含み，おもに食用油に搾油される❶。搾油後のかすは有機質肥料として使用される。また，近年では，景観形成作物としても導入されている（図1）。

2 —生と成長

ナタネの生育に適した環境を表1に示す。

ナタネは，花芽分化には低温を，茎の伸長・抽だい（とう立ち）には長日・高温を必要とする。そこで，秋にたねをまく。

出芽後，本葉が順次出葉し，15枚ていどの幼植物で越冬する。初春にふたたび出葉して35枚ていどになり，4月の長日・高温とともに抽だい・開花し，7月ころに成熟期をむかえる。

生育低温限界をこえる北海道の一部地域や北欧の寒地では，春まきして夏作物として栽培される。

主茎から分枝が出て，茎の先端に花軸を形成して総状花序（無限花序）をつけ，下から順々に花が咲く（図2）。草丈は1mくらいになる。

自家受精が基本であるが，虫媒や風媒で容易に他家受精する❷。受精後，子房が発達してきょう果（果実）を形成し，中におよそ30粒の種子ができる（図3）。

❶ナタネ油にはエルシン酸やグルコシノレート（グルコース，窒素，硫黄からなる配糖体）が含まれるが，これらの成分は動物実験で心筋障害などを起こすことがわかった。このため，最近の育成品種は，これらの成分を含まないカノーラとよばれる品種群が主体となっている。わが国でも，エルシン酸の少ない品種（キザキノナタネ）が育成されている。

❷ナタネは近縁のアブラナ科植物と交雑しやすいので，自家採種をおこなう場合は，紙袋などで花をおおう必要がある。

図2 ナタネの形態
（星川清親による）

3 栽培の実際と利用

作期と品種の選び方

作期 ナタネは，耐寒性に加えて耐湿性も高いので，水田裏作としても栽培されてきた。また，成熟期に落葉が多く地力を高めることから，輪作作物としても活用される。

主産地の青森県では，ジャガイモやコムギ跡に9月上旬にたねまきし，7月上旬に収穫する。鹿児島県では，前作の関係で直まき栽培と移植栽培があり，サツマイモ跡に作付けする場合は，9月下旬に苗床にたねまきして育苗し，サツマイモ収穫後の11月下

図3 きょう果と種子

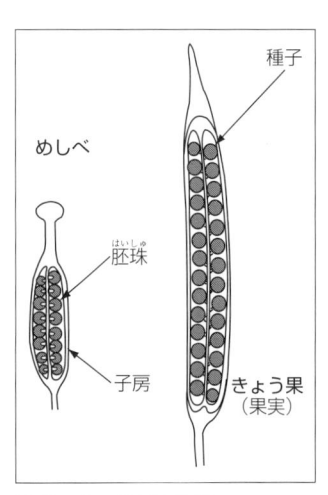

旬〜12月上旬に定植する。

品種の選び方 ナタネは，品種によって春まき性と秋まき性とがあり，花芽の分化に低温を要求する度合いが異なる。また，早生（わせ），中生（なかて），晩生（おくて）など，成熟日数の異なる品種がある。

秋まき栽培では，秋まき性のていどが強く，耐寒性の高い品種を選ぶ。また，前後作との関係で早晩性を考慮して選択する。

ほ場の準備とたねまき 耕起，砕土，整地をおこなったのち，施肥播種機によって，みぞ切り，施肥，たねまきを同時におこなう。

施肥量は，窒素，リン酸，カリ，それぞれ10a当たり成分量で20kg，5kg，5kgが標準である。黒ボク土（火山灰土）ではリン酸を多めに施す[1]。寒冷地では元肥と追肥に分けて施す。

たねまきは，全面全層まき（ばらまき）とする[2]。

栽培管理 出芽・成長後，苗立ち数が多い場合は，間引きをして10〜15cm間隔に1本にする。

追肥は，春の抽だい期に施す。

病害虫は，菌核病，根こぶ病，アブラムシ類，アオムシなどが発生しやすい。

収穫・調製 **収穫** 成熟が進んだ株（図4）は，手刈りか刈払い機によって刈り倒し，そのまま地干しして脱粒する方法と，コンバインによる方法とがある。

ナタネは，さやの成熟がそろわないので，収穫期の判定はむずかしい。コンバイン収穫の適期は，さや，子実の含水率が30％ていどになったときである。

調製 収穫後，子実を放置しておくと呼吸熱のため品質低下をまねくので，収穫後ただちに通風乾燥機または天日乾燥によって，含水率10％以下まで乾燥する。未熟粒やごみなどは，とうみ選などで取り除いてから出荷する。

製油・利用 ナタネの製油は，近代的な連続圧搾機によって搾油し，除タンパク，脱酸，脱色素などの工程をへて精製し，食用油として利用される。そのほか，潤滑油，可そ剤，化粧品などの工業用原料としての用途もある。

[1] リン酸が不足すると越冬性を弱める。

[2] 種子量は，10a当たり400〜500g。

図4 成熟期のナタネ

II 油料作物

❷ ヒマワリ

学名：*Helianthus annuus* L.
英名：sun flower
原産地：北アメリカ
利用部位：子実
主成分：脂質
利用法：食用油，菓子など加工食品，観賞など
主産地：北海道

開花期のヒマワリ

1 ヒマワリの特徴と利用

　ヒマワリ（向日葵）は，キク科ヒマワリ属の1年生草本である。わが国には，17世紀後半に伝わり，主として観賞用に栽培されてきた。近年では，各地で食用作物，輪作作物，景観形成作物としての栽培がみられる。子実生産を目的とした栽培は北海道が多い。

　世界的には，ロシア，東ヨーロッパ諸国，フランスなどが主産地❶であったが，近年，アルゼンチンの生産量が急増している。

　ヒマワリの子実には，乾燥重量の24〜48％の油分が含まれ（表1），脂肪酸はリノール酸とオレイン酸が多く，抗酸化活性物質（αトコフェノールを主体とするビタミンEが多い）も含むので，健康食品として近年，需要が高まっている。

　製油やスナック菓子の原料のほか，パウダーにして，みそ，そうめん，そばの添加物などに利用される。景観形成作物としての利用も増加している。

❶アメリカ・インディアンによって古くから栽培され，食用，儀式用として利用されてきたヒマワリは，16世紀にヨーロッパへ導入され，19世紀にロシアで大規模に栽培された。その後，原産地北アメリカにロシアから逆輸入された。

表1 食品成分（フライ・味つけ子実100g中）

エネルギー	611kcal (2,556kJ)
炭水化物	17.2g
タンパク質	20.1g
脂質	56.3g
灰分	3.8g
カリウム	750mg
カルシウム	81mg
マグネシウム	390mg
ビタミンE	14.0mg
食物繊維総量	6.9g

（「七訂日本食品標準成分表」による）

2 一生と成長

　ヒマワリの生育に適した環境を表2に示す。

　ヒマワリは，草丈が2m以上にもなり，頂部に大きな花がつく。花は，円盤状の花床，その上につく**管状花**，花床の周囲につく40

❶ヒマワリの花は太陽光に向かい，1日のあいだに東から西に向きを変える。受精後，この運動は停止し，東に向けて成熟する。この運動の生理学的機構は，まだ十分に解明されていない。

❷種子の色は黒，白，褐色があり，縦すじやまだら模様がみられる。

❸わが国で栽培されている食用・油料用ヒマワリは輸入品種で，大部分が雑種第1代である。

❹おもな病気としては，菌核病，空洞病などがある。

～80個の黄色の**舌状花**からなる❶。管状花に種子をつける❷。おしべが，めしべより先に熟すので自家受粉ができず，虫媒による他家受粉によって受精する。

温帯性の作物であるが，高温，低温，乾燥には比較的強い。

3 栽培の実際

品種の選び方 食用，製油用，観賞用，それぞれの用途に応じた品種❸を選ぶようにする。食用品種は，種子が縦長で大きく，黒い縦じまのあるかたい種皮をもつ。油含量が少なく，タンパク質が多い。製油用品種は，種子が球状で小さく，種皮が薄い。油分は20～35％である。観賞用品種は，花床や種子が小さく，油含量が少ない。

栽培管理の要点 作期は，北海道では5月中旬まき（9月下旬収穫），東北地方では5～6月まき（9月中・下旬収穫），東北以南の地方では4月中旬～8月まき（8月下旬～11月収穫）が標準である。

連作は，収量が低下し，病気❹の発生が多くなるので，避ける。

栽植本数は10a当たり6,000株（うね幅70cm，株間24cm）とし，点まきする。鳥害がいちじるしいときは，防鳥ネットを張る。強風により倒伏しやすいので，培土をおこなうことが望ましい。

開花40～50日後，子実が充実し黒化してきたら，頭花ごと収穫する（図1）。

● **やってみよう**
ヒマワリ油をつくってみよう。
①タネの殻をむいてすり鉢ですりつぶす。
②さらし布で包み手でしぼる。手でしぼりきれない分は，まな板の上でめん棒などを使って，さらにしぼる。

表2 生育に適した環境

発芽温度	最低20℃ 最適26℃
生育適温	20～30℃
好適土壌	とくに選ばない pH5.5～6.5

図1 ヒマワリのコンバイン収穫

II 油料作物
❸ ゴマ

▶ゴマの特徴と利用◀ ゴマ（胡麻）は，アフリカのサバンナ地帯を原産地とする，ゴマ科の1年生草本である。ゴマ栽培の歴史は古く，メソポタミア文明や古代エジプト文明の時代にはすでに栽培されていた。わが国でも奈良時代から栽培されてきた。

高温を好み，熱帯や乾燥地帯で広く栽培されている。環境適応力が強いので，温帯でも栽培が可能である。インドが最大の生産地で，中国，アフリカ諸国などがそれに次ぐ。わが国での生産はごく少なく，需要量の大部分を輸入に依存している。

ゴマの子実は，タンパク質と脂質に富み，油分を乾燥重の40～55％含み，オレイン酸，リノール酸を主成分とする。カルシウム，リン，鉄，ビタミンEなども多い。さらに，生体調整機能をもつ抗酸化成分を含むので，健康食品として注目されている。

ゴマ油は風味がよく，食用油として利用されるほか，化粧品や石けん，医薬品などの原料にも用いられる。また，いりごま，すりごまにして，和えものなどの料理の素材や菓子の原料などに利用される。

▶生育の特徴◀ ゴマは，茎が直立し分枝しない。茎の葉えきにつりがね状の花を1～3個つけ，さく果とよぶ果実を形成する。さく果は2～4室に分かれており，その中に多数の種子❶をもつ。

生育期間が短く，わが国の品種は100日以内で成熟する。通常，5月中旬～7月中旬にたねまきをする。7月に開花期をむかえ，早生品種では8月中旬から，晩生品種では9月中旬に成熟する。

▶栽培の実際◀ 水はけのよいほ場に，うね幅60cm，株間20～25cmで点まきし，2本立ちとする。必要に応じて除草，防除をおこなう。

収穫は，下方のさく果が黄変して開き始めたころに，茎ごと刈り取る。乾燥・脱粒して調製する。

学名：*Sesamum indicum* L.
英名：sesame
原産地：アフリカ
利用部位：子実
利用法：食用油，加工食品，飼料
主産地：茨城県，埼玉県，大分県

❶種子の色は白や黒が多いが，黄色や茶色もある。種子の色によって，白ゴマ，黒ゴマ，黄ゴマ，金ゴマとよばれる。白色の種子は小粒で収量は低いが，油含量が高いので，搾油用にする。黒色の種子は大粒で収量が高く，料理に用いられる。

参考 油料作物の生産と利用

油脂原料用として世界で栽培利用されている作物で最も生産量が多いのはダイズで，ココヤシ，ワタ，ナタネがそれに次ぐ。食生活の変化にともない，油料作物の生産は20世紀後半急増した。

油は，草本性作物の種子（子実）からとるもの（ダイズ，ゴマ，ヒマワリなど）と，木本性植物の果肉からとるもの（アブラヤシやオリーブなど）とがある。また，熱帯性と温帯性のものがあり，ワタ，ココヤシ，アブラヤシ，ラッカセイなどは熱帯性である。

多くの油料作物は油脂以外の用途も多い。たとえば，ダイズの搾油後のかすは家畜の飼料として重要であり，ワタやアマでは繊維としても利用される。

植物性油は，動物性脂肪に比べてリノール酸などの不飽和脂肪酸の比率が高い。動物性油と植物性油の摂取比率は約1：2が望ましいとされている。リノール酸はコレステロール低下作用をもつ。

III し好作物

❶ チャ

学名：*Camellia sinensis* (L.) O. Kuntze
英名：tea
原産地：中国雲南省あたり
利用部位：葉，茎
利用法：製茶（緑茶，ウーロン茶，紅茶）など
主産地：静岡県，鹿児島県，三重県，埼玉県，熊本県，京都府

整枝のいきとどいた茶園

図1 中国種（左）とアッサム種（右）のチャの葉

表1 せん茶のおもな成分（100g中）

水分	2.8(99.4)g
炭水化物	47.7(0.2)g
タンパク質	24.5(0.2)g
脂質	4.7(0)g
灰分	5.0(0.1)g
無機質	3,238.5(37.5)mg
食物繊維総量	46.5(－)g
カフェイン	2.3(0.02)g
タンニン	13.0(0.07)g

（「七訂日本食品標準成分表」による）
注 （ ）内は浸出液（茶10gを90℃ 430mlの湯で1分抽出）の成分量。

1 チャの特徴と利用

特　徴　チャは，ツバキ科ツバキ属の多年生常緑樹で，葉が小さく耐寒性の強い中国種と，葉が大きく高木性のアッサム種との2変種がある（図1）。わが国で栽培されているのは，中国種である。

チャの原産地は中国雲南省あたりとされており，わが国へは，平安初期に最澄や空海らによって，チャの種子と喫茶の風習が伝えられたとされる。

喫茶の風習は，当初，僧侶や貴族，高級武士のものであったが，しだいに下級武士や商人にも広まり，安土・桃山時代には日本独自の茶道文化が成立した。江戸時代にはいると，栽培技術，製茶法の改善が進んで生産量が増加し，一般庶民にまで喫茶の風習が広まった。明治時代以降は，栽培技術の向上，製茶の機械化が進み，生産量が飛躍的に増加し，今日ではきわめて大衆的な飲みものとして定着している。

成分と利用　チャの葉には，カフェイン，各種アミノ酸・アミド（テアニン，グルタミンなど），タンニン（カテキン類），ビタミンCなどが多く含まれる（表1）。これらには，利尿・興奮・覚せい（カフェイン），抗酸化・抗菌・がん抑制（タンニン），滋養（アミノ酸）などの作用がある。

チャの葉を加工した製茶に湯を注ぎ，成分を抽出して飲用する。製茶は，**不発酵茶**（緑茶），**半発酵茶**（ウーロン茶），**発酵茶**（紅茶）に大別され，さらに緑茶にはいろいろな製法がある（図2）。わが国で生産される製茶は，ほとんどが緑茶である。

2 一生と成長

生育のサイクル　チャの一生は長く，100年をこすようなチャ園もみられるが，経済性を重視した栽培では，ふつう，30〜40年で更新される。成木となったチャは，図3に示すような生育サイクルを繰り返す。

前年の秋の終わりごろに形成された芽は，休眠して冬季を過ごす。これを**冬芽**という。冬芽は春の気温上昇とともに休眠から覚め，**春芽**となって活動を始める。春芽は，気温が12℃に達したころにいっせいにほう芽する。ほう芽後，春芽から次々と新しい葉が展開し，また節間が伸びて新しい枝が形成される。

新葉が5〜6枚出ると，芽の成長が休止する。この状態の芽を**出開き芽**という。ほう芽から出開きまで30〜40日かかる。

春芽の出開きの約1か月後，古い葉の葉えきに形成された**夏芽**

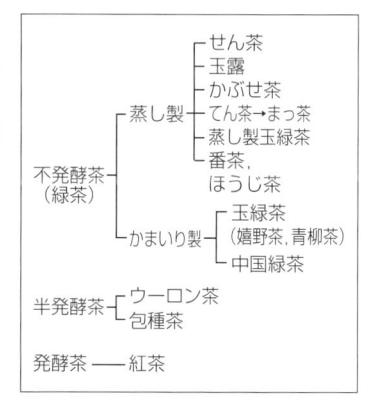

図2　製法からみた茶の種類

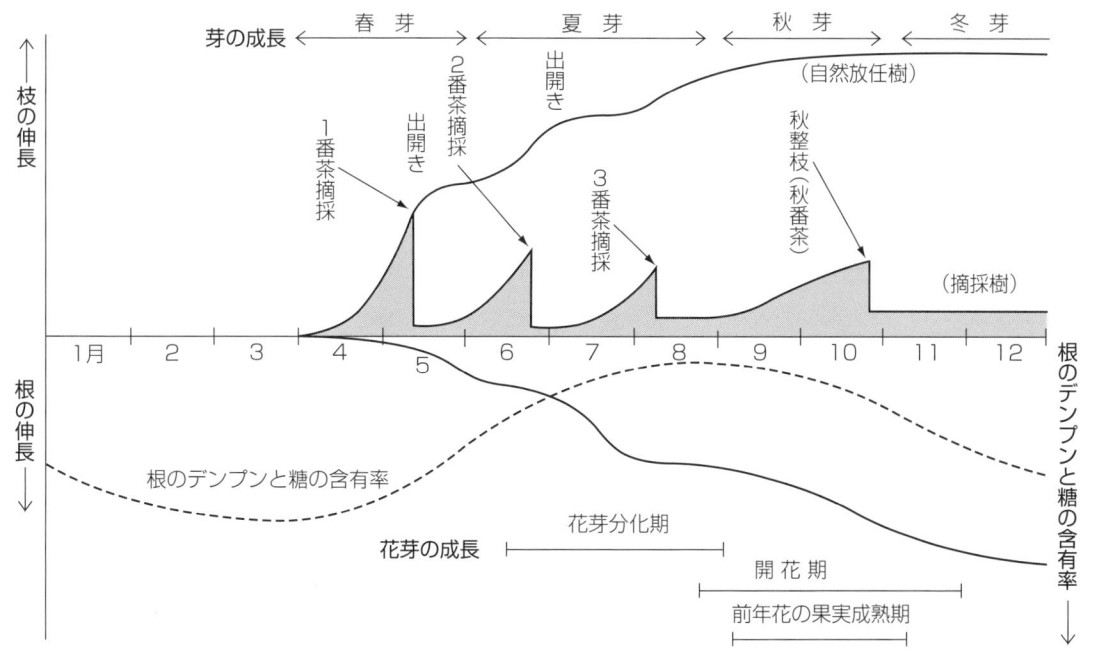

図3　チャの生育サイクルの模式図

がほう芽し，春芽と同様に新葉を開葉させたのち，出開き芽となる。チャは，このような生育のサイクルを年に3〜4回繰り返す。

根の成長にも周期がみられ，一般に，芽が出開いて成長を休止している時期に，根はさかんに伸長する。

一方，花芽は6〜8月に，その年に生育した枝の先端や葉えきに分化し，夏の終わりから初冬にかけて次々と開花する(図4)。これらの花は，1年かけて成長し，翌年の秋に成熟する[1]。

❶秋には，前年度の花の成熟果実と当年度の開花がともに存在する。

摘採と生育　葉の収穫を摘採という。摘採は新芽が出開く前の生育中におこなう。1回目のほう芽(春芽)の生育中に摘採したチャ葉を1番茶といい，2回目，3回目のほう芽のそれを，それぞれ2番茶，3番茶という[2]。

❷冷涼地では，ふつう，摘採は2番茶までの年2回にとどめられる。

摘採は新しく伸長した芽の基部の新葉を1〜2枚残しておこなう(図5, 6)。秋には，樹冠をととのえ，次年度の収穫対象となる冬芽を育てるための枝切り，すなわち秋整枝をおこなう。

このようにチャは，光合成器官である葉が定期的に摘採されるため，チャ，とくに新葉の成長には，樹体の貯蔵養分が重要なはたらきをする[3]。

❸新葉は，主として，秋から冬にかけて根にたくわえられたデンプンと糖を消費して成長する。

収量と品質の決定要因　**収量**　摘採する新芽の数と大きさの積で決まる。各摘採期の摘採および秋整枝を深くおこなう(枝を基部のほうで切ること)と，芽の数は増えるが，芽は小さくなる。したがって，多収のためには，摘採を樹勢に応じた適正な位置でおこなう必要がある。

さらに，多収には，新葉の成長に必要な根の貯蔵養分を増やす

図4　チャの花

図5　手指による心3葉摘み

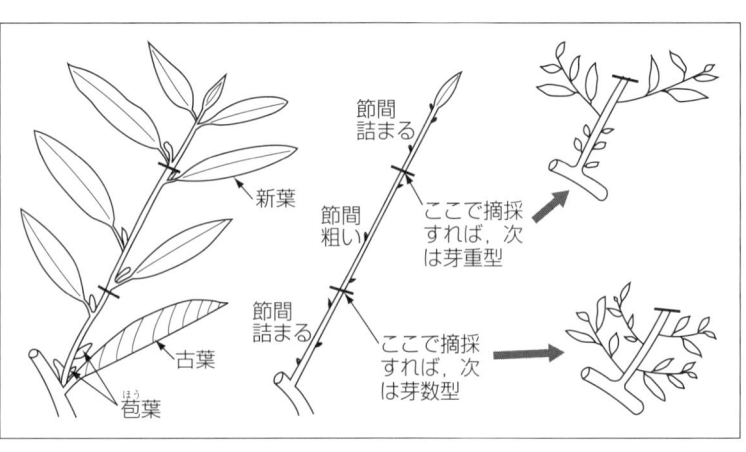

図6　摘採の位置と新芽の発達の関係

(大石貞男による)

ことが大切である。根に養分がたくわえられる秋から冬にかけて，茶樹の光合成を高く維持することが，高い収量を得るための重要なポイントである。

品質 製茶の外観，湯で浸出したときの水色，味，香りなどで評価される。水色が黄金色で，苦味（カフェイン），渋み（タンニン），うま味（アミド・アミノ酸）がほどよく調和して，まろやかな味を呈するものが上質葉とされる。

とくに，茶のうま味成分のアミドであるテアニンや各種のアミノ酸含量は，品質の重要な決定要因である[1]。

[1] 葉の窒素含量が多いほど，これらのアミド・アミノ酸含量が多く，品質も高い。

3 栽培の実際

（1）茶園の造成

ほ場の選定と準備 チャの生育に適した環境は表2のとおりで，気象条件からみて，茨城県と新潟県を結ぶ線が経済栽培の北限である。土壌は，耕土が深く，有機物に富み，弱酸性が適する。やや冷涼で，日照量が多く，川霧のかかる地域で品質のよい茶が生産される。

ほ場は，まず深さ1mくらいまで耕起し，必要に応じて土壌酸度を矯正し，排水溝を設置する。苗の植付けに先立ち，うねの位置に深さ50cmくらいのみぞを掘り，堆肥や鶏ふんなどの有機物を土壌に混入する。

品種の選び方 チャには，用途と栽培条件に応じて表3に示すような品種がある。栽培のねらいと，

表3 チャ品種の特性

用途・品種名	早晩性	樹勢	耐寒性	耐病性	収量性	品質
せん茶用						
あさつゆ	中生	弱	弱	弱	少	上
やぶきた	中生	強	中	弱	多	上
かなやみどり	中晩生	強	強	強	多	中
おおいわせ	早生	中	中	中	中	中
おくひかり	晩生	強	強	強	多	上
玉露・てん茶用						
こまかげ	中晩生	弱	強	中	中	上
玉緑茶用						
やまなみ	晩生	強	弱	強	多	上
紅茶用						
べにひかり	晩生	強	弱	強	多	上

表2 生育に適した環境

生育温度	年平均気温13℃ 最低極温−10℃ 高温限界45℃
有効積算温度	2,000～2,100℃以上
年降水量	1,300mm以上
好適土壌	耕土深く，透水性・排水性のよい土　pH4～5

その土地の環境条件に適した品種を選ぶ。また，早・中・晩生品種を適切に組み合わせ，茶園の管理や収穫作業の分散化を図る。

■ **育　苗**　チャの育苗は，挿し木によるのが一般的である。6月から7月半ばにかけて，その年の春にほう芽した枝から葉を2枚ていどつけた挿し穂を切り取り，苗床に挿し込む（図7）夏挿しが一般的であるが，9～10月に夏芽を挿す秋挿しもおこなわれる。

挿し木苗は，寒冷しゃで50～60％遮光し，強い日差しを避ける。約1か月で発根するが，発根後は日よけを除去し，施肥をおこなう。以後，施肥，水管理，除草に心がけて，9か月（1年苗）あるいは20か月（2年苗）育苗する。

■ **植付けと仕立て**　**植付け**　本畑への植付けは，ふつう3月ごろにおこなう。栽植密度は，うね幅1.5～1.8m，株間30～45cmが標準である。

植付け初年度の施肥量は，あらかじめ植えみぞに有機物を混入しておいた土壌に，10a当たり成分量で，窒素8～9kg，リン酸3kg，カリ3～4kgていどとする。その後，成木となる5年目まで，毎年施肥量を増やしていく。

仕立て　本畑に植え付けた茶樹を，生育段階に応じて生産に都合のよい樹形にととのえることを仕立てという。仕立てには，枝を深い位置で切り取る**せん枝**と，成園に近づいた樹冠の表面を浅く切ってととのえる**整枝**の2つの作業がある。

せん枝は，分枝数を増やして芽数を多くするために，整枝は芽数や受光態勢の調節とともに機械による摘採作業をしやすくするためにおこなう。

植付け（定植）から4年目までの，幼木仕立てのためのせん枝と整枝の仕方を図8に示す。3年目までは樹冠面を水平に仕立て，

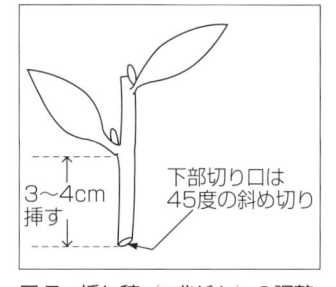

図7　挿し穂（2葉挿し）の調整

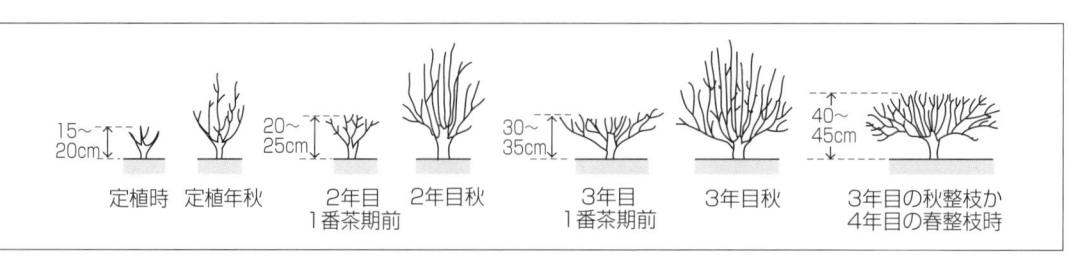

図8　チャの仕立て方の模式図

（渕之上康元・渕之上弘子，1999）

群落がこみあってくる4年目以降は，摘採面積を広げるとともに受光態勢を良好に保つため，樹冠面を毎年5～6cm高めながら，弧状にととのえ，成木園（樹高70～80cm）に仕立てていく。

(2) 成木園の管理

施　肥　　成木となったチャでは，葉の定期的な摘採やせん枝・整枝によって，栄養分がほ場外に持ち出されるので，その分を施肥によって補う必要がある。施肥は，秋肥，春肥，および2回の夏肥と，年4回おこなうのが一般的である。各施肥の標準的な時期と施肥量を表4に示す。

年4回の施肥のうち，秋肥は元肥ともいい，最も重要である。秋肥は，秋冬季の光合成を高め，樹体に貯蔵養分を多くたくわえ，翌春の収量を高めるのに重要なはたらきをする。秋肥は，9～10月に，うね間を深く耕し，堆肥，魚粉などの有機物とともに化学肥料を土壌に混入して施す❶。

整枝とせん枝　　成木園の樹形管理は，各摘採期のあとと秋あるいは春に，樹冠を浅く刈り込んで摘採面をととのえ，芽数を調節する整枝が中心である。このうち，秋の整枝は，とくに注意を要する。

秋整枝は，低温になって秋芽の生育が停止したあと❷におこなう。できるだけ浅い整枝にとどめ，秋冬季の光合成のための葉層の確保に心がける。冬の寒さが厳しく寒害のおそれのある地域では，秋整枝はおこなわず，翌年の2～3月に春整枝をおこなう。

枝がこみすぎて，芽数が多くなり，1芽重の減少が認められる場合には，夏季に深い位置でせん枝をおこなう。

気象災害の防止　　チャの気象災害には，冬季の低温によって葉や枝が枯れる寒害（図9），台風による風

❶チャ栽培では，品質を重視するあまり，表4に示す施肥量をはるかにこえる施肥もみられる。肥料の高濃度障害の危険性や環境への影響の面から，施肥量は適正範囲とすべきである。

❷中部日本では10月中旬以降。

表4　成木茶園の標準的な施肥量　　　　　（単位：成分量 kg/10a）

成分	秋肥（9月）3番茶収穫後	春肥（2～3月）1番茶ほう芽前	第1回夏肥(5月)1番茶摘採後	第2回夏肥(7月)2番茶摘採後	年間の合計
窒素	16	16	11	11	54
リン酸	9	9			18
カリ	14	13			27

注　10a当たりの生葉収量800kgを目標とした場合。

図9　寒害を受けた茶園

害，干ばつ，および春先の**晩霜害**などがある。適地に栽培することが，これらの害の基本的な防止策といえる。しかし，晩霜害は適地とされるところでもしばしば発生し，1番茶の収量に重大な影響を与えることがある。霜害が発生するしくみと防止法を図10に示す。霜害の予報が出たら，すみやかに対応することが重要である。

病害虫の防除

チャの主要な病害には炭そ病，網もち病，白星病などが，主要害虫にはカンザワハダニ，チャノミドリヒメヨコバイ，チャノコカクモンハマキ，チャハマキなどがある。ほ場でのこれらの発生状況と発生予察情報に注意し，適期防除に心がける。

収穫

玉露などの高級茶では手摘みがおこなわれているが，大部分は動力摘採機で収穫される❶（図11）。収穫した**生葉**は，できるだけはやく製茶工場に持ち込み，蒸気を加えるか，あるいはかまでいって葉中の酸化酵素のはたらきを停止させ，加工に回すことが重要である。

覆下栽培（おおいした）

玉露，てん茶❷用のチャは，窒素多施用のもとで，春芽のほう芽後から摘採期までの約20日間，こも，黒色の織布などでおおい，強く遮光して栽培し（図12），1番茶だけを収穫する。これを**覆下栽培**といい，できた

❶ 機械摘みは，1番茶では芽が出開いたときの葉数の50〜80%の，2,3番茶では90%の葉が開いたときをめやすにおこなう。

❷ まっ茶の原料となる。

図11　乗用型摘採機による収穫

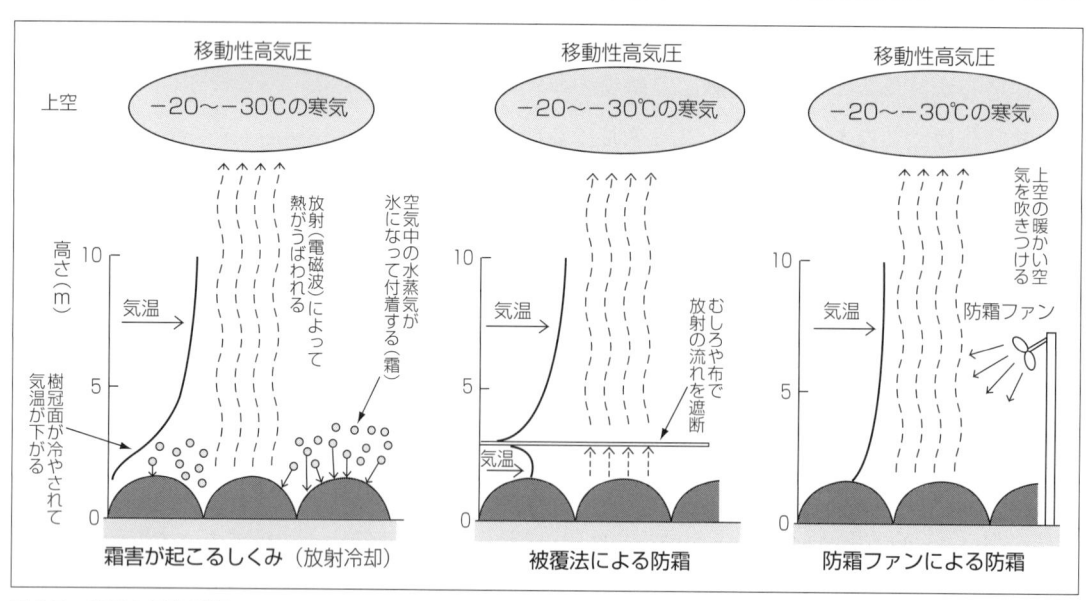

図10　茶園の霜害が起こるしくみと防霜法
注　霧や煙も放射を遮断するので，被覆法と同じ効果がある。

茶は覆下茶とよばれる❶。これは，強い光のもとでテアニンが減少し，タンニンが増えるのを防ぎ，うま味成分含量の高い状態で摘採するためである。

4 加 工

製茶工場に搬入された生葉は，すみやかに製茶の工程に移される❷。現在は機械製茶が一般的である。図13に手もみ製茶と機械製茶の工程を示す。この工程をへてできた茶を**荒茶**という。荒茶は，茶の種類に応じて，さらに選別，乾燥（火入れ），配合，包装などをおこなって製品に仕上げられる。

5 経営の特徴

茶の需要は，ほぼ横ばい状態にあるので，重要の拡大と，より品質の高い茶の生産が求められる。需要の拡大には，茶の健康食品としての機能を生かした，新しい飲料❸や加工食品などの開発が望まれる。

チャ葉生産では，高品質・多収の場合，かなり高い粗収益が得られる。そのためには，施肥，摘採，整枝，せん枝，病害虫防除などに高い技術が求められる。一方，生産費も多くかかり，そのうち半分以上が労働費である（図14）。管理作業の省力化を図るとともに，製茶工場の共同利用などの合理化を進めることが重要である。

❶せん茶用のふつうのチャでも，簡易な被覆をして栽培されている。この場合は，かぶせ茶とよばれる。遮光度は覆下栽培より弱い。

❷茶の生産には，生葉のままで販売する形態と，荒茶まで加工して販売する形態（自園自製という）とがある。

● **やってみよう**

かまいり茶は，古くからの製茶法で，最近見なおされてきている。その製法を調べて，かまいり茶をつくってみよう。

❸ギャバロン茶，緑茶ドリンク，インスタント茶，ティーバッグ，水出し茶，香味茶などの飲料が開発されている。

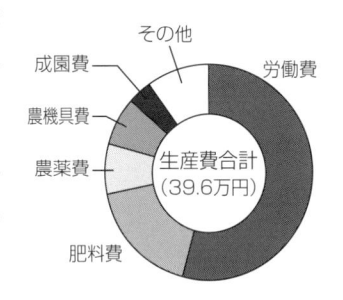

図14 緑茶用生葉の10a当たり生産費用とその内訳（平成13年度，静岡県）（農林水産省統計情報部「工芸農作物等の生産費」，平成15年より）

図12 玉露またはてん茶生産のための覆下園

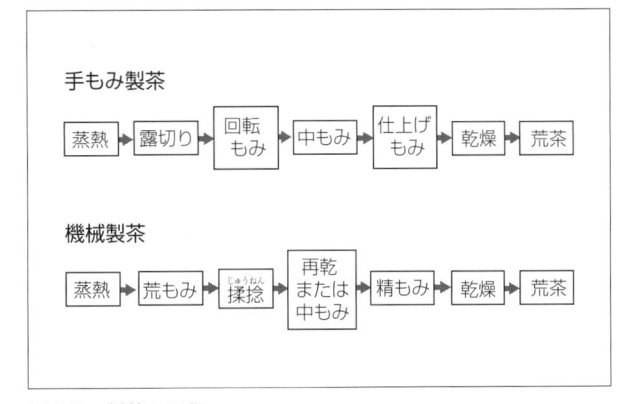

図13 製茶の工程

III し好作物
❷ タバコ

学名：*Nicotiana tabacum* L.
英名：tobacco
原産地：ボリビアからアルゼンチン
利用部位：葉
利用法：喫煙
主産地：東北，関東東部，北陸，中・四国，九州の各県

開花期のタバコ（第4黄色種，つくば1号）

1 タバコの特徴と利用

タバコは，ナス科タバコ属の1年生草本で，葉を乾燥させて葉たばことして喫煙に利用する❶。

タバコの原産地は，南アメリカのボリビアあたりで，15世紀末にコロンブスによってヨーロッパに伝えられたとされる。わが国には，鉄砲の伝来とほぼ同時期（天正年間，1573〜91）に伝わり，江戸時代にその栽培が広まった。現在，葉たばこの買入れと製造は日本たばこ産業株式会社（JT）がおこなっている❷。

タバコは温暖な気候を好み，栽培には90〜120日以上の無霜期間が必要で，わが国では青森県を北限として全国的に栽培されている。

❶葉たばこには，神経を刺激する作用をもつ塩基性化合物（アルカロイド）のニコチンを含み，その常用は習慣性をもたらす。

❷明治時代以降，「たばこ専売法」のもとに，タバコの生産から販売までのいっさいは，政府の管理下におかれてきたが，昭和60年から「たばこ事業法」のもとに民営化された。

2 一生と成長

タバコは，一般に，親床と子床で育苗してから本畑へ移植して栽培される。その生育過程を図1に，生育に適した環境を表1に示す。

発芽と育苗
種子❸の発芽には高温（20〜30℃）を必要とし，保温した苗床にたねまきして発芽をうながす❹。また，発芽に光が必要な**好光性種子**で，吸水後14時

❸種子はきわめて小さく，千粒重は0.06〜0.08gである。

❹育苗は，環境変化に弱い苗の成長を保護することを主目的におこなうが，本畑での栽植密度を確実なものにする，土地利用率を高める，というねらいもある。

間ていど，弱い光にあてる必要がある。

タバコは短日植物であるが，生育初期に低温によって花芽分化が促進される性質をもっている。花芽分化がはやすぎると目的器官である葉数を減少させるので，育苗期から本畑期のはじめに，13～15℃の低温にあわないように管理することが大切である。

葉の成長と収量・品質

葉の数・大きさと収量 タバコは，花芽分化期から開花期にかけて，草丈と葉面積が急速に大きくなる。この最大成長期の成長量が収量を左右する。したがって，花芽分化を遅くすることで葉数を増やし，最大成長期ころに窒素吸収を促進する肥培管理で葉を大きくすることによって，多収を図ることができる。

葉の充実度と品質 葉たばこの品質は，葉の充実度❶に支配される。開花期に花をそのまま成長させると葉の成長を妨げるので，心止め❷をおこなう。また，心止め後に葉えきから成長してくるえき芽の除去（芽かき）も，充実した葉の生産に欠かせない。

また，多収をねらって多窒素にすると，葉が薄くなったり，葉が茂りすぎたりして，葉の充実が妨げられる。一般に，バーレー種と在来種（表2）では，心止め期の葉面積指数が4～5になるように管理❸することが，収量と品質の両方にとって好ましい。

❶デンプン，ニコチン，味，香りのもとになる成分の蓄積が多いと充実度が高い。

❷開花の初～中期に，花を含めて茎の先端を切り取る。この心止めによって，光合成産物や根で生産されるニコチンの葉内蓄積が促進され，充実した葉が生産される。

❸品質がより重視される黄色種では，葉面積指数をこれより低く管理する。

表1 生育に適した環境

生育温度	最低8～9℃ 最適25～28℃ 最高38℃
無霜期間	90～120日
全生育期間の降水	250～500mm以上
好適土壌	耕土が深く，排水良好な土壌 pH5～6.5

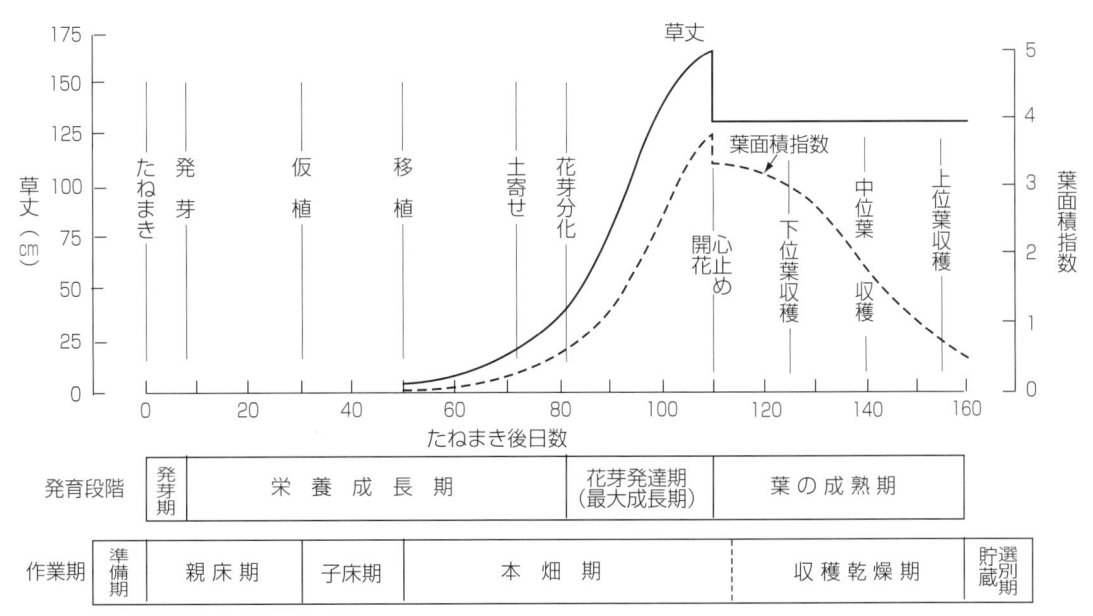

図1 タバコの生育過程とおもな作業（模式図） （村岡洋三，1951に修正・加筆）

3 栽培の実際

ほ場の準備 タバコは，耕土が深く，排水良好で，あまり肥よくでない土壌を好む。本畑は耕起・整地し，肥料を散布する❶。施肥量は，10a 当たりの成分量で窒素 12kg，リン酸 15kg，カリ 20kg が標準である❷。

施肥後，うね立てをおこない，地温上昇と雑草抑制のために，ビニルマルチ（図 2）を張る❸。

品種の選び方 わが国で栽培されるタバコは，**在来種，黄色種**および**バーレー種**の 3 種類に大別され，表 2 に示すような品種がある。栽培にあたっては，それぞれの地域の環境と栽培条件にあった品種を選ぶことが重要である。

育　苗 **親床の管理**　ふつう，親床❹に種子をまく❺。たねまき量は 1m² 当たり 0.8 〜 0.9g が標準とされる。たねまき期は南九州で 1 月，東北で 3 月である。発芽までは温度は高めがよいが，発芽後は最高気温 25℃，最低気温 17 〜 18℃ とする。かん水は控えめにしたほうが，充実した苗に育つ。

子床の管理　親床で苗が 5 〜 6 葉期に達したら，子床に移植する。子床には直径 5cm，深さ 5cm のペーパーポットやプラスチックポットが用いられる。温度条件は親床期と同様にし，15℃ 以下の低温にならないように注意する。また，光によくあて，かん水

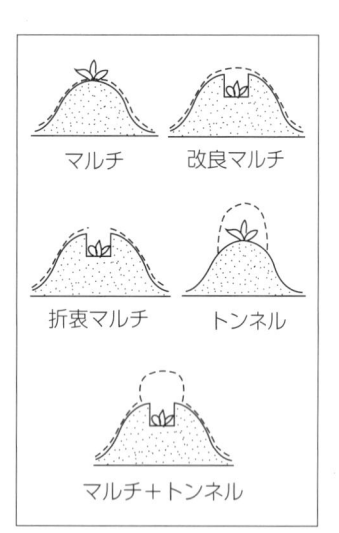

❶肥料には堆肥やナタネ油かすなどの有機物と化学肥料を併用する。

❷生育後期の窒素は品質低下をまねくので，追肥は少なめに施す。

❸これらの作業には，うね立てとマルチ張りを同時におこなう機械が利用できる。

❹堆肥やもみがらくん炭などと肥料を混入してつくる。

❺最近では，種子を直接，子床にまいて育苗する方法もおこなわれている。

図 2　タバコ栽培のためのいろいろなマルチの方法
（日本専売公社資料より）

表 2　わが国のタバコ品種の用途と栽培地域

種類		品種	用途	栽培地
在来種	第 2 在来種	松川関東	緩和料，補充料	東北
	第 3 在来種	中だるま	緩和料，補充料	関東
		阿波ちさ	緩和料，補充料	四国
黄色種	第 1 黄色種	コーカー 319	緩和料，補充料	九州，四国
		バージニア 115	準香味料，補充料	九州，中国，四国
	第 2 黄色種	エムシー 1 号	緩和料，補充料	北陸，中国，四国
		山陽 1 号	緩和料，補充料	中国，四国
	第 3 黄色種	ブライトイエロー 4 号	準香味料，補充料	九州，四国
	第 4 黄色種	つくば 1 号	緩和料，補充料	関東
バーレー種		バーレー 21	準香味料，補充料	東北
		みちのく 1 号	補充料	東北，北陸，関東

注　香味料：たばこに味をつける。緩和料：味を温和にする。補充料：たばこにふくらみを与え，通気性をよくし，吸いやすくする。たばこは，性質の異なる品種の葉を調合して製造されるが，これを葉組みという。

を制限して，充実した苗に育てる。育苗は本葉が8～10枚出るころまでおこなう。

| **本畑での管理** | **移植** 栽植密度は，葉の充実を重視する黄色種では，うね間100～110cm，株間42～45cmと広くする❶。あらかじめマルチを張っておいたうねに移植するが，最近では機械移植が普及している。

土寄せ，病害虫防除 最大成長期の前に土寄せをおこない，不定根の発根をうながす。また，立枯れ病，えき病，野火病などの病害や，タバコアオムシ，ヨトウガなどの害虫の防除も，必要に応じ適期におこなう。

心止め，芽かき 開花期に達したら，心止めをおこない❷，つづいて，心止め後に発生してくるえき芽の芽かきをおこなう❸。

| **収　穫** | 成熟期をむかえると，下位の葉から淡緑色になり，葉脈が白化してくる。下位葉から1～2枚ずつ順次収穫し，乾燥に回す。なお，タバコの葉は，その葉位によって図3のように区分される。

| **乾燥・選別・貯蔵** | タバコの乾燥は，たんに脱水させるのではなく，**キュアリング**といって，化学成分の変化を図ることも目的としている。

黄色種は，乾燥器の中で，30～40℃から，約90時間かけて徐々に温度を高め，その過程でデンプンの糖への化学変化を起こさせて乾燥する（図4）。この過程で葉は黄色になる❹。

乾燥した葉は，品質のそろったものに選別し，一定期間貯蔵したのちに出荷する。

4 経営の特徴

タバコは，日本たばこ産業株式会社との契約栽培であるので，売渡し価格の変動は小さく，また所得も多い。しかし，所得の大半はきわめて長時間の労働に対する労賃である。

育苗，移植，乾燥などの管理作業の共同化をいっそう進め，品質の向上と生産の効率化を図り，労働時間を短くしていくことが大切である。

❶軽質な葉たばこをつくる在来種では，うね間90～100cm，株間24～25cmとせまくし，バーレー種では両者の中間とするのが一般的である。

❷黄色種では1～5輪開花したときに茎の深い位置で，在来種では5～10輪開花したときに浅い位置でおこなう。

❸芽かきのさいには，手による摘取り後，浸透型わき芽抑制剤（マレイン酸ヒドラジド，MH）を散布する。

❹在来種とバーレー種は，自然の温度・湿度のもとで20～30日間ゆっくりと乾燥し，炭水化物を完全に分解させる。この過程で葉色は褐色に変化する。

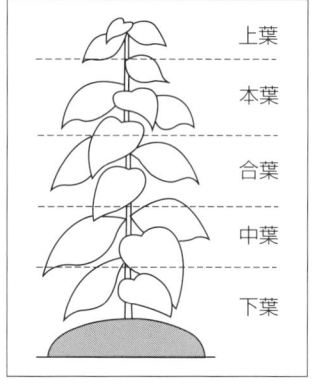

図3 タバコの葉分け区分の名称

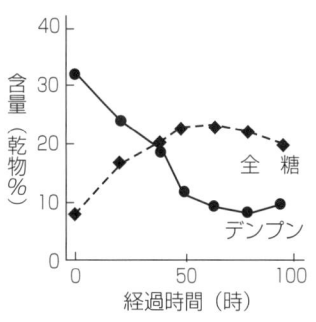

図4 黄色種の乾燥中の葉内デンプンと糖含量の変化
（「専売公社岡山たばこ試験場報告」1971による）

Ⅲ し好作物
❸ ホップ

学名：*Humulus lupulus* L.
英名：hop
原産地：西アジア
利用部位：球果
利用法：ビール醸造
主産地：岩手県，山形県，福島県，長野県

ホップの球果

1 ホップの特徴と利用

　ホップはクワ科に属する雌雄異株のつる性多年生草本で，雌株の球果（図1）をビール醸造に利用する❶。原産地は西アジア（旧ソ連の南西部）と考えられている❷。

　ヨーロッパを中心に，旧ソ連やアメリカ合衆国などで生産が多い。日本へは明治時代初期にドイツから導入され，現在では東北地方や長野県などが主産地になっているが，輸入ホップも多い。

　ホップの主成分は，樹脂，精油，タンニンなどで，ビール醸造に加えると，①苦味や芳香を与える，②泡立ちをよくする，③過剰なタンパク質などを沈殿させて清澄にする，④腐敗を防ぐ，などのはたらきがある。

❶紀元前から他の薬草や香草とともにビールの原料として利用されていたが，1516年にバイエルン（現在のドイツ南部地域）の君主ウイルヘルム4世が発令したビール純粋令「ビールはオオムギ，ホップおよび水のみから醸造する」によって，他の薬草や香草にかわってホップのみが利用されるようになった。

❷野生種は北半球のやや冷涼な地域に広く分布し，日本ではカラハナソウが中部地方以北の山地に自生している。

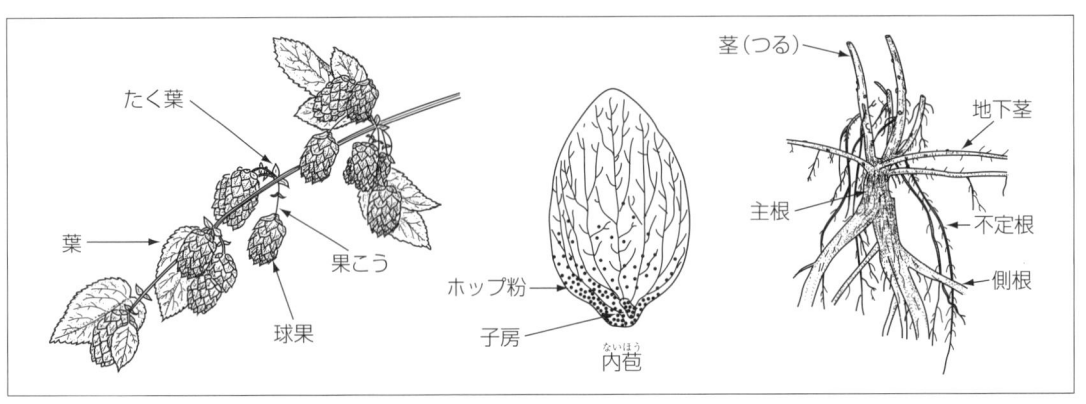

図1　ホップの球果（左）と地下部（右）　　　　　　　　　　　　　（西川五郎ほかによる）

2 一生と成長

　ホップの生育経過を図2に示す。ふつう，4月下旬ころになると根に貯蔵された養分を使って地下茎から新芽（主茎）が生じる。主茎は急速に伸長して8mにも達する。主茎には20〜30cm間隔で節があり，ここから分枝を生じる。6月になると，主茎や分枝の先端部の葉えきに花芽が分化し，7月に開花する。花は数十個集まって球状となり，のちに**球果**になる❶。地上部は冬季に枯死するが，地下部の太い根と地下茎（図1）は越冬する。

　球果にある外苞と内苞（花につく小形の葉）および花被の表面には，芳香と苦味のある**ホップ粉**（ルプリンせん毛，図1）が着生していて，これがビール醸造に利用される本体である。

　冷涼（夏平均気温20℃以下）で，8〜9月の収穫期に乾燥する気候が適する❷。深根性で干ばつには比較的強く，夏季の降雨はべと病を多発させるので，小雨多照の地域が適する。

　有機質に富んだ肥よくな土壌が適し，また耕土を深くして排水を促進する必要がある。他の作物に比べて養分の吸収量が多い。

3 栽培の実際

　ホップの繁殖は，地下茎の一部を株分けしておこなう。地下茎苗を垂直あるいは若干斜めにおいて，5〜10cmくらいの覆土をする❸。植付けは，春または秋におこなうが，春植えが多い。

　元肥は，4月上旬に10a当たり成分量で窒素36kg，リン酸30kg，カリ28kgを施す。5月上旬には**選芽**（不必要な芽を取り除いて整理すること）をおこなって，1株当たり5〜8本の主茎数にする。生育初期には中耕・除草・培土をおこなう。

　伸長したつるは，針金やひも❹に巻きつかせる。追肥は6月下旬〜7月上旬に施す❺。

　病害虫は，べと病や灰色かび病，フキノメイガやハダニが発生するので，適期に防除する。

　収穫は，8〜9月に茎を地上から約2mの高さで切り取り❻，機械で球果を摘み取る。収穫した球果は，火力乾燥して出荷する。

❶雌花は受精しなくても球果となるので，雄株を栽培する必要はない。

❷高温によって開花が促進されるので，春の過度の高温は開花をはやめすぎて花数を少なくし，収量の低下をまねく。

❸一度植え付けると，約20年間はそのまま栽培できる。

❹高さ5mほどの位置に水平に張った架鉄線から垂直につり下げる。

❺施肥量は10a当たり成分量で窒素8kg，リン酸10kg，カリ7kgていどとする。

❻収穫時に切らずに残した茎の葉は，地下部に貯蔵養分を蓄積させるはたらきがあるので，できるだけ多くの葉を残して健全に保つようにする。

月	
4月	ほう芽期
5	選芽
6	追肥
7	開花期
8	球果形成期
9	成熟期
10	収穫
11	落葉期
12	
1	休眠期
2	
3	

図2　ホップの生育経過

Ⅳ 糖料作物
❶ テンサイ

学名：*Beta vulgaris* L. var. *saccharifera*
英名：beet, sugar beet
別名：ビート，サトウダイコン
原産地：地中海東岸から西アジア
利用部位：根部
利用法：製糖原料，飼料
主産地：北海道

収穫期のテンサイ

1 テンサイの特徴と利用

| 特　　徴 | テンサイはホウレンソウと同じアカザ科に属する1，2年生草本❶である。紀元前に中近東から南ヨーロッパの地域で栽培化された（葉と根の赤いものを今日のテーブルビートのように食用にした）と考えられている。その後，野菜あるいは飼料としてヨーロッパ各地に広まった。

18世紀後半にはドイツの科学者が，飼料用ビートの根から砂糖を製造することに成功した（当時の砂糖含有率は3％と伝えられている）。これを契機に品種改良がおこなわれ，現在栽培されているような高い砂糖含有率のテンサイが育成され，ヨーロッパや旧

❶作物として栽培する場合には春にたねまきし，その年の秋に根部を収穫するが，収穫せずにほ場に放置すると，根部が越冬して，翌年の春に根部から茎が伸び（とう立ち），夏に種子ができる。したがって，作物学的には1年生であるが，植物学的には2年生である。

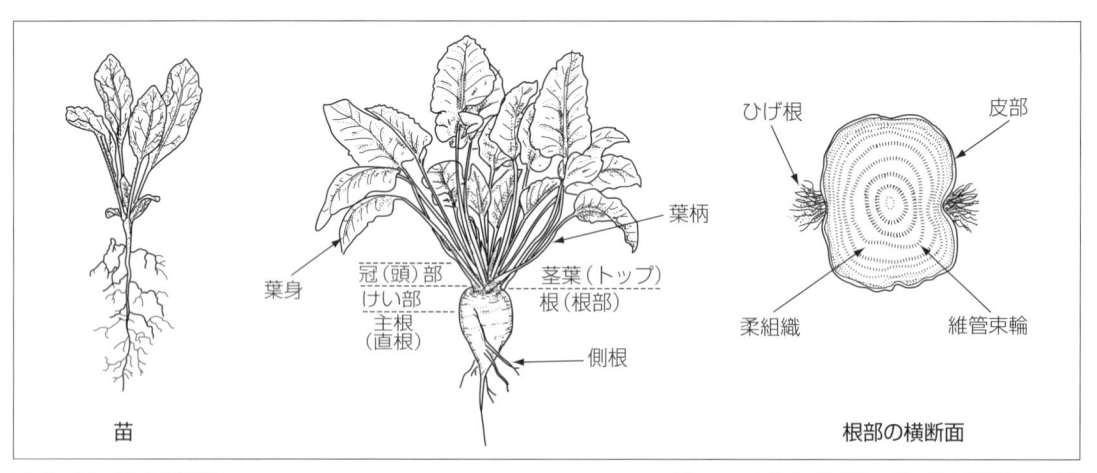

図1　テンサイの形態　　　　　　　　　　　　　　　（Haywardおよび西川五郎・津田周彌による）

ソ連，アメリカ合衆国などを中心に広く栽培されている。

　わが国へは明治時代初期に砂糖原料として欧米から伝えられ，北海道で栽培と製糖が開始された。現在，全国で約7万 ha の栽培面積があり，そのほぼ100%が北海道で，とくに帯広，北見，網走を中心とした地域で栽培されている❶。

| 利　用 | 肥大した根部（図1）には約18%のショ糖が含まれている。収穫した根部は，細片に

して糖汁を抽出し，これを濃縮，精製してテンサイ糖を得る❷。

❶平均収量は約55t/ha であり，世界的にみてもヨーロッパ諸国（フランスの平均収量は72t/ha）について高い収量となっている。

❷茎葉は青刈り飼料として利用され，糖を抽出したかす（ビートパルプ）は保存飼料になる。

2 —生と成長

| 葉と根の成長 | 生育経過を図2に示す。発芽したテンサイは，次々と葉を増やし，生育期間中に50～

80枚の葉❸が生じ（図1），最大の葉面積指数は5をこえる。

　地下部は冠部，けい部，主根および側根からなる❹。けい部よ

❸生育初期に生じた葉は途中で枯死するため，同時期についている葉数は，8月中旬〜9月中旬にかけての最も多いときでも40枚前後である。

❹主根の先端は，直根として1m以上も伸長し，深根性である。

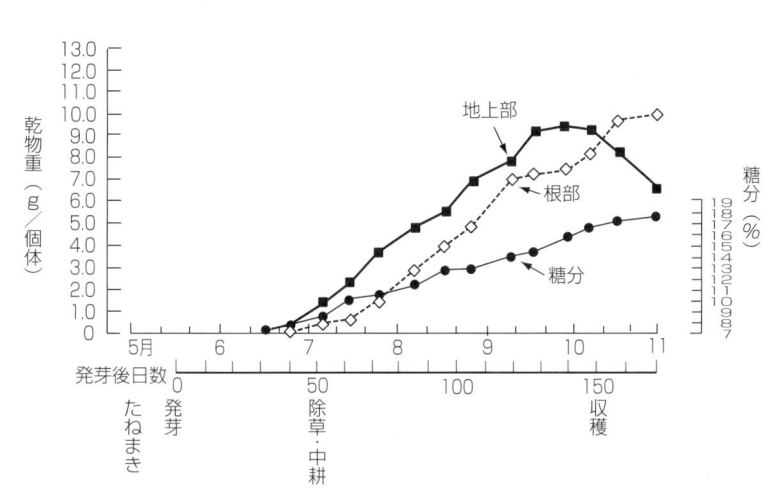

図2　テンサイの生育経過とおもな作業　　　　（細川定治，1980による）

テンサイの仲間—フダンソウ，カエンサイ，飼料用ビート

参考　テンサイの属するフダンソウ属（*Beta* 属）には，テンサイのほかに，フダンソウ，カエンサイ，および飼料用ビートの3変種が含まれている。

　フダンソウは，日本でも葉菜類として広く栽培されている。

　カエンサイは，ヨーロッパなどで根菜類として広く栽培されており，日本でもテーブルビートとよばれ，サラダなどに使われる。

　飼料用ビートは，世界各地で冬季の多汁質青刈り飼料として広く栽培されている。

り上は地上にある。ショ糖は主根に蓄積し，輪切りにすると，維管束輪（リング）とよばれる8～12の輪状構造がみられる。これに隣接した柔組織細胞に糖をためる（→図1）ため，リングの数が多いほどショ糖濃度が高い。

| 主根の肥大 | 葉の光合成でつくられた炭水化物は，生育の比較的初期の7月中旬以降から主根に流入し，糖が蓄積して主根が肥大する。糖の蓄積は葉が枯死するまで継続するため，生育期間が長いほど収量が高くなる❶。

3 栽培の実際

| ほ場の準備 | テンサイの糖蓄積には，夏季の平均気温が20℃をこえない気候が必要であり，冷涼な地域が栽培に適する。

根が肥大するためには，作土が深く膨軟であることが重要であり，通常，堆肥を1ha当たり20t以上施用する。さらに，乾物生産量が多いことから養分吸収量も多いので，10a当たり成分量で窒素11～15kg，リン酸20～25kg，カリ14～18kgを元肥として施用する。

微量養分も多く吸収するので，連作は避ける。ふつう，豆類，麦類およびジャガイモと組み合わせた，3～4年輪作❷がとられている。

| たねまきと定植 | 直まき栽培では，4月下旬～5月上旬に機械でたねまきをおこなう。移植栽培では，3月下旬～4月上旬にペーパーポットにたねまきし，ビニルハウスで育苗し，5月上旬に機械移植をおこなう。

品種は，モノホマレ，ユーデン，ハミングなどのヨーロッパからの導入品種が主流である。

移植栽培では生育期間が長くて多収となるため，従来は80％以上が移植栽培であった。しかし，最近では省力化が優先されるようになり，直まき栽培が増加している❸。

栽植密度は，直まき栽培ではうね幅45～55cm，株間20～25cm，移植栽培ではうね幅60～66cm，株間25cmが一般的である。

❶収穫期の糖含有率は15～20％になる（図3）。深根性なので干ばつには強く，土壌水分が多いと糖蓄積が抑制されるため，少雨の年には糖収量が高くなる傾向がある。

❷養分吸収の面からは，テンサイ－ジャガイモ－秋まきコムギ－ダイズ－ジャガイモがよいとされる。

❸直まき栽培の収量は，移植栽培に比べ20％ほどおとる。

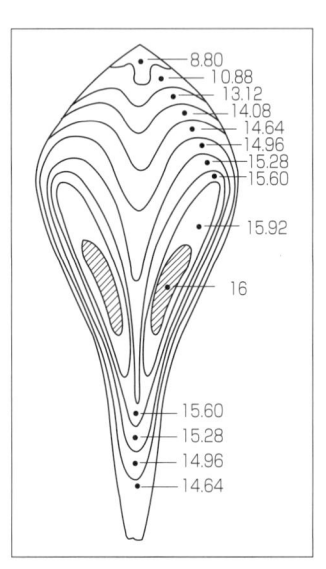

図3 根部，冠部の糖分の分布
　　（Stehlik 1956, Bongiovanni 1958）
注　数値は，最も高い部分を16.00％とした糖分。

栽培管理

生育前半には，除草をかねて中耕をおこなうが，根や葉を傷めないように注意し，過度の中耕は避ける。除草剤を散布する場合は，適期におこなう[❶]。

❶うね間が葉でおおわれるようになると（図4），雑草の発生も少なくなる。

病害虫防除

病害としては，褐ぱん病と葉腐れ病が葉部をおかし，根腐れ症状と黒根病が根部をおかす。また，近年，葉と根の両方をおかす，そう根病が発生し，ときにより壊滅的な被害を及ぼしている。しかし，いずれも決定的な防除法や農薬は開発されていないので，輪作を徹底するとともに抵抗性の比較的強い新品種を用いて，発生を予防する。

害虫ではヨトウガ，ネキリムシ類，トビムシ類，アブラムシ類などの発生がみられるので，適期防除に心がける。

収穫・調製

収穫時期は，ふつう10月になるが，この時期にも天候がよければ，収量や糖分の増加は続くので，その年の天候や畑の状態，製糖工場の操業状態などを考慮して，適期に収穫する。

根部を掘り取って収穫し，茎葉部を切り除いて調製して（**タッピング**とよぶ），製糖工場に搬入する。

製糖会社への販売価格は，1t当たり約1万8,000円で，1ha当たり100万円の粗収益となる。

図4 うね間が葉でおおわれてきたテンサイ畑

参考 単胚性品種の実用化によって増加した直まき栽培

テンサイの果実は球果で，ふつう1個の球果に2～4個の種子が含まれる（多胚性とよぶ）。これをまくと数個体が発芽するため，間引きが欠かせない。移植栽培では育苗中に間引きできるため，その労力を軽減できる利点があった。

しかし，近年は遺伝的に1球果1種子となった単胚性の品種が実用化され，間引きの必要性がほとんどなくなった。最近の直まき栽培の増加には，この単胚種子の開発による間引き労力の軽減が関係している。

Ⅳ 糖料作物
❷ サトウキビ

学名：*Saccharum officinarum* L.
英名：sugar cane
別名：カンショ（甘蔗）
原産地：ニューギニア，インドネシア
利用部位：茎
利用法：製糖原料
主産地：沖縄県，鹿児島県

石垣島（沖縄県）での生育状況（11月）

1 サトウキビの特徴と利用

　サトウキビ（砂糖黍）は，イネ科に属する多年生草本で，茎に約15％のショ糖が含まれている。ニューギニアとインドネシアが原産地で，両地域の交雑種が現在の栽培品種となっている。
　年平均気温が20℃以上の無霜地帯で，茎の伸長期に雨が多く降り，登熟期（茎に糖が蓄積する時期）に乾燥する気候に適する❶。日本では沖縄県と鹿児島県で多く栽培され，平均収量は1ha当たり75tで，国内における砂糖生産量の約20％をしめる❷。

❶サトウキビは，トウモロコシと同様，イネ，コムギなどに比べ，高温，乾燥条件下で光合成速度が高い作物である。

❷沖縄県では，台風の強風にも耐えることのできる数少ない作物として，古くから栽培されている。

2 一生と成長

　発芽したサトウキビは，草丈を伸ばし，最大3～6mにもなる。茎は太さ2～4cmで，30～40の節をもつ。各節には葉が1枚ずつ着生し，地中の節からは分げつが発生して茎数が増加する（図1）。
　茎の内部には多汁質の柔組織があり，ここにショ糖が蓄積する。茎の各節には1個の側芽（芽子とよぶ）があり，2～3節を含む茎の断片を**種茎**といい，これを土中に植え付けて栽培する（図1）。
　種茎から出る茎の基部からは太い冠根が生じ，1m以上の深さにまで伸長する。冠根は，養水分の吸収とともに植物体の支持にも役立っている。

3 栽培の実際

栽培法　サトウキビの栽培法には新植と株出しがある。新植には,収穫期の茎を種茎に用いて2～3月に植え付ける春植えと,生育中の種茎を用いて7～9月に植え付ける夏植えとがある❶。

株出しでは,収穫後の刈り株をそのまま放置して,ここから出る分げつを栽培する。通常,株出しで3～4回収穫してから新植をおこなう。

いずれの栽培法でも,秋（夏植えでは翌年の秋）になると茎のショ糖濃度が上昇し始め,1～2月に最高となり,収穫期になる。夏植えは生育期間が長いので多収となる。

栽培管理　新植の場合は,深さ20～25cmの植えみぞを掘り,堆肥や化学肥料を施して土に混和したのち,種茎をうねと並行に水平においてから埋め戻す。種茎は発芽促進のために,ふつう,水または石灰水500倍液に1昼夜つけたものを用いる。うね幅は120～135cm（機械収穫では120～150cm）,株間は春植えで25～40cm,夏植えで30～45cmとする。

標準的な施肥量は,10a当たり成分量で窒素18～27kg,リン酸9～15kg,カリ10～15kgで,元肥として30～40%を植付け時に施用し,残りは2～3回に分けて追肥とする。春植えでは6月までに,夏植えでは2月までに,2回に分けて培土❷をおこなう。

収穫・調製　地ぎわの地下5cmていどの位置で刈り取って収穫する。しょう頭部（最上部の完全展開葉から5～6葉までの茎葉部で,節間が短い上位節の部分）と,しょ（蔗）茎部（収穫して製糖所に送る中・下位節の部分）の葉を切除してから,製糖所に送る。

収穫後は,糖の転化によって茎の糖度が減少するので,できるだけはやく汁液を採取する必要がある。製糖所では,しょ茎に圧をかけて搾汁し,その液を加熱,濃縮して粗糖を生産する。

10a当たりの粗収益は16万円と比較的高いが,機械化が遅れているため,栽培（とくに収穫）に要する労力が多い。

❶種茎を採取するための苗畑をつくることが望ましい。

❷養分吸収の促進,通気性と透水性の改善,雑草防除,倒伏防止などの効果がある。

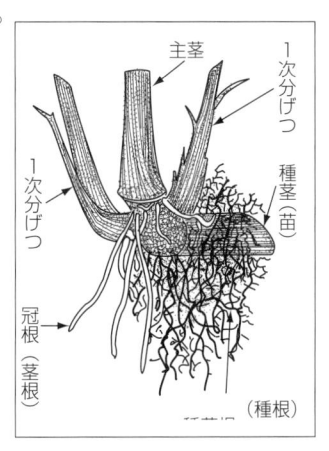

図1　植え付けた苗の初期の状態
（Martin 1938, 西川 1960, 小田 1983より）

V 繊維作物
❶ イグサ

学名：*Juncus effusus* L. var. *decipiens* Buchenau
英名：mat rush
別名：イ，トウシンソウ
利用部位：茎
利用法：畳表，花むしろ
主産地：熊本県

先刈りされたイグサ

❶茎の髄（しん）は，白くて弾力があり，あんどんの灯心としても利用されてきた。

❷従来は，岡山県や広島県の瀬戸内海沿岸地域での栽培がさかんであった。

❸輸入品は国産イグサよりかなり安価なので，生産者の経営難をまねいた。社会問題となり，平成13年4月には緊急輸入制限措置（セーフガード）がとられた。

1 イグサの特徴と利用

イグサ（藺草）は，イグサ科に属する多年生草本の繊維作物である。東アジアの低湿地に自生しており，日本では奈良時代にすでに野生のイグサが，ござの材料として用いられていた。

茎は敷物の原料として用いられる。用途は畳表と花むしろが主で，ござ，各種のマット，すだれなどにも用いられる❶。

熊本県での栽培が多く❷，全国の栽培面積2,730ha（2000年）の約90%をしめている。近年は，中国からの輸入が急増している❸。

2 一生と成長

イグサは地下茎で繁殖し，地下茎の各節から分げつ芽が出る。葉は退化して葉身がなく，はかまとよばれる葉しょうが茎の基部を包んでいる（図1）。

茎は直径2〜3mmで，140cmていどまで伸長し，葉緑素の多い柔組織が茎の表面内側にあり，葉のかわりに光合成をおこなう。また，表皮の内側には厚膜組織が分布し，また生育とともに維管束のまわりの細胞も厚膜化して，茎を強じんにする。

良質なイグサの生産には，冬の寒害が少なく，春が温暖・多照となり，初夏に高温・多湿となる気候が適している。

3 栽培の実際

育　苗　育苗には，収穫後の刈り株から発生した刈り芽苗を株分けして，畑苗床で1～2年栽培して増殖する方法（畑苗法）と，畑苗を7月上旬～8月上旬に株分けして水田に移植して増殖する方法（8月苗法，または水苗法）がある。

イグサは水田で栽培される❶。畑または水田で育苗した苗を，12月上・中旬に，19×19cmの正方植え，または20×18cmの並木植えで，1株7～8本にして移植する❷。

栽培管理　イグサの分げつと茎の伸長をおうせいにするためには，多くの養分が必要である。標準的な施肥量は10a当たり成分量で窒素43～48kg，リン酸12～13kg，カリ38～42kgである。窒素とカリは元肥を5～6kgとして，残りを4月下旬～6月上旬の期間に3～5回に分けて追肥❸として施す。

4月下旬～5月上旬には，生育中の茎の先端を，高さ45cmの位置で機械で刈り取る（**先刈り**という）。先刈りをおこなうと，茎間や土壌に光がよくはいり，茎の光合成が促進されて生育がおうせいになる。また，茎間の温度や株もとの地温が上がって，これ以後に発生する分げつの伸長を良好にする。

この結果，105cm以上の長い茎（**長イ**とよぶ）の収量が増加し，色と光沢も良好になり，高品質のイグサを生産できる。

先刈り作業のあとは，倒伏して品質が低下するのを防ぐために，田面全体に水平に網目20～30cm角の倒伏防止網を張る。

収穫・調製　7月上・中旬に乗用ハーベスタで茎を地ぎわから刈り取って束にする。ただちに**泥染め**❹をして，2日間晴天下，あるいは60～70℃の人工乾燥室で乾燥させる。その後黒色か銀白色のビニル袋に詰めて完全密閉貯蔵庫に収納する。

乾燥後は，長さ別に選別して出荷する。畳表の材料としては，120cm以上の長さがあり，太さが1.2～1.3mmでそろいがよく，色と光沢が均一のものが良質とされる。

❶イグサ収穫後の水田には遅植えの水稲品種を栽培して，二毛作をおこなうことが多い。

❷収穫時の刈取り機に応じて栽植密度を決める。

❸水田の水口から，かんがい水とともに供給する（流し肥）。

❹特殊な粘土を溶かした泥水に浸して泥染めをし乾燥すると，泥が太陽光を吸収し茎の温度を均一に上昇させて乾燥をはやめる。この結果，葉緑素の分解を防いで緑色を保ち，光沢も良好になる。触感（肌ざわり）と耐久性がともに改良される。

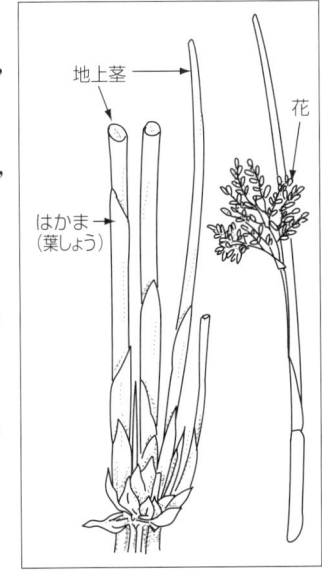

図1　イグサの草姿
（松田秀雄による）

参考　さまざまな栽培・利用の取組みがみられる新たな作物「ケナフ」

作物としての特徴　ケナフ（*Hibiscus cannabinus* L.）は，アオイ科に属する1年生草本で，インドでは古くから栽培・利用されていた。アフリカ原産であるが，寒さには比較的強く，日本全土で栽培が可能である。

ケナフの茎からは良質の繊維がとれ，包装用袋やひもの原料として利用される。また，種子には20％ていどの油分が含まれているので，これをしぼって，料理用，灯火用，石けん用などに利用することもできる。茎葉や種子を飼料として利用する試みもある。

また，ケナフは生育がきわめておうせいで乾物重が大きいことから，茎の繊維を利用して紙をつくり，樹木の代替として利用し，森林の減少を防止しようとする取組みもある。土壌や湖沼などの汚染物質などを大量に吸収する環境浄化作物としても注目されている。

しかし，ケナフは，わが国においては栽培経験の浅い外来作物であるため，導入にあたっては，地域の生態系に対する影響を十分に考慮する必要がある。

生育の特徴と栽培・利用　ケナフは生育のおうせいな作物であるが，施肥をおこなうことで，よりおうせいになる。10a当たり元肥として堆肥1t，窒素とリン酸を成分量で4kg，カリ10kgを施用し，追肥として窒素6kgを施している例もある。全乾物重および繊維重は栽植密度があるていど高いほど多くなり，うね幅90cm，株間10cmが適当とされている。

たねまきは，ふつう4～6月におこなう。直まき，またはポットにたねまきして15～20日間育苗してから移植すると，夏の高温下でおうせいに生育して，7～8月に開花する。生育が進むにともない，アブラムシ，コガネムシ，カメムシ類などの発生がみられる。

10月末には茎長が約4m，太さが2～3cmに達する。収穫は，ふつう開花が終わるころにおこない，のこぎりなどで茎を切り取る。繊維の品質は，開花最盛期の8月ころが最もすぐれ，生育期間が長くなると収量は増加するが繊維が粗硬となる。

収穫後は，畑に積み重ねて落葉させてから，2週間ていど水に浸し，その後，さく皮して髄（茎の内部）と表皮を除去して乾燥させる。採種した繊維は，そのまま紙にすいても，あまり良質の紙にはならないので，上質の紙にするためには繊維を薬品で処理する必要がある。

索引

[あ]

IRRI……57
アイガモ水稲同時作……105
相対……156
合葉……235
青米……113
赤コムギ……157
赤米……138
秋アズキ型……179
秋落ち……85
秋整枝……226
秋ソバ……211
秋ダイズ……166
秋まき性程度……144
秋まき性品種……144
アジアイネ……54
アフリカイネ……54
アミロース……112
アミロペクチン……112
荒粉……202
荒茶……231

[い]

Eh……74
育苗期……58
育苗施設……133
異常根……125
移植栽培……87
1次枝こう……67
1次分げつ……63, 144
1年生作物……7
1年生雑草……103
1番茶……226
1粒コムギ……140
一発除草剤……104
遺伝子組換え……41
インド型イネ……55

[う]

ウーロン茶……225
浮きイネ……57
渦性……147
うるち種……55

[え]

えい花……68
えい花分化期……67
永年性作物……7
栄養成長……18
栄養繁殖作物……7
えき芽……20
F_1……136
園芸作物……7
塩水選……87
エンバク……140

[お]

黄化乳苗……93
黄熟期……70, 146, 206
黄色種……234
覆下栽培……230
大粒米……138
オオムギ……140
おかぼ……55
親床……234
温湯浸法……151
温量指数……45

[か]

外えい……59
塊茎……29, 182
塊根……29, 193
外生休眠……184
香り米……138
花序……22
可消栄養成長期間……83
活着……62
カテキン類……224
果皮……59
カラハナソウ……236
感温性……21, 83

環境ストレス耐性……38
感光性……21, 83
緩効性肥料……96
冠根……20, 61
間作……48
完熟期……146, 206
管状花……221
完全登熟粒……29
完全米……71
間断かんがい……101
乾田直まき……108
乾土効果……15
カントリエレベータ……114
官能検査……111

[き]

生子……200
キセニア……209
機能性……41
基本栄養成長……83
客土……79
キュアリング……197, 235
球果……237
球茎……199
救荒作物……182, 192
強制休眠……184
強力粉……141
巨大胚米……138

[く]

草型……83
グルテン……141
黒目種……164
群落……31
群落光合成量……72

[け]

計画外流通米……135
計画流通米……135
景観形成作物……210
系統育種法……40

| 結きょう率　165
| 限界日長　83
| 絹糸　206
| 減水深　78
| 減数分裂期　22
| 減反政策　134
| 減農薬栽培　106

[こ]

| 高アミロース米　138
| 硬化　92
| 工芸作物　7
| 光合成速度　24
| 交雑育種法　40
| 抗酸化活性物質　221
| 硬質粉　141
| 硬質コムギ　141
| 耕種的防除法　103
| 降水配分率　45
| 紅茶　225
| 護えい　59
| こき胴　107
| 国際イネ研究所　42
| 極早期栽培　85
| 糊熟期　100, 206
| 枯熟期　146
| 個体群　31
| 個体群光合成　72
| 小粒米　138
| 固定品種　136
| 子床　234
| コムギ　140
| 米ぬか表面施用　105
| 根冠　65
| 混作　48
| 根しょう　143
| 根毛　65
| 根粒　161

[さ]

| 催芽　88
| 最高茎数期　63
| 最高分げつ期　63, 144
| 栽植密度　75
| 再生紙マルチ栽培　104
| 最適日長　83
| 最適葉面積指数　34, 77
| 細胞質雄性不稔系統　40
| 在来種　234
| 在来ナタネ　218
| 先刈り　245
| 作期　85
| 作況調査　51
| 雑種強勢　207
| 雑種強勢育種法　40
| 雑種第1代　40
| 雑草抵抗性　41
| 酸化還元電位　74
| 酸素要求度　143
| 3大穀物　8

[し]

| C：N比（炭素：窒素比）　81
| C_3型作物　23
| C_4型作物　23
| 自園自製　231
| 地下子葉型　179
| 直まき栽培　109
| 枝こう　68
| 紫黒米　138
| 自主流通米　135
| 雌穂　206
| 自然休眠　183
| 自然分類　7
| 支柱根　205
| 湿潤度　45
| 実用分類　6
| 死米　113
| 地ビール　155
| ジャワ型イネ　55
| ジャンボタニシ共生栽培　104
| 収穫指数　31
| 収穫量予測調査　51
| 従属栄養成長　19, 74
| 集団育種法　40
| 重複受精　22
| 就眠運動　173
| 収量構成要素　32, 71
| 収量性　37
| 収量漸減の法則　36
| 主稈　62
| 主稈葉数　65
| 主茎　20
| 受光態勢　33, 78
| 主根　20
| 種子根　20
| 種子消毒　88
| 種子繁殖作物　7
| 出液速度　125
| 出芽　18
| 出穂期　68
| 出穂始め　68
| 出葉速度　121
| 出葉転換点　121
| 種皮　59
| 春化　21
| 小花　145
| 障害型冷害　76
| 小穂　145
| 初生葉　164
| しょう葉　59, 143
| 奨励品種　114
| 除塩効果　136
| 植物学的分類　7
| 植物単位　20
| 食味官能試験　129
| 食用作物　7
| 食糧管理法（食管法）　134
| 食糧法　135
| 飼料作物　7
| 白コムギ　157
| 白目種　164
| 新形質米　137

人工床土⋯⋯⋯⋯⋯⋯⋯91	**[そ]**	中性作物⋯⋯⋯⋯⋯⋯⋯7
浸種⋯⋯⋯⋯⋯⋯⋯⋯88	そう果⋯⋯⋯⋯⋯⋯⋯211	中苗⋯⋯⋯⋯⋯⋯⋯61, 93
心止め⋯⋯⋯⋯⋯⋯⋯233	早期栽培⋯⋯⋯⋯⋯⋯85	中力粉⋯⋯⋯⋯⋯⋯⋯141
真の光合成量⋯⋯⋯⋯77	総光合成⋯⋯⋯⋯⋯33, 77	調位運動⋯⋯⋯⋯⋯⋯161
心白米⋯⋯⋯⋯⋯⋯⋯113	総状花序⋯⋯⋯⋯⋯⋯146	長日作物⋯⋯⋯⋯⋯⋯7
[す]	早晩性⋯⋯⋯⋯⋯⋯⋯82	頂端分裂組織⋯⋯⋯⋯19
スイートコーン⋯⋯⋯207	側根⋯⋯⋯⋯⋯⋯⋯⋯20	長柱花⋯⋯⋯⋯⋯⋯⋯210
推定有効茎歩合⋯⋯⋯123	側枝⋯⋯⋯⋯⋯⋯⋯⋯20	**[つ]**
水田養鯉栽培⋯⋯⋯⋯104	側条施肥⋯⋯⋯⋯⋯⋯97	つなぎ肥⋯⋯⋯⋯⋯⋯102
水稲⋯⋯⋯⋯⋯⋯⋯⋯55	ソラニン⋯⋯⋯⋯⋯⋯190	つるぼけ⋯⋯⋯⋯⋯⋯197
すじまき⋯⋯⋯⋯⋯⋯151	**[た]**	ツルマメ⋯⋯⋯⋯⋯⋯162
ストロン⋯⋯⋯⋯⋯⋯185	対生⋯⋯⋯⋯⋯⋯⋯⋯164	**[て]**
[せ]	大納言⋯⋯⋯⋯⋯⋯⋯180	低アミロース米⋯⋯⋯138
生育診断⋯⋯⋯⋯⋯⋯28	脱窒現象⋯⋯⋯⋯⋯⋯79	低温要求性⋯⋯⋯⋯⋯21
生活史（生活環）⋯⋯18	タッピング⋯⋯⋯⋯⋯241	低タンパク質米⋯⋯⋯138
成型培地⋯⋯⋯⋯⋯⋯91	多年生作物⋯⋯⋯⋯⋯7	摘採⋯⋯⋯⋯⋯⋯⋯⋯226
精粉⋯⋯⋯⋯⋯⋯⋯⋯202	多年生雑草⋯⋯⋯⋯⋯103	適地適作⋯⋯⋯⋯⋯⋯43
整枝⋯⋯⋯⋯⋯⋯⋯⋯228	多胚性⋯⋯⋯⋯⋯⋯⋯241	出開き芽⋯⋯⋯⋯⋯⋯225
正条植え⋯⋯⋯⋯⋯⋯76	多量必須元素⋯⋯⋯⋯28	デュラムコムギ⋯⋯⋯140
生殖成長⋯⋯⋯⋯⋯⋯18	単一経営⋯⋯⋯⋯⋯⋯131	デントコーン⋯⋯⋯⋯207
生態型⋯⋯⋯⋯⋯⋯⋯55	短日作物⋯⋯⋯⋯⋯⋯21	電熱温床⋯⋯⋯⋯⋯⋯195
成苗⋯⋯⋯⋯⋯⋯⋯61, 93	たん水直まき⋯⋯⋯⋯108	田畑輪換⋯⋯⋯⋯⋯⋯136
生物的収量⋯⋯⋯⋯⋯31	短柱花⋯⋯⋯⋯⋯⋯⋯210	田畑輪換栽培⋯⋯⋯15, 48
政府米⋯⋯⋯⋯⋯⋯⋯135	タンニン⋯⋯⋯⋯⋯⋯224	テンパリング乾燥機⋯107
精もみ⋯⋯⋯⋯⋯⋯⋯72	単胚性⋯⋯⋯⋯⋯⋯⋯241	テンペ⋯⋯⋯⋯⋯⋯⋯171
西洋ナタネ⋯⋯⋯⋯⋯218	単肥⋯⋯⋯⋯⋯⋯⋯⋯95	**[と]**
整粒⋯⋯⋯⋯⋯⋯⋯⋯29	**[ち]**	糖質米⋯⋯⋯⋯⋯⋯⋯138
整粒歩合⋯⋯⋯⋯111, 156	遅延型冷害⋯⋯⋯⋯⋯85	登熟期⋯⋯⋯⋯⋯⋯⋯58
節間⋯⋯⋯⋯⋯⋯⋯⋯20	地下子葉型⋯⋯⋯⋯⋯173	登熟歩合⋯⋯⋯⋯32, 72, 102
節間伸長⋯⋯⋯⋯⋯⋯144	地上子葉型⋯⋯⋯⋯⋯173	同伸葉同伸分げつ理論⋯⋯63
舌状花⋯⋯⋯⋯⋯⋯⋯222	窒素飢餓⋯⋯⋯⋯⋯⋯81	とう精⋯⋯⋯⋯⋯⋯⋯59
折衷苗⋯⋯⋯⋯⋯⋯⋯62	稚苗⋯⋯⋯⋯⋯⋯⋯⋯61	とう精歩留り（とう精歩合）111
折衷苗しろ⋯⋯⋯⋯⋯90	チモフェービ系⋯⋯⋯140	とうみ選⋯⋯⋯⋯⋯⋯151
遷移⋯⋯⋯⋯⋯⋯⋯⋯47	着らい期⋯⋯⋯⋯⋯⋯185	胴割れ米⋯⋯⋯⋯⋯⋯113
せん枝⋯⋯⋯⋯⋯⋯⋯228	茶米⋯⋯⋯⋯⋯⋯⋯⋯113	特別栽培農産物⋯⋯⋯15
全層施肥⋯⋯⋯⋯⋯⋯97	中間型ダイズ⋯⋯⋯⋯166	独立栄養成長⋯⋯⋯19, 61
全面全層まき⋯⋯⋯⋯152	中間型品種⋯⋯⋯⋯⋯83	徒長苗⋯⋯⋯⋯⋯⋯⋯74
千粒重⋯⋯⋯⋯⋯⋯72, 102	中間質粉⋯⋯⋯⋯⋯⋯141	土地利用型作物⋯⋯⋯10
全量苗箱施肥移植栽培法⋯⋯97		

止葉……………………65	農作物……………………7	病虫害抵抗性……………41
止葉展開日………………120	のぎ………………………59	苗齢………………………60
ドリルまき………………151	ノマメ……………………162	肥料の3要素……………28
泥染め……………………245		微量必須元素……………28
	[は]	広幅まき…………………151
[な]	バーナリゼーション……21	品質性……………………38
内えい……………………59	バーレー種………………234	品種………………………37
内生休眠…………………183	胚…………………………59	
長イ………………………245	バイオマス収量…………31	**[ふ]**
中干し……………………101	胚芽…………………155, 204	フードシステム……………3
夏アズキ型………………179	胚乳………………………59	プール育苗………………93
夏ソバ……………………211	ハイブリッド…………40, 207	深水イネ…………………57
夏ダイズ…………………166	ハイブリッドライス…57, 136	深水栽培…………………104
夏芽………………………225	葉組み……………………234	不完全登熟粒……………29
生葉………………………230	薄力粉……………………141	不完全米…………………71
並木植え…………………76	破生通気組織……………65	不完全葉…………………60
並性………………………147	ハダカムギ………………140	複合経営…………………131
苗しろ……………………61	畑苗………………………61	不耕起移植栽培…………94
軟質粉……………………141	畑苗しろ…………………90	不耕起まき………………152
軟質コムギ………………141	発酵食品…………………171	腐植………………………73
	発酵茶……………………225	普通期栽培………………85
[に]	花水………………………101	普通コムギ………………141
二期作栽培………………86	早場米地帯………………89	普通小豆…………………180
2次枝こう………………67	腹白米……………………113	仏えん苞…………………200
2次分げつ………………63	春コムギ…………………151	不定根……………………20
2条オオムギ……………140	春まき性品種……………145	不稔もみ…………………87
日長反応…………………75	春芽………………………225	不稔粒……………………29
日本型イネ………………55	葉分け……………………235	不発酵茶…………………225
日本型食生活……………56	晩期栽培…………………86	浮遊性雑草………………103
二毛作…………………11, 131	半数体……………………22	冬コムギ…………………151
入札………………………156	晩霜害………………180, 230	冬芽………………………225
乳熟期………………146, 206	半発酵茶…………………225	フリントコーン…………207
乳白米……………………113		ブロック・ローテーション法 49
乳苗……………………61, 93	**[ひ]**	分げつ………………20, 61
	ビールムギ………………141	分げつ期…………………58
[ね]	肥効調節型肥料…………96	分げつ肥…………………150
根腐れ症状………………241	比重選……………………87	分枝………………………20
	必須養分…………………28	分離育種法………………40
[の]	ビニル畑苗しろ…………90	
農学的分類………………6	苗重／苗丈比……………62	**[へ]**
農耕文化…………………4	表層施肥…………………97	米麦二毛作………………157

[ほ]

- 芒 …………………………… 67
- 苞葉 ………………………… 67
- ホールクロップサイレージ … 114
- 保温折衷苗しろ …………… 90
- 穂首節 ……………………… 67
- 穂肥 …………………… 102, 150
- 穂重型品種 ………………… 83
- 穂状花序 …………………… 146
- 穂数型品種 ………………… 83
- 穂ぞろい期 ………………… 68
- ホップ粉 …………………… 237
- ポップコーン ……………… 207
- 穂発芽 ……………………… 148
- 穂ばらみ期 ………………… 68

[ま]

- マイクロチューバ ………… 186
- Mg/K 比 …………………… 112
- マンナン …………………… 199

[み]

- 実肥 ………………………… 102
- 水苗 ………………………… 62
- 水苗しろ …………………… 90
- 緑の革命 …………………… 57
- ミニマム・アクセス ……… 134
- 民間流通 …………………… 156

[む]

- 麦作経営安定資金 ………… 156
- 麦踏み ……………………… 153
- 無限伸育型 ………………… 167
- 無効分げつ ………………… 64
- 無人ヘリコプタ …………… 110
- 無発酵食品 ………………… 170
- 無肥料栽培米 ……………… 130

[め]

- 銘柄米 ……………………… 82
- 芽かき ……………………… 233

[も]

- もち種 ……………………… 55
- もみすり …………………… 108
- もみすり歩合 ……………… 108

[や]

- 焼け米 ……………………… 113

[ゆ]

- 有機栽培 …………………… 106
- 有機農産物 …………… 15, 49
- 有限伸育型 ………………… 167
- 有効茎歩合 ………………… 75
- 有効分げつ ………………… 64
- 有色素米 …………………… 138
- 雄穂 ………………………… 206
- 有芒品種 …………………… 88

[よ]

- 葉えき ……………………… 20
- 幼芽 ………………………… 59
- 幼根 ………………………… 59
- 葉耳 ………………………… 64
- 葉耳間長 …………………… 127
- 葉しょう …………………… 60
- 葉身 ………………………… 60
- 幼穂発育期 ………………… 58
- 用水量 ……………………… 78
- 要水量 ……………………… 78
- 葉舌 ………………………… 64
- 葉面積指数 …………… 33, 77
- 葉齢 …………………… 60, 74, 99
- 葉齢指数 …………………… 126

- ヨードカリ液 ……………… 123
- 浴光催芽 …………………… 187
- 四麦 ………………………… 140

[ら]

- ライスセンター …………… 133
- ライムギ …………………… 140

[り]

- 陸稲 ………………………… 55
- 離乳期 ……………………… 61
- 硫安溶液 …………………… 87
- 良食味品種 ………………… 82
- 緑茶 ………………………… 225
- 緑肥作物 …………………… 7
- 緑化 ………………………… 92
- 緑化乳苗 …………………… 93
- 輪作 …………………… 47, 209
- リンの固定 ………………… 80
- りん皮 ……………………… 68

[る]

- ルプリンせん毛 …………… 237

[れ]

- 冷害危険地域 ……………… 89
- 冷床苗床 …………………… 195
- 冷床苗しろ ………………… 90
- 連作障害 …………………… 47

[ろ]

- 6次産業化 ………………… 16
- 6条オオムギ ……………… 140
- 露地苗床 …………………… 195
- ロックウール成型培地 …… 89

[わ]

- ワキシーコーン …………… 207

[編著者]

堀江　武（農業・食品産業技術総合研究機構理事長）
　　　　執筆：1章，2章-1～3，6章-3，7章-Ⅲ-1・2

[著者]

鳥越　洋一（近畿中国四国農業研究センター企画管理部長）
　　　　執筆：2章-4～5，7章-Ⅰ-2

山本　由徳（高知大学農学部教授）
　　　　執筆：3章

岩間　和人（北海道大学大学院農学研究科教授）
　　　　執筆：4章，6章-1，7章-Ⅲ-3，7章-Ⅳ-1・2，7章-Ⅴ-1

国分　牧衛（東北大学大学院農学研究科教授）
　　　　執筆：5章，7章-Ⅱ-1～3

窪田　文武（九州大学大学院農学研究院教授）
　　　　執筆：6章-2，7章-Ⅰ-1・3～6

（所属は執筆時）

レイアウト・図版　　㈱河源社，オオイシファーム
写真撮影・提供　　赤松富仁　小倉隆人　粥川壯優　倉持正実　桑崎耕平　小林和広
　　　　　　　　　千葉　寛　小山田智彰　佐藤晋也　武岡洋治　竹田綱男　武田善行
　　　　　　　　　中　鐘穂　渕之上弘子　星川清親　森島啓子　日本たばこ産業

農学基礎セミナー
新版　作物栽培の基礎

2004年 3月31日　第 1 刷発行
2025年 2月10日　第20刷発行

編著者　　堀江　武

発行所　一般社団法人　農山漁村文化協会
郵便番号　335-0022　　埼玉県戸田市上戸田 2-2-2
電話　048(233)9351(営業)　　048(233)9355(編集)
FAX　048(299)2812　　振替　00120-3-144478
URL　https://www.ruralnet.or.jp/

ISBN978-4-540-03342-1　　　　　製作／㈱河源社
〈検印廃止〉　　　　　　　　　　　印刷／㈱新協
©2004　　　　　　　　　　　　　製本／根本製本㈱
Printed in Japan　　　　　　　　　定価はカバーに表示
乱丁・落丁本はお取りかえいたします。